交通职业教育教学指导委员会推荐教材

职业教育·工程机械类专业教材

Gongcheng Jixie Dianqi Shebei

工程机械电气设备

（第 2 版）

王安新　王　峰　主　编

人民交通出版社股份有限公司
China Communications Press Co.,Ltd.

内 容 提 要

本书是"十三五"职业教育工程机械类专业教材,内容包括:绪论、电源系统、起动系统、点火系统、照明与信号系统、仪表及传感器、空调系统、全车电路和施工现场供电,共八章。

本书主要作为高职高专院校工程机械运用与维护专业教学用书,也可供公路机械化施工等相关专业教学使用,或作为继续教育及职业培训教材,亦可供从事工程机械运用与维修工作的工程技术人员学习参考。

本书有配套多媒体课件,需要课件的教师可与本书责任编辑联系,垂询电话:010-85285228。

图书在版编目(CIP)数据

工程机械电气设备 / 王安新,王峰主编. — 2 版. —北京:人民交通出版社股份有限公司,2018.8(2025.2重印)

ISBN 978-7-114-14724-1

Ⅰ. ①工… Ⅱ. ①王… Ⅲ. ①工程机械—电气设备—高等职业教育—教材 Ⅳ. ①TU603

中国版本图书馆 CIP 数据核字(2018)第 147591 号

职业教育·工程机械类专业教材

书　　　名:	工程机械电气设备(第 2 版)
著 作 者:	王安新　王　峰
责任编辑:	刘　倩
责任校对:	刘　芹
责任印制:	张　凯
出版发行:	人民交通出版社股份有限公司
地　　　址:	(100011)北京市朝阳区安定门外外馆斜街 3 号
网　　　址:	http://www.ccpcl.com.cn
销售电话:	(010)85285911
总 经 销:	人民交通出版社股份有限公司发行部
经　　　销:	各地新华书店
印　　　刷:	北京虎彩文化传播有限公司
开　　　本:	787×1092　1/16
印　　　张:	15.375
字　　　数:	355 千
版　　　次:	2009 年 5 月　第 1 版 2018 年 8 月　第 2 版
印　　　次:	2025 年 2 月　第 2 版　第 8 次印刷　总第 22 次印刷
书　　　号:	ISBN 978-7-114-14724-1
定　　　价:	45.00 元

(有印刷、装订质量问题的图书由本公司负责调换)

第2版前言

PREFACE

《工程机械电气设备》自 2009 年 5 月出版发行后,受到广大师生的好评,被全国多所高等职业院校选为教学用书。2012 年被教育部交通职业教育教学指导委员会评为"十一五"全国交通职业教育优秀教材。

本书第 1 版出版后,出版社和编者陆续收到了一些院校教师的反馈信息,他们对教材建设提出了宝贵的意见和建议。

本次修订充分吸收教材使用院校教师的建议,修订后的教材具有以下特点:

(1)对接专业标准,符合职业岗位需求

本教材内容符合职业技能等级标准及职业技能证书考证要求,包含电源系统、起动系统、点火系统、照明与信号系统等八章,以及 11 个实训内容,达到"学中做、做中学"的目的,将专业精神、职业精神和工匠精神融入实际情景,在学习专业技术的同时,强化学生养成良好的职业素养。

(2)符合学生认知规律,内容讲述深入细节

本教材遵循技术技能人才成长规律,在各章前增加知识目标和能力目标,方便学生了解和掌握学习重点。此外,编者在深入调研实践的基础上,对教材内容的编写深入具体到设备的每步操作,详细介绍操作方法。

(3)校企合作开发,对接行业前沿

本版教材特别邀请了企业专家参与内容修订,太原路桥建设有限公司李高远工程师根据其多年工程机械技术管理经验和实践教学经历,协助修订了全车电路的内容;太原路桥建设有限公司工程机械电气维修工程师李文博根据其多年的维修经验及目前企业通用设备的使用情况,修订完善了仪表及传感器、施工现场供电等内容。此外,本版教材将较为先进的微机控制数字仪表和自动空调系统技术引入教材内容,体现了科学性和实用性。

（4）配套教学资源，便于开展教学活动

编者制作了与教材对应的教案，给教师备课提供参考，并配套制作了教学课件，方便教师运用多媒体教学。

本次修编工作分工如下：王安新（山西工程科技职业大学）编写了教案，修订了第一章、第三章、第四章；王峰（山西工程科技职业大学）编写全书实训部分内容，修订第二章、第六章；李文博（太原路桥建设有限公司）修订了第五章、第八章；李高远（太原路桥建设有限公司）修订了第七章。全书由王安新、王峰担任主编并负责统稿。

为了方便使用本书的各院校教师和学生进行交流和信息反馈，特提供主编联系方式：2914906075@qq.com。如需本书配套教学课件，可联系本书编辑或作者。

限于编者水平，书中难免有疏漏和不妥之处，敬请广大读者批评指正，以便进一步修改和完善。

编　者
2018 年 5 月

第1版前言
PREFACE

交通职业教育教学指导委员会交通工程机械专业指导委员会自1992年成立以来,对本专业指导委员会两个专业(港口机械、筑路机械)的教材编写工作一直十分重视,把教材建设工作作为专业指导委员会工作的重中之重,在"八五"、"九五"和"十五"期间,先后组织人员编写了20多本专业急需教材,供港口机械和筑路机械两个专业使用,解决了各学校专业教材短缺的困难。

随着港口和公路事业的不断发展,港口机械和公路施工机械的更新换代速度加快,各种新工艺、新技术、新设备不断出现,对本专业的人才培养提出了更高的需求。另外,根据目前职业教育的发展形势,多数重点中专学校已改制为高等职业技术学院,中专学校一般同时招收中专和高职学生,本专业教材使用对象的主体已经发生了变化。为适应这一形势,交通工程机械专业指导委员会于2006年8月在烟台召开了四届二次会议,制定了"十一五"教材编写出版规划,并确定了教材的编写原则。

1. 拓宽教材的使用范围。本套教材主要面向高职,兼顾中专,也可用于相关专业的职业资格培训和各类在职培训,亦可供有关技术人员参考。

2. 坚持教材内容以培养学生职业能力和岗位需求为主的编写理念。教材内容难易适度,理论知识以"够用"为度,注重理论联系实际,着重培养学生的实际操作能力。

3. 在教材内容的取舍和主次的选择方面,照顾广度,控制深度,力求针对专业,服务行业,对与本专业密切相关的内容予以足够的重视。

4. 教材编写立足于国内港口机械和筑路机械使用的实际情况,结合典型机型,系统介绍工程机械设备的基本结构和工作原理,同时,有选择地介绍一些国外的新技术、新设备,以便拓宽学生的视野,为学生进一步深造打下基础。

《工程机械电气设备》是高职高专院校工程机械运用与维护专业规划教材之

一,内容包括:绪论、电源系统、起动系统、点火系统、照明及信号系统、仪表及传感器、空调系统、全车电路和施工现场供电等。

参加本书编写工作的有:山西交通职业技术学院王安新(编写绪论、第一、八章)、王峰(编写第六、第七章),天津交通职业技术学院毕竟(编写第二、三章),内蒙古大学交通学院赵仁杰(编写第四、五章),全书由王安新担任主编,赵仁杰担任副主编云南交通职业技术学院代绍军担任主审。

本套教材在编写过程中,得到交通系统各校领导和教师的大力支持,在此表示感谢!

编写高职教材,我们尚缺少经验,书中不妥和疏漏之处,敬请读者指正。

交通职业教育教学指导委员会
交通工程机械专业指导委员会
2008.12

目 录
CONTENTS

绪论 ……………………………………………………………………………… 1

第一章　电源系统 …………………………………………………………… 3

　第一节　概述 ……………………………………………………………… 3

　第二节　蓄电池构造与型号 ……………………………………………… 4

　第三节　蓄电池原理与特性 ……………………………………………… 7

　第四节　蓄电池充电 ……………………………………………………… 13

　第五节　常见蓄电池 ……………………………………………………… 16

　第六节　蓄电池维护与性能测试 ………………………………………… 20

　第七节　硅整流发电机 …………………………………………………… 24

　第八节　电压调节器 ……………………………………………………… 30

　第九节　硅整流交流发电机及调节器的检测 …………………………… 35

　第十节　电源系统常见故障及诊断排除方法 …………………………… 40

　实训一　蓄电池技术状况检查 …………………………………………… 44

　实训二　蓄电池充电 ……………………………………………………… 46

　实训三　硅整流交流发电机、调节器的拆装及认识 …………………… 48

　实训四　电源系统故障诊断 ……………………………………………… 50

　复习思考题 ………………………………………………………………… 51

第二章　起动系统 …………………………………………………………… 53

　第一节　概述 ……………………………………………………………… 53

　第二节　起动机组成与型号 ……………………………………………… 54

　第三节　典型起动机的结构与原理 ……………………………………… 56

　第四节　起动机控制电路 ………………………………………………… 65

　第五节　起动机预热装置 ………………………………………………… 69

　第六节　起动机使用与试验 ……………………………………………… 72

　第七节　起动系统常见故障及诊断排除 ………………………………… 73

　实训一　起动机拆装与检测 ……………………………………………… 76

　实训二　起动系统故障诊断与排除 ……………………………………… 80

　复习思考题 ………………………………………………………………… 81

第三章　点火系统 ………………………………………………… 84

第一节　概述 …………………………………………………… 84

第二节　传统点火系统 ……………………………………… 85

第三节　电子点火系统 ……………………………………… 87

第四节　微机控制点火系统 ………………………………… 97

复习思考题 …………………………………………………… 99

第四章　照明与信号系统 ……………………………………… 101

第一节　照明系统 …………………………………………… 101

第二节　前照灯 ……………………………………………… 102

第三节　信号系统 …………………………………………… 109

第四节　照明与信号系统故障诊断与排除 ……………… 119

实训一　灯具、闪光器、灯光开关的结构认知 ………… 123

实训二　前照灯的检测与调整 …………………………… 127

复习思考题 …………………………………………………… 130

第五章　仪表及传感器 ………………………………………… 132

第一节　常规仪表 …………………………………………… 132

第二节　工程机械电子仪表 ……………………………… 138

第三节　仪表常见故障及诊断排除 ……………………… 150

第四节　常用传感器及应用 ……………………………… 151

实训一　仪表的认识及使用 ……………………………… 163

实训二　仪表的检测及调整 ……………………………… 163

复习思考题 …………………………………………………… 166

第六章　空调系统 ……………………………………………… 168

第一节　概述 ………………………………………………… 168

第二节　空调制冷系统 …………………………………… 169

第三节　空调暖风系统 …………………………………… 181

第四节　空调控制系统 …………………………………… 182

第五节　自动空调控制系统 ……………………………… 187

第六节　空调系统正确使用与维护 ……………………… 197

第七节　空调系统故障诊断与排除 ……………………… 199

实训　空调系统的故障诊断与排除 ……………………… 203

复习思考题 …………………………………………………… 207

第七章　全车电路 ……………………………………………… 209

第一节　电路中的导线、线束、插接器和熔断丝 ……… 209

第二节　电路图表达形式 ………………………………… 212

第三节　识读电路图的要点 ……………………………… 214

第四节　电路故障诊断和检测分析 ·· 216

第五节　压路机全车电路分析 ·· 217

第六节　装载机全车电路分析 ·· 220

复习思考题 ··· 223

第八章　施工现场供电 ·· 225

第一节　电网供电 ·· 225

第二节　柴油发电机组 ··· 229

复习思考题 ··· 234

参考文献 ·· 235

绪 论

一、本课程的性质和任务

"工程机械电气设备"是工程机械运用与维护专业及其相关专业的一门专业课,它是以电工、电子技术及工程机械构造为基础,讲述工程机械常用电气设备的构造、工作原理、维护及检修等方面的知识。

二、自行式工程机械电气设备的组成

自行式工程机械的种类很多,但其电气设备的基本组成大致相同。

(1)电源系统:由蓄电池、发电机及调节器、相关线路等组成,其作用是向全车提供稳定的低压直流电能。

(2)起动系统:由起动机、起动继电器及相关线路组成,其作用是起动发动机。

(3)点火系统:用于汽油机,主要由点火元件、点火线圈、火花塞及相关线路组成,其作用是将电源提供的低压直流电变为足以击穿火花塞间隙的高压电,产生火花并点燃混合气。

(4)照明与信号系统:主要由照明、信号灯、电喇叭、蜂鸣器等组成,其作用是提供工程机械安全施工所必需的照明和信号,保证行驶和施工中的人机安全。

(5)仪表系统:由燃油表、机油压力表、水温表、发动机转速表和相应的传感器组成,其作用是监视工程机械的工作情况。

(6)空调系统:主要由制冷系统、加热系统、通风与空气净化系统等组成,其作用是改善驾驶员的工作环境。

三、自行式工程机械电气设备的特点

(1)低压电。工程机械上采用 12V 或 24V 低压电源系统,一般柴油机采用 24V 系统。个别工程机械上存在两种电压系统,以供不同的需求使用,如起动机采用 24V 系统,一般电气设备采用 12V 系统。

(2)直流电流。工程机械上的电气设备均采用直流电源系统,便于发电机向蓄电池充电。

(3)并联连接。工程机械上的主要电气设备均采用并联连接,防止某一电气出现故障,影响其他电气正常使用。

(4)负极搭铁、单线制。为简化电气设备的连接线路,通常用一根导线连接电源正极和电气设备的一端,而将电气设备的另一端接到整车的公共端,如发动机缸体、车架等部位,俗称搭铁。此时,电源与电气设备之间只有一根导线相连,即为"单线制"。根据国家标准规定必须采用负极搭铁。

四、工程机械电气设备故障的基本诊断方法

检修工程机械电气系统,需在弄懂基本结构和原理的前提下,熟练掌握和灵活运用检修的基本方法,准确迅速地找出故障点或损坏的电气部件。其基本诊断方法如下:

(1)宏观检查法。通过人的感觉器官,用看、问、听、摸、闻等宏观手段判断故障位置和故障性质。

(2)搭铁试火法。用导线或其他导体做短路搭铁划火试验。搭铁试火法分为直接搭铁和间接搭铁两种。

直接搭铁试火,是未经过负载而直接搭铁试火,看是否产生强烈火花。间接搭铁试火,是通过某一负载而搭铁试火,看是否有微弱火花或无火,来判断是否有故障。

此法操作简单而实用,是工程机械维修电工和驾驶员最常用的诊断方法。但在使用时必须十分慎重,如果使用不当,会损坏电子设备和电控电路。

(3)断路法。当电气系统发生搭铁短路故障时,将某一电路断路,若故障消失,说明此处电路有故障,否则该路工作正常。

(4)替换法。使用规格相同、性能良好的电气设备去代替可能有故障的电气设备,进行比较判断,也称替换比较法。若替换后,故障现象消除,则说明被替换的元器件已损坏。

(5)试灯法。用一个车用灯泡作为试灯,检查电气或电路有无故障。此方法特别适合不允许直接短路或带有电子元器件的电气。其测试灯有带电源的测试灯和不带电源的测试灯两种。对于带电源的测试灯,常用于模拟脉冲触发信号等;对于不带电源的测试灯,常用来检查电气和电路有无断路或短路故障。用测试灯检查交流发电机是否发电是一种比较安全和实用的方法。

(6)短路法。用一根导线将某段导线或某一电气短接后观察用电气的变化。例如,当打开转向开关时,转向指示灯不亮,可用跨接线短接闪光器,若转向灯亮,则说明闪光器已损坏。

(7)熔断丝法。通过检查车上电路中的熔断器是否断开或熔断丝是否熔断,来判断故障。

(8)万用表测试法。用万用表来检查和判断电气或电路有无故障的方法,此方法是检查电气故障最常用的方法。

(9)仪表法。利用车上的仪表指针转动情况,判断故障。特别是电流表接在整个电气系统的公共电路上,利用它可直接判断仪表电路、灯光电路、点火电路的故障。

第一章　电源系统

知识目标

1. 能描述蓄电池、电压调节器、发电机的作用、结构及其工作过程。
2. 能说出各电气元件端子的名称，并能检测元件的技术性能。
3. 能描述各种类型电源电路的工作原理。
4. 能描述蓄电池的日常使用和维护。
5. 能描述电源系统常见故障现象。
6. 能分析常见故障原因。

能力目标

1. 能在车上识别电源系统的电气元件。
2. 会正确使用检测仪器、仪表。
3. 能正确维护蓄电池。
4. 能判断发电机的好坏。
5. 能读懂不同类型的电源系统电路图。
6. 能根据电源系统的故障现象，分析故障原因。
7. 会更换电气元件、正确接线、排除电源故障。
8. 会写维修维护记录。

第一节　概　　述

工程机械电源系统由蓄电池、发电机及调节器、相关线路等组成。

蓄电池与发电机并联，蓄电池的作用是：

（1）起动发动机时，给起动机供电，若为汽油机则还给点火系供电。要求在 $5\sim10s$ 内向起动机提供强大电流（汽油机一般为 $200\sim600A$，柴油机一般为 $800\sim1000A$）。

（2）发电机不工作或输出电压过低时，向用电设备供电。

（3）在发电机短时间超负荷时，可协助发电机向用电设备供电。

（4）蓄电池储电不足时，可将发电机的电能转变为化学能储存起来。

（5）具有电容器的作用，能吸收瞬间高电压，保护电路中电子元件不被损坏。

发电机是工程机械的主要电源，其作用是对起动机以外的所有用电气设备供电，并为蓄电池充电。电压调节器的作用是当发电机转速变化时,输出稳定的电压。

电源系统的基本电路如图1-1所示,它包括:

(1)发电机的工作电路——发电机励磁电路及调节器电路。

(2)充电电路——充电电路及充电指示灯电路。

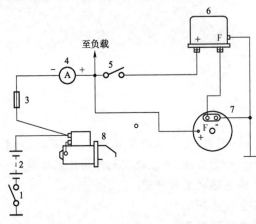

图1-1 电源系统基本电路
1-电源总开关;2-蓄电池;3-熔断器;4-电流表;5-点火开关;6-调节器;7-发电机;8-起动机

第二节 蓄电池构造与型号

一、蓄电池的构造

蓄电池的构造如图1-2所示,一般由6个单格电池串联后形成一个12V的蓄电池总成,每个单格电池的额定电压为2V。蓄电池主要由正、负极板组成的极板组、隔板、电解液、外壳、连接条和极柱等组成。

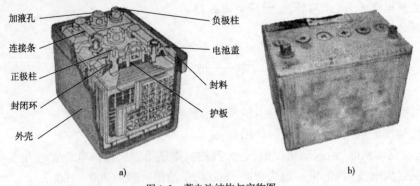

图1-2 蓄电池结构与实物图

1.极板

极板是铅蓄电池的主要组成部分,分为正极板和负极板,正、负极板均由栅架和活性物质组成。铅蓄电池的充、放电过程就是依靠极板上的活性物质和电解液中的硫酸进行化学反应来实现的。

正、负极板栅架结构相同，如图1-3所示。栅架的作用是容纳活性物质并使极板成型，一般由铅锑合金浇铸而成。栅架中加锑有利于提高栅架的机械强度，改善浇铸性能，缺点是易引起蓄电池自行放电、栅架腐蚀等。

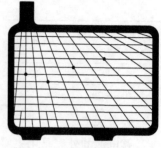

活性物质是极板上的工作物质，正极板上的活性物质主要是二氧化铅（PbO_2），呈深褐色。负极板上的活性物质主要是海绵状的纯铅（Pb），制作时，铅膏中加入了松香、油酸、硬脂酸等防氧化剂，成型后负极板呈深灰色。

图1-3 蓄电池栅架结构

将正、负极板各一片浸入电解液中，就可获得2.1V的电动势。为了增大蓄电池的容量，而又不致使体积过大，一般都采用小面积的多片正、负极板分别并联，用横板焊接，组成正、负极板组，如图1-4所示。安装时正、负极板相互嵌合，中间插入隔板，放入单格电池槽内，形成单格电池。在单格电池中，负极板的片数比正极板的片数多一片，正极板都处于负极板之间，使两侧放电均匀，否则由于正极板的机械强度差，易造成正极板的拱曲变形和活性物质的脱落。

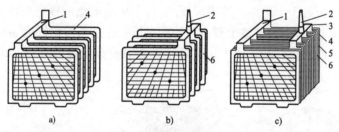

图1-4 蓄电池极板组结构
a)负极板组；b)正极板组；c)极板组嵌合情况
1、3-横板；2-极柱；4-负极板；5-隔板；6-正极板

2. 隔板

为了减小铅蓄电池的内电阻和尺寸，正、负极板间的距离应尽可能的小，为此在二者之间插入隔板。隔板的作用就是使正、负极板尽量靠近而不至于短路。隔板采用绝缘材料制成，具有多孔性，有一定的机械强度、耐酸、不含对极板有害的物质。目前使用的主要有木质隔板、玻璃纤维隔板、微孔橡胶隔板和微孔塑料隔板，其中微孔塑料隔板使用较为广泛。

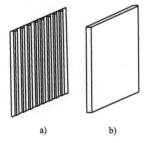

隔板的结构形状有槽沟状、袋状等，如图1-5所示。槽沟状隔板比极板面积稍大，其一面制有纵向槽沟，安装时带槽沟的面朝向正极板，并且使槽沟与外壳底部垂直。袋状隔板安装时仅包住正极板，因为正极板活性物质比较松散，容易脱落。

图1-5 蓄电池隔板结构
a)槽沟状隔板；b)袋状隔板

3. 电解液

电解液是由密度为1.484g/cm^3的化学纯净硫酸和蒸馏水按一定比例配制而成的溶液，相对密度一般在1.24～1.30（25℃）。电解液的作用是形成电离，促使极板活性物质溶离，产生可逆的电化学反应。使用时应根据当地最低气温或制造厂的推荐进行选择（表1-1）。

不同气温下的电解液相对密度(25℃)　　　　　　表1-1

使用地区最低气温(℃)	冬季密度	夏季密度	使用地区最低气温(℃)	冬季密度	夏季密度
< -40	1.30	1.26	-30 ~ -20	1.27	1.24
-40 ~ -30	1.28	1.25	-20 ~ 0	1.26	1.23

4. 外壳

蓄电池的外壳是用来盛放电解液和极板组的容器,其材料具有耐热、耐酸、耐振等特性。目前国内多采用硬橡胶外壳和聚丙乙烯外壳,后者居多。壳内用间壁分隔成3个或6个互不相通的相同单格,单格底部有凸筋用来积存极板脱落的活性物质。每个单格内放入一对极板组,组成一个单格电池。蓄电池盖上开有加液孔,用来添加电解液及检查电解液液面高度和相对密度。加液孔螺塞上的通气孔应该经常保持通畅,使蓄电池化学反应产生的气体能顺利逸出。

5. 连接条

铅蓄电池一般由若干个单格电池串联而成,每个单格电池的额定电压2V。连接条的作用是将单格电池串联起来,提高整个蓄电池的端电压。连接条由铅锑合金浇铸而成,其连接方式有三种:第一种是跨桥式,如图1-6a)所示;第二种是穿壁式,如图1-6b)所示;第三种是敞露式,如图1-6c)所示。

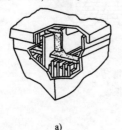 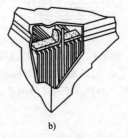 

a)　　　　　　　　b)　　　　　　　　c)

图1-6　连接条
a)跨桥式;b)穿壁式;c)敞露式

6. 极柱

铅蓄电池的首尾两极板组的横板上各有一个接线柱称为蓄电池的正、负极柱。极柱分为侧孔型、锥型和L型三种。为了便于区分,正极柱上或旁边标有"+"记号或涂红色,较粗;负极柱上或旁边标有"-"记号,较细。如若蓄电池因使用过久而标记不清时,可通过比较两极柱的粗细或用万用表直流电压挡测定。

二、蓄电池的型号

蓄电池的型号按《铅酸蓄电池名称、型号编制与命名办法》(JB/T 2509—2012)规定,国产蓄电池的型号共分3段5部分,其产品型号的编制和含义如下:

(1)串联的单格蓄电池数,用阿拉伯数字表示,其额定电压为这个数字的2倍。

(2)蓄电池的类型,是根据其主要用途来划分的。如起动型铅蓄电池用"Q",代号Q是汉字"起"的第一个拼音字母。

（3）蓄电池特征为附加部分，仅表示同类用途的产品具有某种特征，在型号中又必须加以区别时才采用。当产品同时具有两种特征时，原则上应按表1-2顺序将两个代号并列标志。

蓄电池产品特征代号　　　　　　　　　　表1-2

产品特征	干荷电	湿荷电	少维护	防酸式	液密式
代号	A	H	S	F	Y
产品特征	气密式	薄型极板	带液式	免维护	胶质电解液
代号	Q	B	D	W	J

（4）额定容量，用阿拉伯数字表示，指20h放电率额定容量，单位为安时（A·h）。一般为电池放电电流与放电持续时间的乘积。例如，放电电流4A，可持续放电时间20h，则该蓄电池的额定容量就是80A·h。

（5）在产品具有某些特殊性能时，可在型号的末尾加注相应的代号。如：G表示高起动率；S表示塑料外壳；D表示低温起动性能。

例：6-QAW-105G表示由6个单格电池组成，额定电压12V，额定容量105A·h的起动用干荷电免维护高起动率蓄电池。

第三节　蓄电池原理与特性

一、蓄电池的工作原理

蓄电池是由正、负极板浸入电解液中构成的，其内部发生的化学反应是可逆的，在充、放电过程中，蓄电池内的导电是依靠正、负离子的反向运动来实现的。根据格拉斯顿和特拉普1882年创立的"双硫化理论"，当蓄电池对负载放电时，正极板上深褐色的活性物质PbO_2转化成了浅褐色的$PbSO_4$；负极板上深灰色的海绵状Pb转化成了灰色的$PbSO_4$；电解液中的部分H_2SO_4转变为H_2O而使其浓度降低。充电时，正负极板上的$PbSO_4$在充电电流的作用下逐渐恢复为PbO_2和Pb，电解液中的硫酸浓度增高。蓄电池充、放充电过程的电化学反应式为：

$$PbO_2 + 2H_2SO_4 + Pb \underset{充电}{\overset{放电}{\rightleftharpoons}} PbSO_4 + 2H_2O + PbSO_4$$

正极板　　电解液　负极板　　正极板　电解液 负极板

1. 电动势的建立

根据能斯特理论，金属或金属化合物插入电解液后，部分金属或金属化合物溶于电解液，当溶解达到平衡时，在金属或金属化合物与电解液之间产生了电势差，叫作电极电势。由于蓄电池正极是PbO_2，负极是Pb，材料不同，电极电势不同，从而形成了蓄电池的电动势。

在负极板周围，有少量的Pb溶于电解液生成Pb^{2+}，而在极板上留下了一些电子，使极板带负电；由于正负电荷的相互吸引，Pb^{2+}沉附于极板的表面，当溶解达到平衡时，负极板与电解液之间的电势差约为$-0.1V$。

在正极板周围，有少量PbO_2溶于电解液，与电解液中的水反应生成$Pb(OH)_4$，$Pb(OH)_4$又电离成Pb^{4+}和OH^-，其电化学反应式为：

$$PbO_2 + 2H_2O \longrightarrow Pb(OH)_4$$
$$Pb(OH)_4 \Longleftrightarrow Pb^{4+} + 4OH^-$$

这相当于 PbO_2 中的 O^{2-} 进入电解液,Pb^{4+} 沉附于极板的表面,使极板带正电,当溶解达到平衡时,正极板与电解液之间的电势差约为2.0V。

因此,在外电路未接通、正负极板与电解液反应平衡时,铅蓄电池的电动势(即正负极之间的电势差)约为 $E = 2.0 - (-0.1) = 2.1V$。

2. 放电过程

蓄电池将化学能转换成电能的过程称为蓄电池的放电过程。当蓄电池接上负载时,在电动势的作用下,放电电流 I_f 便从正极经过负载流向负极,即电子从负极流向正极,使正极电位降低、负极电位升高,原有的电离平衡被破坏。在正极板处,Pb^{4+} 得到电子变成 Pb^{2+} 后又与电解液中的 SO_4^{2-} 结合生成 $PbSO_4$ 沉附于正极板上,使正极板处的电离平衡因为 Pb^{4+} 的减少而被打破,从而引起 PbO_2 不断减少;在负极板处,因为极板上的电子减少打破了负极板与电解液之间的电离平衡,进一步促进负极板上的 Pb 失去电子形成 Pb^{2+},Pb^{2+} 又与电解液中的 SO_4^{2-} 结合生成 $PbSO_4$ 沉附于极板上;在电解液中,由于 SO_4^{2-} 的减少和 OH^- 与 H^+ 相对增多,打破了原来的平衡,使相对过剩的 OH^- 与 H^+ 不断结合生成水。当放电回路断开时,放电过程即被终止,正、负极与电解液之间达到新的电离平衡状态;只有当正、负极板上的活性物质全部转变为 $PbSO_4$ 时,蓄电池才因为正、负极板的电位差等于零,即电动势等于零而失去供电能力,放电过程才彻底停止。

蓄电池放电过程具有以下特征:

(1)正、负极板上的活性物质逐渐转变为 $PbSO_4$。理论上,放电过程可以进行到正、负极板上的活性物质全部转变为 $PbSO_4$ 为止,但是,由于电解液不能渗透到活性物质内部,使活性物质不能被充分利用。在使用中,所谓放完电的蓄电池,其活性物质的利用率(表征 PbO_2 和 Pb 转变为 $PbSO_4$ 的多少)只有20%~30%,并且随着放电电流的增大,活性物质的利用率降低,起动放电时,活性物质的利用率仅10%左右。所以,采用薄型极板和增加极板孔率是提高活性物质利用率、减小质量的有效途径。

(2)随着放电的进行,电解液中的 H_2SO_4 减少,水增多,电解液密度下降。因此,在使用中,可以通过检测电解液密度来判断蓄电池的放电程度。

(3)由于 $PbSO_4$ 的导电性能比 PbO_2 和 Pb 差,随着 $PbSO_4$ 的增多,蓄电池内阻增大。同时,由于 $PbSO_4$ 附着于极板表面,使电解液与 PbO_2 和 Pb 接触面积越来越小,蓄电池的供电能力逐渐下降。

3. 充电过程

蓄电池将外接电源的电能转换成化学能储存起来的过程,称为蓄电池的充电过程。充电时,蓄电池接直流电源,电源的正、负极分别接蓄电池的正负极(即二者是并联而不是串联)。当电源电压高于蓄电池的电动势时,在电源电压的作用下,充电电流 I 从蓄电池的正极流入、负极流出,电子则从蓄电池的正极经外电路流入蓄电池负极,这时,正、负极板和电解液发生的电化学反应正好与放电过程相反。在正极板处,Pb^{2+} 失去电子变成 Pb^{4+} 后,使正极板处的电离平衡因为 Pb^{2+} 的减少和 Pb^{4+} 的增多而打破,从而引起 $PbSO_4$ 不断溶解,同时

形成 PbO_2；在负极板处，Pb^{2+} 得到电子形成 Pb，Pb^{2+} 减少打破了负极板与电解液之间的电离平衡，从而引起负极板上的 $PbSO_4$ 不断溶解，同时形成 Pb；在电解液中，由于 OH^- 与 H^+ 相对减少，打破原来的平衡，使水不断分解为 OH^- 与 H^+，同时 SO_4^{2-} 增多。当电源断开时，充电过程即被终止，正负极与电解液之间达到新的电离平衡状态；只有当正、负极板上的 $PbSO_4$ 全部转变为 PbO_2 和 Pb 时，充电过程才完全结束。

蓄电池充电过程具有以下特征：

（1）正、负极板上的活性物质逐渐由 $PbSO_4$ 转变为 PbO_2 和 Pb。理论上，充电过程可以进行到正、负极板上的活性物质全部转变为 PbO_2 和 Pb 为止，但是，当大部分 $PbSO_4$ 转变为 PbO_2 和 Pb 时，部分充电电流将用于电解水，使蓄电池正极冒出氧气、负极冒出氢气，并且随着 $PbSO_4$ 的减少和充电电流的增大，电解水也越来越多，不但引起电解液中水的减少、蓄电池寿命缩短，还造成电能浪费。因此，在使用中，当绝大部分 $PbSO_4$ 转变为 PbO_2 和 Pb、电解液中冒出大量气泡时，就停止充电，并且在充电末期充电电流适当减小。

（2）随着充电的进行，电解液中的水减少、H_2SO_4 增多，电解液密度上升。因此，在充电过程中，可以通过检测电解液密度来判断蓄电池的充电程度。

（3）随着充电的进行，$PbSO_4$ 的减少及 PbO_2 和 Pb 的增多，蓄电池内阻减小；同时，蓄电池的供电能力逐渐恢复。

二、蓄电池的主要工作参数

铅蓄电池的主要工作参数包括电动势 E_j、内电阻 R_0、端电压。

1. 电动势 E_j

无负荷情况下的端电压（开路电压）称为蓄电池的电动势，又称为静止电动势。蓄电池的电动势与电解液的相对密度和温度有关。若相对密度在 $1.100 \sim 1.300$ 的范围内时，可由下面经验公式估算其值：

$$E_j = 0.84 + \rho_{25℃}$$

式中：$\rho_{25℃}$——25℃电解液实际测量的密度，$\rho_{25℃} = \rho_t + \beta(t-25)$；

ρ_t——实际测量的电解液相对密度；

t——实际测量的电解液温度；

β——密度温度系数，$\beta = 0.00075$，即温度每升高1℃，相对密度将下降0.00075。

蓄电池充足电时，电解液密度一般约为 $1.29g/cm^3$，对应的电动势约为 $2.10V$；放电终了时，电解液相对密度一般约为 1.12，对应的电动势约为 $1.97V$。由此可见，蓄电池充放电前后，电动势的变化范围比电解液相对密度的变化范围要小些，测量误差较大，因而常采用测量电解液相对密度的方法来判断蓄电池的充放电程度。

2. 内电阻 R_0

蓄电池内阻为极板、电解液、隔板、连接条和极柱等电阻的总和，用 R_0 表示。蓄电池的电阻大小反映了蓄电池带负载的能力。在相同的条件下，内阻愈小，输出电流愈大，带负载能力愈强。一般来说，起动型铅蓄电池的内阻很小，单格电池的内阻约为 0.11Ω，如内阻过大，则会引起蓄电池端电压大幅度下降而影响起动性能。

完全充足电的蓄电池在20℃时,其内电阻 R_o 可根据下式计算:

$$R_o = 0.0585 U_e / Q_e \quad (\Omega)$$

式中:U_e——蓄电池的额定电压,V;

Q_e——蓄电池的额定容量,A·h。

3. 端电压

放电时,由于蓄电池内阻 R_o 有压降,所以蓄电池的端电压 U_f 小于其电动势 E,即:

$$U_f = E - I_f R_o$$

式中:I_f——放电电流。

充电时,电源电压必须克服蓄电池的电动势 E 和蓄电池内部压降 $I_C R_o$,故蓄电池的端电压 U_C 大于其电动势 E,即:

$$U_C = E + I_C R_o$$

式中:I_C——充电电流。

三、蓄电池的工作特性

蓄电池的工作特性主要包括放电特性和充电特性。

1. 放电特性

蓄电池的放电特性是指蓄电池在规定的条件下,恒流放电过程中,端电压 U_f、电动势 E 和电解液密度随放电时间而变化的规律,为合理地使用蓄电池提供理论依据。图1-7为充足电的蓄电池,以20h放电率恒流放电的特性曲线。

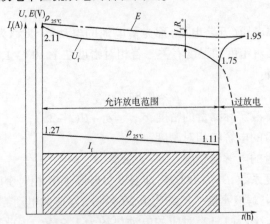

图1-7　20h放电率恒流放电特性曲线

放电过程中,端电压的变化规律分4个阶段。

第一阶段:端电压由2.11V迅速下降到2.0V左右。这是因为放电开始时极板孔隙内的 H_2SO_4 迅速消耗,相对密度下降的缘故。

第二阶段:端电压由2.0V下降到1.85V,基本呈直线规律缓慢下降。这是由于随着极板孔隙外的电解液向极板孔隙内渗透速度加快,当渗透变化速率与整个容器内电解液相对密度的变化速率趋于一致,端电压缓慢下降。

第三阶段:端电压迅速由1.85V下降到1.75V。此值为单格电池的终止电压,应立即停止放电。否则会因放电终了时,化学反应深入到极板内层,放电过程中生成的体积较大的硫酸铅使电解液渗透困难,造成端电压随孔隙内电解液相对密度下降而急剧下降。继续放电则为过度放电,将严重影响蓄电池使用寿命。

第四阶段:停止放电后,蓄电池电压稍有上升(称为蓄电池"休息")。这是由于电解液渗透的结果使极板孔隙内外电解液密度趋于一致,蓄电池单格电池电动势会回升到 1.95V(静止电动势)。

蓄电池放电终了的特征是:

(1)单格电池电压下降到放电终止电压(表 1-3)。

起动型铅蓄电池的放电率与终止电压的关系　　　　表 1-3

放电情况	放电率	20h	10h	3h	30min	5min
	放电电流(A)	$0.05Q_e$	$0.1Q_e$	$0.25Q_e$	Q_e	$3Q_e$
单格电池终止电压(V)		1.75	1.70	1.65	1.55	1.50

(2)电解液相对密度下降到最小值。由于恒流放电,则单位时间所内消耗 H_2SO_4 数量保持一定,因此,电解液相对密度呈线性变化。

2. 充电特性

蓄电池的充电特性是指蓄电池在恒定电流充电状态下,电解液相对密度、蓄电池端电压、电动势随充电时间而变化的规律,如图 1-8 所示。

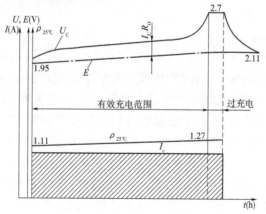

图 1-8　蓄电池充电特性

在充电过程中,电解液相对密度随时间呈直线规律逐渐上升。蓄电池端电压的上升规律由 5 个阶段组成。

第一阶段:充电开始,端电压由 1.95V 迅速上升到 2.10V 左右。因为充电时极板上活性物质和电解液的化学反应首先在极板孔隙内进行,极板孔隙中生成的硫酸来不及向极板外扩散,使孔隙内的电解液相对密度迅速增大,其端电压迅速上升。

第二阶段:单格电池端电压从 2.1V 平稳上升至 2.4V 左右。随着充电的进行,新生成的硫酸不断向周围扩散,当极板孔隙中硫酸的生成速度与向外扩散的速度基本一致时,蓄电池端电压稳定上升,而且与电解液相对密度的上升相一致。

第三阶段:端电压从 2.4V 迅速上升至 2.7V,并有大量气泡产生。这是因为带正电的氢离子和负极板上的电子结合比较缓慢,来不及变成氢气放出,于是在负极板周围积存了大量的带正电的氢离子,使电解液与负极板之间产生了约为0.33V的附加电位差,从而使蓄电池的端电压由2.4V左右增至2.7V;同时,充电电流的一部分用于继续转变剩余的硫酸铅,而其余的电流用于电解水,产生氢气和氧气,以气泡形式放出,形成"沸腾"现象。

第四阶段:为过充电阶段,该阶段端电压和电解液的相对密度不再上升,一般持续2~3h,以保证蓄电池充足电。

第五阶段:停止充电后,极板外部的电解液逐渐向极板内部渗透,极板内外电解液相对密度趋于平衡,附加电压逐渐消失,端电压由2.7V逐渐降为2.1V左右稳定下来。

铅蓄电池充电终了的特征是:

(1)端电压和电解液相对密度均上升到最大值,且2~3h内不再增加。

(2)电解液中产生大量气泡,出现"沸腾"现象。

四、蓄电池的容量及其影响因素

1. 蓄电池的容量

蓄电池的容量是指完全充电的蓄电池在放电允许的范围内输出的电量,它标志蓄电池对外供电的能力。当蓄电池以恒定电流放电时,其容量Q等于放电电流I_f和放电时间t_f的乘积,即:

$$Q = I_f t_f$$

式中:Q——蓄电池的容量,$A \cdot h$;

I_f——放电电流,A;

t_f——放电时间,h。

蓄电池的容量与放电电流的大小及电解液的温度有关,因此蓄电池的标称容量是在一定的放电电流、一定的终止电压和一定的电解液温度下确定的。标称容量分为额定容量和起动容量。

(1)额定容量Q_e。指完全充足电的蓄电池在电解液平均温度为25℃的情况下,以20h放电率的电流(相当于$Q_e/20$)连续放电20h,使单格电池电压降为1.75V时输出的电量。

(2)起动容量。起动容量表示蓄电池接起动机时的供电能力,有常温和低温两种起动容量。常温起动容量指电解液温度为25℃时,以5min放电率(3倍额定容量的电流)连续放电至单格电压降到1.5V时所输出的电量,其放电持续时间应在5min以上。低温起动容量指电解液温度为-18℃时,以3倍额定容量的电流连续放电至单格电压降到1.5V时所放出的电量,其放电持续时间应在2.5min以上。

2. 蓄电池容量的影响因素

蓄电池的容量与放电电流、电解液温度、电解液密度及极板结构等因素有关。

(1)放电电流。放电电流过大时,化学反应作用于极板表面,电解液来不及渗入极板内部,就已被表面生成的硫酸铅堵塞,致使极板内部大量的活性物质不能参加化学反应,使蓄电池容量减小。

(2)电解液温度。温度低时,电解液黏度增加,离子运动速度慢,电解液向极板孔隙内层渗入困难,极板孔隙内的活性物质不能充分利用,使蓄电池的放电容量下降。冬季起动机起动时,放电电流大,温度低,使蓄电池容量减小,导致蓄电池电量不足。

(3)电解液密度。在一定范围内,适当加大电解液密度,可以提高蓄电池的电动势和容量。但密度过大,将使其黏度增加,内阻增大,端电压及容量减小。一般情况下,采用偏低密度的电解液有利于提高放电电流和容量,同时也有利于延长铅蓄电池的使用寿命。铅蓄电池电解液的密度,应根据用户所在地区的气候条件而定。

(4)电解液纯度。电解液的纯度对蓄电池的容量有很大影响,电解液中一些有害杂质会腐蚀栅架,沉附于极板上的杂质会造成蓄电池局部自放电。因此,电解液应采用化学纯硫酸和蒸馏水配制。

(5)极板结构。极板有效面积越大,片数越多,极板越薄,蓄电池的容量就越大。

第四节　蓄电池充电

为保持铅蓄电池有足够的容量,延长铅蓄电池的使用寿命,必须对其进行充电,充分转化极板上的活性物质。将充电电源的电能转换为蓄电池化学能的过程,称为蓄电池充电。

一、充电种类

蓄电池充电是蓄电池使用过程中一项经常性的工作,新蓄电池和修复后的蓄电池需要进行初充电,使用中的蓄电池需要进行补充充电,此外,还要定期进行去硫充电、均衡充电和预防硫化过充电等。蓄电池的充电规范见表1-4。

蓄电池的充电规范　　　　表1-4

蓄电池型号	额定容量 Q_{20}（A·h）	额定电压 u（V）	初充电				补充充电			
			第一阶段		第二阶段		第一阶段		第二阶段	
			电流 I（A）	时间 t（h）	电流 I（A）	时间 t（h）	电流 I（A）	时间 t（h）	电流 I（A）	时间 t（h）
3-Q-75	75	6	5	25~35	3	20~30	7.5	10~11	4	3~5
3-Q-90	90	6	6	25~35	3	20~30	9	10~11	5	3~5
3-Q-105	105	6	7	25~35	4	20~30	10.5	10~11	5	3~5
3-Q-120	120	6	8	25~35	4	20~30	12	10~11	6	3~5
3-Q-135	135	6	9	25~35	5	20~30	13.5	10~11	7	3~5
3-Q-150	150	6	10	25~35	5	20~30	15	10~11	7	3~5
3-Q-195	195	6	13	25~35	7	20~30	19.5	10~11	10	3~5
6-Q-60	60	12	4	25~35	2	20~30	6	10~11	3	3~5
6-Q-75	75	12	5	25~35	3	20~30	7.5	10~11	4	3~5
6-Q-90	90	12	6	25~35	3	20~30	9	10~11	4	3~5
6-Q-105	105	12	7	25~35	4	20~30	10.5	10~11	5	3~5
6-Q-120	120	12	8	25~35	4	20~30	12	10~11	6	3~5

1.初充电

待启用的新蓄电池或修复后的蓄电池,使用之前的首次充电称为初充电。初充电对蓄电池的性能和使用寿命影响很大。若初充电时蓄电池未充足电,则蓄电池的容量长期偏低,使用寿命显著缩短;若初充电时蓄电池过量充电,则极板和隔板将受到严重腐蚀,蓄电池的使用寿命也会大大降低。

初充电的特点是充电电流小,充电时间长。

初充电的步骤如下:

(1)按照生产厂家给出的电解液参数加注电解液。密度一般为 1.250~1.285g/cm³,温度不超过 30℃,然后放置 6~8h,电解液的量不应超过蓄电池标记的上限。加注后,电解液的温度还要升高,应监测电解液的温度,低于 35℃ 后才可以进行充电。

(2)接通充电电路,按表1-4给定的参数进行充电。第一阶段完成的判别依据是单格蓄电池的端电压,当其值达到 2.3~2.4V 时,即可认为第一阶段充电完成。当蓄电池的端电压和电解液的密度在 2~3h 内不再上升,并有大量气泡产生时,即可停止第二阶段充电。

充电过程中应监测电解液的温度,当温度上升到 40℃ 时应将充电电流减半;温度上升到 45℃ 时,应立即停止充电。与此同时,要采取适当措施降低电解液的温度,当温度值低于 35℃ 时,才可以继续充电。

(3)调整电解液密度和液面高度。初充电接近结束时,应当测量电解液的密度和高度。若不符合规定,应用蒸馏水或密度为 1.40g/cm³ 的电解液进行调整。调整后,应再充电 2h。这种调整要反复进行,直至电解液的密度和高度都符合要求为止。

对于新蓄电池的初充电作业,应进行 1~3 次充、放电循环,以便检查蓄电池的容量是否达到额定容量。这种循环还可以促进极板上的物质转变为活性物质,提高蓄电池的容量。

更换部分极板的修复蓄电池,初充电时,注入的电解液的密度要低于规定值 0.03~0.06g/cm³,并按规定充电电流的 50%~80% 进行充电。

2. 补充充电

已经连续使用 3 个月或起动机起动力量不足时,应对蓄电池进行补充充电。当蓄电池的容量不足时,会有以下现象出现。

(1)电解液的密度低于 1.20g/cm³。

(2)冬季放电超过额定容量 25%,夏季超过 50%。

(3)单格蓄电池电压降到 1.7V 以下。

(4)照明系统的灯光比正常暗淡。

充电后的蓄电池若不用,每两个月应对其进行一次补充充电。

3. 去硫充电

当极板严重硫化时,可进行"去硫充电"。"去硫充电"时,先将蓄电池中的电解液倒出,反复用蒸馏水冲洗干净后,注入蒸馏水高过极板 15mm,用初充电电流进行充电。监测电解液的密度,当超过 1.15g/cm³ 时,用蒸馏水将电解液稀释,继续充电。电解液的密度不再上升后,再进行放电。这个过程要反复进行(也可充电 6h,中间停 2h),直到 6h 电解液密度不变为止。然后,参照初充电的方法充电并调整电解液的密度至规定值,用 20h 放电率放电检查容量,若容量达到额定容量的 80%,则认为极板硫化基本消除,可以正常使用。

4. 均衡充电

由于制造、使用等因素,蓄电池会出现各单格蓄电池间的端电压、电解液密度、容量等差异。为了消除这些差异,需进行均衡充电。具体方法是:用正常充电方法充至蓄电池的端电压稳定后停止充电,1h 后再用 20h 放电率电流进行充电,充 2h 停 1h,如此反复 3 次,直至各单格蓄电池一开始充电就立即剧烈地产生气泡为止。最后,调整电解液的密度至规定值。

5.预防硫化过充电

为预防蓄电池的极板硫化,每隔 3 个月可进行一次预防硫化过充电。具体方法是:用正常补充充电的电流值将蓄电池充足电,停止 1h 后再用 50% 的补充充电电流值充电至蓄电池"沸腾"为止。重复几次,直到一旦充电立即"沸腾"为止。

二、充电设备

目前最常用的充电设备是硅整流充电机、可控硅充电机和可控硅快速充电机,如图 1-9 所示。这些充电机具有结构简单、操作维修方便、整流效率高、工作稳定可靠和寿命长等优点。

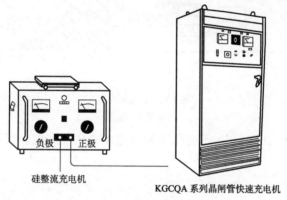

硅整流充电机

KGCQA 系列晶闸管快速充电机

图 1-9　常用充电设备

三、充电方法

蓄电池的充电,应根据不同情况选择适当的充电方法,通常蓄电池的充电方法有定电流充电、定电压充电和脉冲快速充电三种。

1.定电流充电

定电流充电是指充电过程中充电电流保持恒定不变的充电方法。采用定电流充电可以将不同电压等级的蓄电池串在一起充电,连接方法如图 1-10 所示。串联充电时,充电电流应按照容量最小的电池来选择,待小容量电池充足后,应及时摘掉,然后继续给大容量蓄电池充电,直到充足。

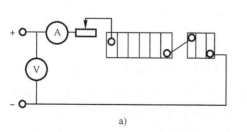

a)

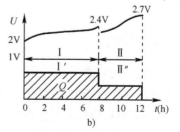

b)

图 1-10　定电流充电

a)电路;b)曲线

定电流充电适用性较广,常用于蓄电池的初充电、补充充电及去硫化充电。但这种充电方法的缺点是:充电时间较长,并且需要经常调节充电电流。

2. 定电压充电

定电压充电是指充电过程中充电电压保持恒定不变的充电方法。定电压充电可将电压相同的铅蓄电池并联在一起充电,连接方法如图1-11所示。定压充电的特点是充电效率高,不易造成过充电,但必须注意选择好充电电压,若电压过高,则同样会发生过充电现象;若电压过低,则又会使蓄电池充电不足。

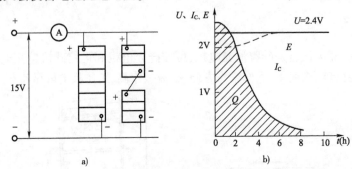

图1-11　定电压充电
a)电路;b)曲线

定电压充电仅用于补充充电,不能用于初充电和去硫化充电。车用发电机对蓄电池的充电就是定压充电。

3. 脉冲快速充电

脉冲快速充电是利用可控硅快速充电机对蓄电池进行正反向脉动充电,即在大电流充电过程中,进行短暂的停充,并加以放电脉冲的充电方法。充电过程遵循:正脉冲充电→前停充→负脉冲瞬间放电→后停充……直到充足电为止。这种充电方法的优点是:

(1)充电效率高。对新蓄电池的初充电一般不超过5h;对旧蓄电池的补充充电只需0.5~1.5h,从而大大缩短了充电时间。

(2)可增加蓄电池的容量。

(3)具有显著的去硫化作用。

第五节　常见蓄电池

一、干荷电蓄电池

干荷电蓄电池与普通铅蓄电池的区别是,其极板组在干燥状态下能够长期保存制造过程中得到的电荷。在保存期内,只要注入参数符合要求的电解液,搁置20~30min,调整液面到规定的高度,而不需要进行初充电即可投入使用,其荷电量能达到额定容量的80%以上。因此,它是理想的应急电源。国内已经大批量生产干荷电蓄电池,基本上取代了普通铅蓄电池。

干荷电蓄电池之所以具有干荷电性能,主要在于其负极板的制造工艺与普通铅蓄电池不同,且正极板上的活性物质——二氧化铅化学的性质比较稳定,可长期保持荷电性能。负极板上的活性物质海绵状铅表面积大,化学活性高,容易氧化。为防止氧化,在负极板的铅膏中要加入松香、油酸、硬脂酸等防氧化剂。在化学形成(化成)过程中,有一次深放电循环或反复充、放电,使活性物质达到深化。化成后的负极板,用清水冲洗干净后,再放入硼酸、水杨酸混合成的防氧化剂中进行浸渍处理。浸渍后的负极板,经特殊干燥工艺(干燥罐中真空或充满惰性气体)干燥,在其表面生成一层保护膜,使得负极板也具有干荷电性能。由于负极板的抗氧化性能得到提高,因此,干荷电蓄电池比普通铅蓄电池的自放电小,储存期长。

干荷电蓄电池的使用、维护与普通铅蓄电池基本相同。储存期超过两年的干荷电蓄电池,因极板有部分氧化,应以补充充电的电流充电 5 ~ 10h 后再使用。

二、湿荷电蓄电池

湿荷电蓄电池是将蓄电池的极板分布两个群组,放入电解质溶液中,通入一定电压的直流电,在正极上形成二氧化铅,在负极上形成海绵状铅,将负极板浸入密度为 $1.35g/cm^3$ 的硫酸钠溶液里 10min,硫酸钠吸附在负极板活性物质表面,起抗氧化作用,两个极板群组经离心沥酸(但不经干燥)处理后即组装密封成蓄电池。该蓄电池因其极板内部仍带有部分电解液,蓄电池内部是湿润的而被称为湿荷电蓄电池。

湿荷电蓄电池出厂后,允许储存 6 个月。在此期间,只需加注符合标准的电解液,20min后,不经初充电即可使用。首次放电可达额定容量的 80%。超出储存允许期,则需按补充充电规范进行充电后方可使用。

三、免维护蓄电池

免维护蓄电池也称为 MF(Maintenance Free) 蓄电池。免维护蓄电池是在传统蓄电池的基础上发展起来的新型蓄电池,其性能比普通蓄电池优越许多。

1. 结构与材料方面的特点

(1)栅架采用低锑或无锑合金,减少了自放电。

(2)加液孔盖加了一个氧化铝过滤器。它的作用是在允许氢气、氧气逸出的同时,阻止水蒸气和硫酸气体逸出。其结果是减少了电解液的消耗。

(3)正极板装在袋式微孔塑料隔板中,基本上避免了活性物质的脱落。因此,可以取消壳体底部的凸棱,使极板上部的容积增大 33% 左右,增加了电解液的加注量,延长了电解液的补充周期。

2. 使用特点

(1)所谓免维护,主要是指使用过程中不用或很少加注蒸馏水,和普通铅蓄电池相比,它的耗水量非常小。同样条件下,每行驶 1000km,普通铅蓄电池耗水 16 ~ 32g,而免维护蓄电池仅耗水 1.6 ~ 3.2g。

(2)由于自放电少,可较长时间湿式储存,一般允许储存两年以上。

(3)耐过充性能好。充电电压和温度相同时,免维护蓄电池的过充电电流很小,充足电时接近于零。过充电时,外部提供的电能主要电解电解液中的水。这也是免维护蓄电池水耗量小的一个原因。

（4）免维护蓄电池使用寿命长。正常情况下，免维护蓄电池至少可以使用两年以上。深度放电情况下，免维护蓄电池的容量和寿命都会减少。

为了使蓄电池经常处于良好的状态，延长使用寿命。经过一年或30000km行驶后，要对其进行少量维护工作。检查电解液的密度、高度和蓄电池的开路电压。如发现问题，要有针对性地进行解决。

最好每半年进行一次补充充电，以保持蓄电池的容量。

四、胶体蓄电池

胶体蓄电池的电解液为胶状物质，主要成分为硅酸钠和硫酸钠。胶体蓄电池主要特点如下：

（1）胶状电解质不流动、不溅出，使用、维护、保管和运输都很方便。

（2）由于胶状电解质失水少，因此使用时不必测量和调整电解质的密度和高度。

（3）胶体蓄电池中的电解质像保护套似的紧紧包住极板，所以耐强电流放电，活性物质不易脱落。

（4）耐硫化。蓄电池放电时产生的硫酸铅很难溶解到胶状电解质中去，胶状电解质中的硫酸铅也难以返回到极板上再结晶，在一定程度上防止了极板的硫化。

（5）胶状电解质的电阻大，因此蓄电池的内阻变大。大电流放电时，蓄电池的容量有所降低。

（6）极板易腐蚀。胶状电解质流动性差，与极板接触不均匀，使极板不同部分形成电位差。另外，胶体蓄电池自放电较大，且不均匀。这两种原因使得极板容易腐蚀。

五、碱性蓄电池

该类型蓄电池使用碱性电解液。

1. 铁镍蓄电池

该蓄电池的外壳用钢板制成。正极板的活性物质是氢氧化镍，为增强其导电性能，有时掺杂些片状纯镍。负极板活性物质是海绵状铁，其中掺有5%~6%的水银以增强其导电性能。电解液是纯净的苛性钠或苛性钾溶液，密度为1.20~1.27g/cm³。铁镍蓄电池充电和放电的化学反应式为：

$$2Ni(OH)_3 + KOH + Fe \Longrightarrow 2Ni(OH)_2 + KOH + Fe(OH)_2$$

2. 镉镍蓄电池

镉镍蓄电池的正极板是氢氧化镍，负极板是镉。电解液是氢氧化钾或氢氧化钠的溶液。隔板材料为橡胶或塑料。外壳用钢板或ABS制成。正极板用氢氧化亚镍粉、石墨粉和其他添加剂，包在穿孔的钢带中压制、焊成极板组制成。添加石墨是为了增加极板的导电性。负极板由氧化镉和氧化铁粉及其他添加剂，包在穿孔的钢带中压制、焊接成极板组。添加氧化铁粉是为了提高氧化镉粉的扩散性，防止其结块，增加极板的容量。电解液密度为1.1~1.27g/cm³。镉镍蓄电池的化学反应式为：

$$2Ni(OH)_3 + 2KOH + Cd \Longleftrightarrow 2Ni(OH)_2 + 2KOH + Cd(OH)_2$$

充电后,正极板的活性物质是氢氧化镍,负极板的活性物质是金属镉。放电终了时,正极板转化为氢氧化亚镍,负极板转化为氢氧化镉。两极板的化学变化是可逆的。镉镍蓄电池中的电解液不参加化学反应,只作为电流的导体,其浓度基本保持不变,因此不能根据电解液浓度判断蓄电池的放电程度。单格镉镍蓄电池的电压是1.2V,组成6V蓄电池需5个单格蓄电池串联使用,组成12V则需10个单格蓄电池串联使用。与电压和容量相同的铅蓄电池相比,镉镍蓄电池的质量约小35%,体积约小30%,输出数百安培电流时蓄电池毫无损伤,使用寿命比铅蓄电池长4~6倍。但镉镍蓄电池比同电压、同容量的铅蓄电池价格贵3~4倍,且起动放电性能较差。

3. 银锌蓄电池

银锌蓄电池正极板上的活性物质是氧化银,负极板是锌。用银丝导线制成的骨架,起支撑活性物质和传导电流的作用。电解液为氢氧化钾溶液。外壳用不锈钢或塑料制成。充、放电时的化学反应式为:

$$AgO + Zn + KOH + H_2O \Longleftrightarrow Ag + Zn(OH)_2 + KOH$$

六、高能蓄电池

由于电能是一种环保能源,人类一直在努力研究用电能加电动机取代燃油发动机为行走机械提供动力,高能蓄电池是实现这一目标的关键所在。

新型高能蓄电池的比能量可达140W·h/kg(铅蓄电池仅为40~50W·h/kg),循环充电次数达800次以上,一次充电可使行走机械行驶240km。

研究开发中的高能蓄电池种类很多,其中较有前途的有钠硫蓄电池、燃料蓄电池、锌-空气蓄电池和锂合金二硫化铁蓄电池等。

1. 钠硫高能蓄电池

该蓄电池的结构原理,如图1-12所示。

钠硫高能蓄电池阳极反应物是带有一定导电物质的硫,阴极反应物是熔融的钠。电解质为β-氧化铝矾土陶瓷管 $NaAl_{11}O_{17}$,该陶瓷管既是绝缘体又能自由传导钠离子。当外电路闭合时,阴极不断产生钠离子和电子。电子通过外电路流向阳极,而钠离子 Na^+ 通过电解质和阳极的反应物质硫发生作用,生成钠的硫化物 Na_2S_x。随着反应不断进行,电路中获得连续电流。这种蓄电池的理论比能量高达640W·h/kg,效率可达100%,即可用于充电量相同的电量完全放电。钠硫高能蓄电池的硫化钠工作温度高达250~300℃,因此其使用寿命短,还没有达到实用水平。

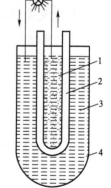

图1-12 钠硫高能蓄电池
1-熔融钠;2-电解质;3-熔融硫;4-外壳

2. 燃料高能蓄电池

燃料高能蓄电池由燃料、氧化剂、电极、电解质等组成。使用的燃料有氢、煤气、天然气等。氧化剂有氧气、空气、氯气。电极则是多孔烧结镍、多孔银等。电解质为氢氧化钾溶液。

燃料高能蓄电池是利用燃料的氧化反应,直接将化学能转变为电能。只要燃烧不断进行,就一直有电流产生。主要有氢-氧型、碳化氢型和联氨型等。

氢-氧型燃料高能蓄电池结构如图1-13所示。其燃料是氢,氧化剂是氧气。高压气筒分别经气腔A、E供给氧气和氢气。多孔的氧电极B是正极,用钴和铝作催化剂。多孔的氢电极D是负电极,用钯作催化剂。电解液是30%氢氧化钾溶液,由液压泵使之循环。C腔中充满饱含电解液的石棉。

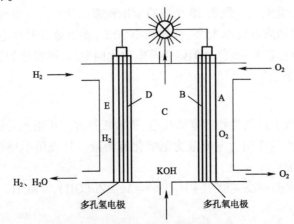

图1-13　氢-氧型燃料高能蓄电池

A-氧化腔;B-正极;C-石棉层;D-负极;E-氢气腔

放电时,负极D(氢电极)处的氢与氢氧根离子化合成水,并放出电子。电子通过外电路送到正极。正极B(氧电极)处的氧、水及流来的电子生成氢氧根离子进入电解液。

在此过程中,氢和氧反应生成水。若氢和氧能不断得到补充,则反应不断进行,可持续提供电能。氢-氧型燃料高能蓄电池的比能量高达$200W \cdot h/kg$,是铅蓄电池的$4 \sim 7$倍,且不需充电。由于用贵重金属作催化剂,因而成本较高。另外,燃料的储存、运输也比较困难。

3. 锌-空气高能蓄电池

锌-空气高能蓄电池的正极板由金属网集电气、活性层等组成,是一个薄空气电极。负极板是纯锌。电解质是氢氧化钾溶液。其工作电压为$1.0 \sim 1.2V$,比能量可达$150 \sim 400W \cdot h/kg$。充放电的化学反应式为:

$$2Zn + O_2 \Longleftrightarrow 2ZnO$$

锌-空气高能蓄电池具有放电电压稳定、无污染等优点。工作时,要消耗一定能量用于清除空气中的二氧化碳、滤清、通风等。此外,其还有限制放电电流的缺点。

第六节　蓄电池维护与性能测试

一、蓄电池的正确使用和维护

蓄电池的使用性能和寿命,不仅取决于其本身的质量,而且还取决于蓄电池的使用和维护情况。

1. 蓄电池的日常使用和维护

(1)及时充电。放完电的蓄电池应在24h内送到充电室充电;装在车上使用的蓄电池每两月至少应补充充电一次。蓄电池的放电程度,冬季不得超过25%,夏季不得超过50%;带电解液存放的蓄电池,每两月应补充充电一次。

(2)正确使用起动机。不连续使用起动机,每次起动的时间不得超过5s,如果一次未能起动发动机,应休息15s以上再做第二次起动,连续三次起动不成功,应查明原因,排除故障后再起动发动机。

(3)应经常清除蓄电池表面的灰尘污物,保持蓄电池表面清洁、干燥;电解液洒到蓄电池表面时,应当用抹布蘸上浓度为10%的苏打水或碱水擦净,然后再用清洁的抹布擦干;极柱和电线接头上出现氧化物时应予以清除;经常疏通通气孔。

(4)经常检查电解液液面高度,必要时用蒸馏水或电解液进行调整,使其保持在规定范围内。

2.蓄电池使用中应避免的情况

(1)长时间过充电或充电电流过大。

(2)过度放电。

(3)电解液液面过低或过高。

(4)电解液密度过高。

(5)电解液内混入杂质。

3.蓄电池冬季使用注意事项

(1)尽量保持蓄电池处于充足电状态,以免蓄电池放电后电解液密度降低而结冰。

(2)补加蒸馏水,应在充电时进行,以使蒸馏水较快地与电解液混合而不致结冰。

(3)由于蓄电池容量降低,在冷态起动前,应尽量先预热发动机,以减小起动阻力,提高起动转速,避免蓄电池的亏损。

二、蓄电池技术状况检查

为了保证蓄电池得到及时维护,了解电解液液面高度和蓄电池充放电程度的检查方法非常重要。

1.电解液液面高度的检查

对于塑料壳体的蓄电池,可以直接通过外壳上的液面线检查。壳体前后侧面上都标有两条平行的液面线,分别用"max"或"UPPER LEVEL"或"上液面线"和"min"或"LOWER LEVEL"或"下液面线"表示电解液液面的最高限和最低限,电解液液面应保持在高、低水平线之间。

对于橡胶壳体的蓄电池,可以用孔径为3~5mm的透明玻璃管测量电解液高出隔板的高度来检查,如图1-14所示。检测方法是:将玻璃管垂直插入蓄电池的加液孔中,直到与保护网或隔板上缘接触为止,然后用手指堵紧管口并将管取出,管内所吸取的电解液的高度即为液面高度,其值应为10~15mm。

当电解液液面偏低时,应补充蒸馏水,这是因为电解液液面正常降低是由于电解液中水的电解和蒸发引起的。只有当液面降低是由电解液溅出或泄漏所致时,才能补充硫酸溶液。

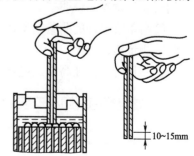

图1-14 电解液液面高度测量

2.蓄电池放电程度的检查

(1)测量电解液的相对密度。通常用吸式密度计来测量电解液的相对密度,如图1-15所示,先吸入电解液,使密度计浮子浮起,电解液液面所在的刻度即为相对密度值。同时,还要测量电解液的温度,然后将测量的密度值转换为25℃时的相对密度值。电解液相对密度下降0.01,就相当于蓄电池放电6%,可以用测得的电解液相对密度值粗略地估算出蓄电池的存电量。但在强电流放电或加注蒸馏水后,不应立即测量电解液的相对密度。因为此时电解液混合不匀,测得的相对密度值不能用来估算蓄电池的存电量。

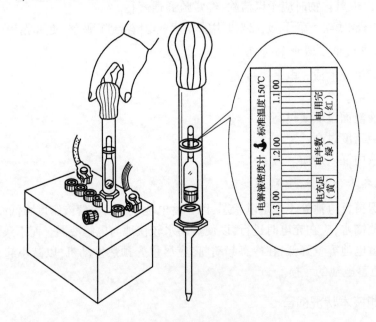

图1-15　测量电解液相对密度

(2)用高率放电计测量放电电压。铅蓄电池电压的测量方法如图1-16所示。测量时,应将两触针紧压在蓄电池的正、负极柱上,测量时间为5s左右,观察此时蓄电池所能保持的端电压。若电压保持在10.6~11.6V,说明蓄电池的技术状况良好;如果电压保持在9.6~10.6V,说明蓄电池性能良好;若电压迅速下降,说明蓄电池有故障,应及时修理,此时需注意:

①不同型号的高率放电计,负荷电阻值可能不同,放电电流和电压表的读数也就不同,使用时应注意参照说明书。

②高率放电计的测量结果还与蓄电池容量有关,蓄电池容量越大,内阻就越小,高率放电计的测量值也越大。

③测量时应保证高率放电计两触针与蓄电池的正、负极柱良好接触。

三、蓄电池的拆卸和安装

1.蓄电池的拆卸

从车上拆下蓄电池时,按下述程序进行拆卸:

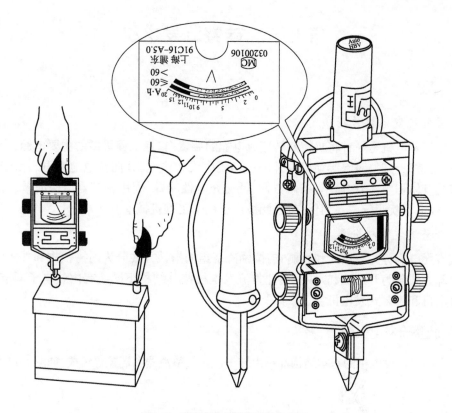

图1-16　用高率放电计测量放电电压

（1）将点火开关置于"OFF"（断开）位置，切断电源。

（2）先拧松负极柱上搭铁电缆的接头螺栓并取下搭铁电缆接头，然后再拧松正极柱上的电缆接头螺栓和取下该电缆接头，以免拆卸正极柱上的电缆接头时，因扳手搭铁而导致蓄电池短路放电，拧松蓄电池正、负电缆的固定夹。

（3）拆下蓄电池固定架。

（4）从车上取下蓄电池。

拆下蓄电池时，应检查其外壳有无裂纹与电解液渗漏的痕迹，如有裂纹或渗漏，应予更换。

2. 蓄电池的安装

将蓄电池安装到车上时，应按下述程序进行：

（1）参照技术参数检查待用蓄电池是否适合本车使用。

（2）确认蓄电池正、负极柱的安放位置正确后，再将蓄电池放到安装架上。

（3）正、负电缆接头分别接于正、负极柱上（注意，先接正极柱上的电缆接头，然后再接负极柱上的搭铁电缆接头，以防扳手搭铁导致蓄电池短路放电；电缆不应绷得过紧）。

（4）在正、负极柱及其电缆接头上涂抹一层凡士林或润滑脂，以防极柱和接头氧化腐蚀。

（5）装上压板，拧紧蓄电池固定架。

第七节　硅整流发电机

一、概述

1.硅整流发电机作用

硅整流发电机是一种将机械能转变成电能的装置,它是工程机械的主要电源,由发动机驱动,在正常工作时,对除起动机以外的一切用电设备供电,并向蓄电池充电。由于硅整流发电机具有体积小、结构简单、维修方便、低速充电性能好、配用调节器结构简单、使用寿命长、对无线电干扰小等一系列优点,因此被广泛用于工程机械上。

2.硅整流发电机分类

按有无电刷分为有刷式和无刷式;按励磁绕组的搭铁方式分为内搭铁式和外搭铁式;按通风冷却方式分为开启型和封闭型;硅整流发电机按其结构不同还有内装电子调节器的整体式发电机和带泵式发电机。

二、硅整流发电机构造

普通硅整流发电机的基本结构都是由转子、定子、整流器和端盖等组成,如图1-17所示。

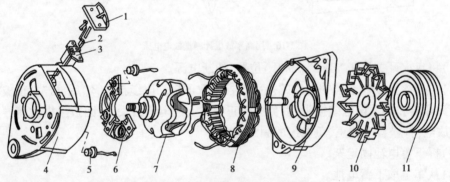

图1-17　普通硅整流发电机结构

1-电刷弹簧压盖;2-电刷;3-电刷架;4-后端盖;5-硅整流二极管;6-散热板;7-转子总成;8-定子总成;9-前端盖;10-风扇;11-V带轮

1.转子

转子由爪极、励磁绕组、轴和滑环等组成,如图1-18所示。

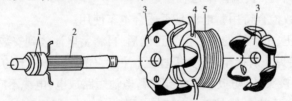

图1-18　发电机转子结构

1-滑环;2-轴;3-爪极;4-磁轭;5-励磁绕组

转子的功能是在发动机的带动下,产生旋转磁场。爪极上有6个鸟嘴形磁极,压装在转子轴上。爪极空腔内装有磁轭,其上绕有线圈,称其为转子绕组或励磁绕组。转子绕组的引出线分别焊在两个滑环上,滑环与轴绝缘。蓄电池通过压在滑环上的电刷为转子绕组提供直流电流,则转子绕组产生的磁通将爪极分别磁化成 N 极、S 极,形成六对相互交错的磁极。

2. 定子

定子也称电枢,由定子铁芯和定子绕组组成,其作用是产生三相交流电动势。定子铁芯由相互绝缘的内圆带嵌线槽的圆环状硅钢片制成,嵌线槽内嵌入三相定子绕组,如图 1-19 所示。

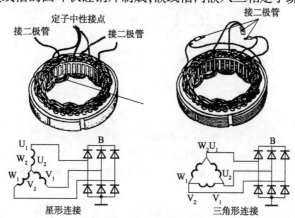

图 1-19 定子绕组连接方式

U_1、V_1、W_1-绕组首端;U_2、V_2、W_2-绕组末端;B-整流输出正极端

三相定子绕组有星形(丫)接法和三角形(△)接法两种连接方式,一般硅整流发电机的定子绕组都用星形接法,即每相绕组的首端分别与整流器的二极管相连,三相绕组的尾端接在一起,形成中性点(N)。只有少数大功率发动机采用三角形接法。

3. 硅整流器

硅整流器一般由一块元件板和 6 只硅整流二极管接成桥式全波整流电路,其作用是将三相交流电变换为直流电向外输出。

元件板又称散热板,用铝合金制成月牙形,如图 1-20 所示。元件板与后端盖用绝缘材料隔开,并用螺栓通至后端盖外部作为发电机的电枢(或"B""＋""A")接线柱。元件板上还有 3 个与其绝缘的接线柱,用来固定二极管的引线和电枢绕组的引出线。

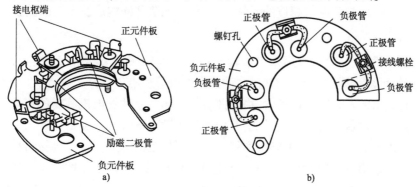

图 1-20 硅整流器组件形状

a)焊装式;b)压装式

硅整流器由 6 只二极管组成。二极管的内部结构、外形、表示符号如图 1-21 所示,其引线和外壳分别是它的两个极。

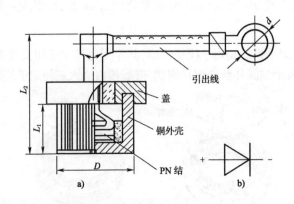

图 1-21　二极管的结构、外形及表示符号

a)内部结构及外形;b)符号

硅整流二极管分为两种类型:正极管和负极管两种,如图 1-22 所示。

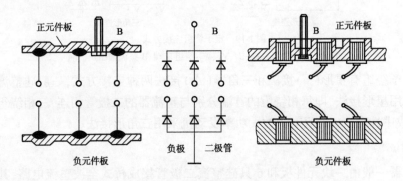

图 1-22　二极管安装示意图

正极管:中心线为正极,外壳为负极,且外壳底部一般标有红色标记,压装或焊装在元件板上,共同组成发电机的正极。

负极管:中心线为负极,外壳为正极,外壳底部有黑色标记,有的压装在后端盖上,有的压装或焊接在另一块与后端盖相连的元件板上,和后端盖共同构成发电机的负极。

4. 端盖和电刷

硅整流发电机的前、后端盖用来支承转子和定子,均用铝合金铸造而成,因为铝合金是非导磁性材料,可减少漏磁并且具有轻便、散热性能好等优点。

前端盖有突出的安装臂和调整臂,由于此盖的外侧为驱动发电机旋转的传动带轮,因而又称驱动端盖。后端盖上装有电刷总成,其作用是将励磁电流引入励磁绕组。

电刷总成由电刷架、电刷和电刷弹簧组成。电刷架是用酚醛玻璃纤维塑料模压而成;电刷用铜粉和石墨粉模压而成,具有良好的导电性。电刷装在电刷架内借助电刷弹簧的压力与滑环保持接触。目前国产硅整流发电机电刷架主要有内装式和外装式两种结构,如图 1-23所示,外装式电刷架可从发电机外部直接拆装,维修方便,得到广泛使用;而内装式电刷架在更换电刷时必须将发电机拆开,维修不方便,使用很少。

两个电刷的引线分别与后端盖上的两个接线柱相连。内搭铁式硅整流发电机的一个接线柱和外壳绝缘,称为"磁场"或"F"接线柱;另外一个接线柱直接和后端盖相连,称为"搭铁"或"–"接线柱。外搭铁式硅整流发电机的两个接线柱均与发电机外壳绝缘,分别用"F₁""F₂"表示,其励磁绕组是通过调节器搭铁的。

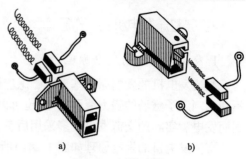

图1-23 电刷架结构
a)外装式;b) 内装式

三、硅整流发电机型号

国产硅整流发电机的型号由产品代号、电压等级代号、电流等级代号、设计序号和变型代号五部分组成。

1. 产品代号

硅整流发电机的产品代号由汉语拼音字母组成,有 JF、JFZ、JFB、JFW 四种。JF 表示普通硅整流发电机;JFZ 表示整体式硅整流发电机;JFB 表示带泵式硅整流发电机;JFW 表示无刷式硅整流发电机(字母 J、F、Z、B 和 W 分别为交、发、整、泵和无字的汉语拼音第一个大写字母)。

2. 电压等级代号

电压等级代号由一位阿拉伯数字表示,其含义见表1-5。

硅整流发电机电压等级代号 表1-5

电压等级代号	1	2	3	4	5	6
电压等级(V)	12	24	—	—	—	6

3. 电流等级代号

电流等级代号由一位阿拉伯数字表示,其含义见表1-6。

硅整流发电机电流等级代号 表1-6

电流等级代号	1	2	3	4	5	6	7	8	9
电流等级(A)	≤19	20~29	30~39	40~49	50~59	60~69	70~79	80~89	≥90

4. 设计序号

按产品设计先后顺序,由1~2位阿拉伯数字组成。

5. 变型代号

以硅整流发电机调整臂位置作为变型代号:从驱动端看,调整臂在中间不加标记;在右边时用 Y 表示;在左边时用 Z 表示。

举例:JF152 表示该产品为交流发电机,电压等级为12V,输出电流在 50~59A,第 2 次设计产品。

JFZ1913Z 表示该产品为交流发电机,发电机为整体式,电压等级为12V,输出电流大于或等于90A,第 13 次设计,调整臂在左边。

四、硅整流发电机的工作原理

1. 交流发电机的发电原理

交流发电机的发电原理基于电磁感应原理:既可以是线圈在磁场中转动,线圈的工作边不断切割定子磁场的磁力线而发电;也可以是磁场旋转,磁力线不断切割固定在定子中的线圈而发电。实际的交流发电机多采用后者,其中的磁场由通电线圈所产生。

交流发电机的发电原理如图1-24a)所示,当电流通过励磁绕组时,立即产生磁场,使转子轴上的两块磁极磁化,一块为N极,另一块为S极。转子旋转时,磁极也随之旋转,形成旋转磁场。旋转磁场与固定不动的定子绕组之间产生相对运动,使三相定子绕组中产生三相交流电动势,每相电动势频率相同、幅值相等、相位互差$2\pi/3$弧度(rad),分别用e_A、e_B、e_C表示。由于转子磁极呈鸟嘴形,所以三相绕组产生的三相交流电动势近似于正弦曲线的波形如图1-24b)所示。三相电动势的函数表达式为:

$$e_A \approx E_m \sin\omega t$$

$$e_B \approx E_m \sin(\omega t - 2\pi/3)$$

$$e_C \approx E_m \sin(\omega t + 2\pi/3)$$

式中:E_m——每项电动势的最大值;
ω——角频率,rad/s。

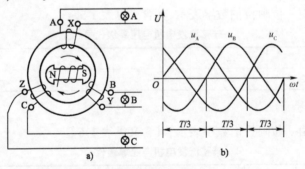

图1-24 发电机发电原理图
a)三相交流发电机;b)输出电压波形

发电机每相绕组中电动势的有效值与发动机的转速n和磁场磁通Φ成正比。即:

$$E = Cn\Phi$$

式中:C——发电机的结构参数。

2. 整流原理

交流发电机电枢绕组产生的三相交流电,经过硅二极管组成的整流器转换成直流电对外输出。其整流电路及电压波形成如图1-25所示。

交流发电机中,整流器的6只二极管组成了三相桥式全波整流电路。其中3个正极管VD_1、VD_3、VD_5的负极连接在一起,在某一瞬间,正极电位最高的正极管导通;3个负极管VD_2、VD_4、VD_6的正极连接在一起,在某一瞬间,负极电位最低的负极管导通。

当 $t = 0$ 时,$u_A = 0$,u_C 为正值,u_B 为负值,则二极管 VD$_5$、VD$_4$ 处于正向电压作用下而导通。电流从 C 相出发,经 VD$_5$、负载、VD$_4$ 回到 B 相构成回路。由于二极管内阻很小,所以此时 CB 之间线电压的瞬时值加在负载上。在 $t = t_1$ 时刻,$u_A = u_C$ 较高,u_B 最低 VD$_1$、VD$_5$ 和 VD$_4$ 导通。

在 $t_1 \sim t_2$ 时间内,A 相电压仍最高,B 相电压最低,VD$_1$、VD$_4$ 处于正向电压作用下而导通,AB 之间的线电压加在负载上。

在 $t_2 \sim t_3$ 时间内,A 相电压仍最高,C 相电压最低,VD$_1$、VD$_6$ 处于正向电压作用下而导通,AC 之间的线电压加在负载上。

在 $t_3 \sim t_4$ 时间内,B 相电压最高,C 相电压最低,VD$_3$、VD$_6$ 处于正向电压作用下而导通,BC 之间的线电压加在负载上。

依次下去,周而复始,在交流电的每一个瞬间,总有两个或三个二极管处于导通状态,电流由正极管流出,经过负载,从负极管流入,使负载上得到一个比较平稳的直流脉动电压 U,如图 1-25c)所示。

经整流后的直流电压就是硅整流发电机的输出电压,其数值为三相交流线电压的 1.35 倍,即:

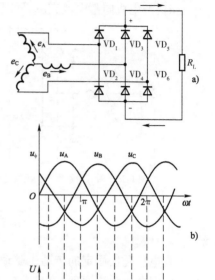

图 1-25 发动机整流原理
a)电路;b)交流电动势;c)电压波形

$$U = 1.35 U_L = 2.34 U_\phi$$

式中:U_L——线电压的有效值;

$\quad U_\phi$——相电压的有效值。

当交流发电机三相定子绕组采用星形接法时,三相绕组的 3 个末端接在一起形成一个公共接点,该点对外引线形成三相绕组的中性点(N),中性点与发电机搭铁之间的电压称为中性点电压 U_N,如图 1-26 所示。它是通过 3 个负极管整流后得到的三相半波整流电压值,该点的平均电压等于发电机直流输出电压 U 的一半。即:

$$U_N = U/2$$

中性点电压一般用来控制各种用途的继电器,如磁场继电器、充电指示灯继电器等。

3.硅整流发电机励磁方式

硅整流发电机的磁场是由电磁铁形成的,要使发电机电枢绕组产生感应电动势对外输出电流,必须使磁极通电产生磁场,这个过程称为发电机的励磁。

硅整流发电机的励磁过程包括他励和自励两个阶段。他励就是由蓄电池供给励磁电流,自励就是发电机自己供给励磁电流。励磁电路如图 1-27 所示,当电源开关 SW 接通时,由于发电机输出电压小于蓄电池电压,蓄电池便通过调节器向发电机励磁绕组提供励磁电流,发电机他励发电,其输出电压随发电机转速升高而升高;当发电机输出电压高于蓄电池电压时,发电机向蓄电池充电,同时自己提供励磁电流,此时发电机由他励转为自励。

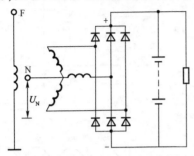

图1-26 带有中性点的交流发电机

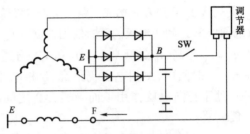

图1-27 发电机励磁电路

第八节 电压调节器

发电机是按固定的传动比驱动旋转的,其转速 n 随发动机转速变化而在很大范围内变化。根据电磁感应原理,交流发电机发出的电压随发电机速度和负载(输出电流)而变化。由于发动机的转速不断变化,交流发电机转速很难保持不变。因此,为了使发电机能提供固定不变的电压,必须采用调节器来控制电压。一般电源系统使用电压调节器来保持电源系统的电压稳定,如图1-28所示。

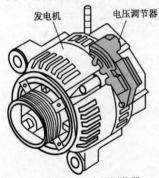

图1-28 电压调节器

一、电压调节器的功用

电压调节器是把发电机输出电压控制在规定范围内的调节装置,其功用是:在发电机转速和发电机的负载发生变化时自动控制发电机电压,使其保持恒定,防止发电机电压过高而烧坏用电设备,防止蓄电池过量充电,同时也防止发电机电压过低而导致用电设备工作失常,防止蓄电池充电不足。

二、电压调节器的基本原理

根据电磁感应原理,发电机的感应电动势为 $E_\varphi = C_1 n\Phi$,即感应电动势 E_φ 与发电机转速 n 和磁通 Φ 成正比;发电机的空载电压 $U = E_\varphi = C_1 n\Phi$,发电机在工程机械上是按固定的传动比驱动旋转的,其转速 n 随发动机转速变化而在很大范围内变化。如果要在转速 n 变化时维持发电机电压恒定,就必须相应的改变磁极磁通 Φ。因为磁极磁通 Φ 取决于励磁电流的大小,所以在发电机转速变化时,只要自动调节励磁电流,就能使发电机电压保持恒定。电压调节器就是利用自动调节励磁电流使磁极磁通改变这一原理来调节发电机电压的。

在一个电路中调节电流的方法一般有3种:一是通过更改电路中的电压;二是更改电路中的电阻值;三是控制电路的通与断。电压调节器采用的是后两种方法。电磁振动式电压调节器调节励磁电流的方法是通过触点开闭,使励磁电路的电阻改变来调节励磁电流;电子式电压调节器调节励磁电流的方法是利用功率管的开关特性,使励磁电流接通与切断来调节励磁电流。

电压调节器除了要具有调节励磁电流的功能外,还必须要有感知发电机电压变化的装置,也就是说先要感知发电机电压的变化,根据这个变化再决定怎么调节励磁电流。在电磁振动式电压调节器中感知发电机电压变化的元件是电磁线圈。在电子式电压调节器中感知发电机电压变化的元件是稳压管。

三、电磁振动式电压调节器

电磁振动式电压调节器的基本原理如图1-29所示。

当发电机电压低时,线圈电流小,铁芯吸力小于拉簧拉力,触点闭合,励磁电流通过触点,电流较大,使电压上升。

当发电机电压升高到一定值时,线圈电流增大,铁芯吸力大于拉簧拉力,使触点打开,励磁电流通过附加电阻,电流减小,磁场减弱,电压降低。

发电机电压下降后,电磁铁吸力减弱,触点又在拉簧的作用下闭合,励磁电流又增大,使电压上升,如此反复,使发电机的电压维持在一个稳定值。

由于电磁振动式调节器的性能较差,可靠性不高,目前已基本淘汰。

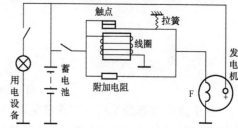

图1-29 电磁振动式电压调节器基本原理

四、晶体管电压调节器

1. 触点式电压调节器的缺点

触点式调节器在触点开闭过程中存在着机械惯性和电磁惯性,触点振动频率较低,当发电机高速满载运行时突然失去负载,有可能因触点动作迟缓而导致发电机产生过电压,损坏晶体管元件。此外,触点分开时,励磁电流的迅速下降使触点间产生火花,使触点氧化、烧蚀,使用寿命缩短,还会造成无线电干扰。这种调节器结构复杂,体积和质量大,维修、维护、调整不便。

2. 晶体管电压调节器的优点

晶体管调节器也称电子调节器,以稳压管作为电压感受元件,控制晶体三极管的通断来调节励磁电流,使发电机电压保持稳定。这种调节器没有触点,使用过程中无须维护,结构简单、体积小、重量轻,目前已经逐步取代触点式调节器。

3. 晶体管调节器的基本工作原理

晶体管调节器原理如图1-30所示。

调节器的"＋"接线柱接点火开关,F接线柱接发电机励磁绕组,"＋"和F之间为三极管的集电极与发射极之间形成的开关电路,"＋"与"－"之间有电阻R_1、R_2组成的分压器,其O点电压正比于发电机电压,O点与放大器之间接有稳压管VD,用来感受电压,其工作过程如下:

在发电机电压较低的情况下,分压器的O点电压也较低,此时稳压管处于截止状态,此状态经放大器放大,给三极管的基极提供一个高电位,使三极管导通,励磁电流可以通过三极管流入发电机励磁绕组,使发电机电压上升。当电压上升到调节器电压调整值时,O点电压升高至稳压管的击穿电压,稳压管被击穿,此信号经放大器放大后给三极管提供一个低电位,使三极管截止,切断了励磁电流,发电机无励磁电流,电压便下降,这样又使三极管导通,如此反复,使发电机的电压稳定在一定值。

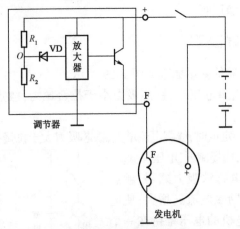

图1-30 晶体管调节器基本原理图

从上述调节器的结构和工作情况看,电子调节器共有三个接线柱,即:"+"、F 和"-",在接线时不能接错。值得注意的是,晶体管调节器的接线方式根据发电机和调节器的形式而有所不同,虽然调节器的接头标注都一样,但接法完全不同,如图1-31 所示为发电机和调节器的两种接线方式。

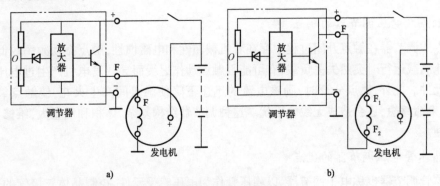

a)   b)

图1-31 发电机和调节器的两种接线方式
a)内搭铁式;b)外搭铁式

图1-31a)为励磁线圈内搭铁式,调节器装在发电机与点火开关之间,发电机励磁绕组有一端搭铁。图1-31b)为外搭铁式,调节器装在发电机励磁绕组与搭铁之间,发电机励磁绕组无搭铁端,调节器控制励磁绕组搭铁。这两种方式的发电机与调节器不能互换,否则,将会造成发电机电压失调或不发电。

五、集成电路调节器

1.集成电路调节器的特点

集成电路调节器是利用集成电路(IC)组成的调节器,可分为全集成电路调节器和混合集成电路调节器两类。前者是将二极管、三极管、电阻、电容等电子元件制作在同一块硅基片上;后者是指由厚膜或薄膜电阻与集成的单片芯片或分立元件组装而成。使用最广泛的是厚膜混合集成电路调节器。

集成电路调节器除具有晶体管调节器的优点外,还有以下更为突出的优点:

(1)体积小(仅为分立元件调节器的1/5~1/3),可以把它组装到发电机内部,构成整体式发电机,从而简化了充电线路,降低了线路上的电能损耗,使发电机实际输出功率有所提高。

(2)调节精度高,使用中不需进行调整。

(3)耐振、耐湿、防潮、防尘,还能耐高温130℃。

因此,集成电路调节器在工程机械上的使用已越来越广泛。集成电路调节器的基本工作原理与晶体管调节器完全一样,都是利用晶体三极管的开关特性控制发电机的励磁电流来达到稳定发电机输出电压的目的。同样也有内搭铁和外搭铁之分,而且以外搭铁居多。

2. 集成电路调节器电压的检测

集成电路调节器是装在发电机上的,可直接在发电机上检测发电机的输出电压,也可通过连接导线检测蓄电池的端电压变化来调节发电机的输出电压。因而根据其电压检测点的不同,集成电路调节器可分为发电机电压检测法和蓄电池电压检测法两种。

1)发电机电压检测法

基本线路如图1-32所示。加在分压器 R_1、R_2 上的电压是励磁二极管输出端L的电压 U_L,其值和发电机B端的电压 U_B 相等,检测点P的电压为:

$$U_P = U_L R_2 / (R_1 + R_2) = U_B R_2 / (R_1 + R_2)$$

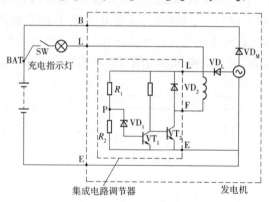

图1-32 发电机电压检测法

由于检测点P加到稳压管 VD_1 两端的反向电压与发电机的端电压 U_B 成正比,所以该线路称为发电机电压检测法。该方法的缺点是:如果在B到BAT接线柱之间的电压降较大时,蓄电池的充电电压将会偏低,使蓄电池充电不足。因此,一般大功率发电机宜采用蓄电池电压检测法。

2)蓄电池电压检测法

基本线路如图1-33所示。加到分压器 R_1、R_2 上的电压为蓄电池端电压,由于通过检测点P加到稳压管上的反向电压与蓄电池端电压成正比,所以该线路称为蓄电池电压检测法。该方法的优点是可直接控制蓄电池的充电电压。缺点是:B—BAT之间或S—BAT之间断线时,由于不能检验出发电机的端电压,发电机电压将会失控。为了克服这一缺点,线路上应采取一定措施。

图1-34为采用蓄电池电压检测法的实例。在分压器与发电机的B端之间接入了电阻

R_6 并又增加了一个二极管 VD_2。这样当 B—BAT 之间或 S—BAT 之间断线时,由于 R_6 的存在,仍能检测出发电机的端电压 U_B,使调节器正常工作,即可防止发电机电压过高的现象。

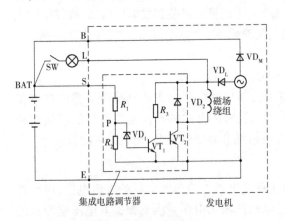

图 1-33 蓄电池电压检测法

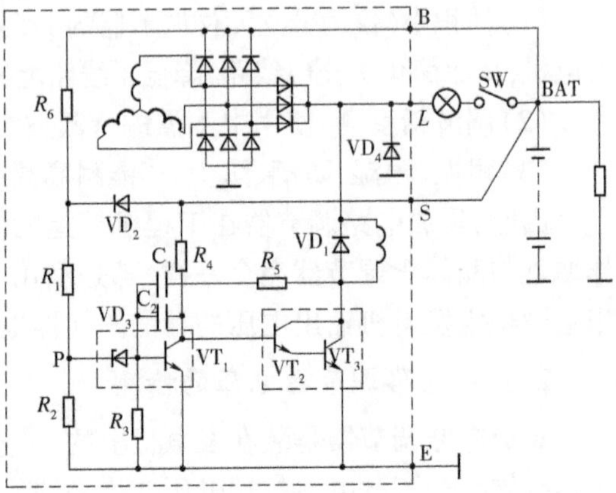

图 1-34 采用蓄电池电压检测法的实际电路

3. 多功能集成电路调节器

多功能调节器除具有电压调节功能以外,还具有控制充电指示灯、检测和指示发电机故障等多种功能。多功能调节器不仅扩展了调节器的功能,更主要的是可以改善发电机的工作性能,提高了发电机和调节器的工作稳定性、可靠性以及自身的保护能力。

如图 1-35 所示,该调节器有 6 个接线柱,其中 B、F、P、E 四个接线柱用螺钉直接与发电机相连,接线插座内的 IG、L 两个接线柱有导线引出。它具有调节发电机电压、控制充电指示灯、检测发电机故障功能,并在发电机输出端与蓄电池正极连接线断开时,能起保护作用,不致造成电压失控。

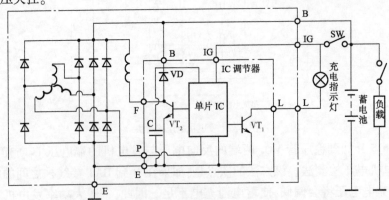

图 1-35 多功能集成电路调节器

调节器内有一单片集成电路,它的 IG 端经点火开关接至蓄电池,用于检测蓄电池和发电机电压,从而控制三极管 VT_2 的导通与截止(原理与晶体管调节器相同)。它的 P 端接至发电机定子绕组某一相上,该点电压为交流发电机直流输出电压的一半。单片集成电路调节器从 P 端检测到交流发电机的电压,从而控制三极管 VT_1 的导通与截止。

(1)接通点火开关,发电机未转动时,蓄电池电压经点火开关加到整体式交流发电机的 IG 端和调节器的 IG 端,单片集成电路检测出这个电压,使 VT_2 导通,于是励磁电路接通。

励磁电流的电路为:蓄电池"+"极→发电机 B 端→磁绕组→调节器的 F 端→VT$_2$ 的集电极→VT$_2$ 的发射极→E 端→搭铁→蓄电池"−"极。

此时,交流发电机因未运转不发电,故 P 端电压为零,单片集成电路检测出该电压,使 VT$_1$ 导通,于是充电指示灯亮,指示蓄电池放电。

充电指示灯电路为:蓄电池"+"极→点火开关→充电指示灯→L 端→VT$_1$ 的集电极→VT$_1$ 的发射极→E 端→搭铁→蓄电池"−"极。

(2)当发电机转速升高,电压超过蓄电池电压时,P 端电压信号使集成电路控制 VT$_1$ 截止,于是充电指示灯熄灭,指示发电机开始向蓄电池充电,并向用电设备供电。

(3)当发电机电压升高、超过调节电压值时,B 端电压信号使集成电路控制 VT$_2$ 截止,切断了励磁电流,使发电机电压下降。当发电机电压下降到低于调节电压值时,集成电路又控制 VT$_2$ 导通,励磁电路又接通,发电机电压又升高,该过程反复进行,使 B 端电压稳定于调节电压值。

(4)当励磁电路断路使发电机不发电时,P 端电压为零,单片集成电路检测出该电压信号后便控制 VT$_1$ 导通,使充电指示灯发亮,从而告知驾驶员充电系统出现故障。

(5)发电机运行中,如发电机输出 B 端与蓄电池正极的连线断开时,单片集成电路仍能检测出发电机 B 端电压,使调节器正常工作,即可防止发电机电压过高的现象。

第九节 硅整流交流发电机及调节器的检测

一、交流发电机检测

若充电系不正常,经检查发现是发电机的故障,就应拆下发电机对其进行检查和修理。正常使用中的发电机运行 750h(相当 3000km)后,也应拆开检修一次。主要检查电刷的磨损情况,元件板和各接线柱的绝缘情况,轴承是否有明显松动和整流元件、定子、转子及其线圈的变化情况。从车上拆下发电机时,应先将电源总开关断开,以防损坏其他电气设备及元件。

硅整流发电机故障检测分为整体检测和零部件的检测。

1. 整机测试

(1)用万用表(R×1 挡)检测发电机各接线柱之间的电阻值。正常时其电阻值应符合表 1-7 的规定。

交流发电机各接线柱之间的电阻值(Ω) 表 1-7

发电机型号	F 与"−" 之间的电阻	"+"与"−"之间的电阻		"+"与 F 之间的电阻	
		正向	反向	正向	反向
JF11 JF13 JF15 JF21	5~6	40~50	>10000	50~60	>10000
JF12 JF22 JF23 JF25	19.5~21	40~50	>10000	50~70	>10000

（2）在电气万能试验台上测试发电机的性能好坏。

①空载试验。空载试验是测试发电机空载下输出额定电压时的最低转速。试验时,将

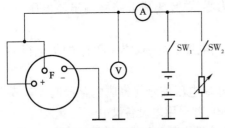

图1-36　交流发电机空载和发电实验

发电机固定在试验台上,其轴与试验台的调速电机轴连接,按图1-36所示接好线。合上开关 SW_1,起动调速电机带动发电机运转,逐渐提高转速,当电流表指示为零时,说明发电机电压已建立起来,此时断开 SW_2,继续提高转速,待电压升高到额定值时记下此时发电机的转速,即空载转速。其值应符合表1-8的规定。

②负载试验。负载试验主要测试发电机在规定的满载转速下的功率输出情况。在空载试验的基础上,闭合开关 SW_2,逐渐减小负载电阻并提高转速,在保持发电机额定电压的情况下,当输出电流达到额定值时,记下此时的转速,即为满载转速。其值也应符合表1-8中的规定。

常用交流发电机主要技术参数　　　　　　　　　表1-8

类型	型号	额定输出			空载转速不大于 (r/min)	满载转速 (r/min)	配用调节器
		电压(V)	电流(V)	功率(W)			
交流发电机	JF1311	14	25	350	1000	3500	FT111
	JF1518	14	36	500	1100	3500	JFT145 FT121
	JF2511Z	28	18	500	1000	3500	FT211
整体式交流发电机	JFZ1514Y	14	36	500	1300	4800	JFT1403
	JFZ1714	14	45	700	1100	6000	JFT1403
	JFZ1813Z	14	90	1260	1050	6000	JFT153A
	JFZ2518	28	27	700	1150	5000	JFT243
	JFZ2814	28	35	1000	1150	5000	JFT242/JFT246
无刷发电机	JFW14	14	36	500	1000	3500	—
	JFWZ18	14	60	840	1000	3500	—
带泵式发电机	JFB2312	28	12.5	350	1000	3500	FT221
	JFB2514	28	18	500	1100	4800	FT221
	JFB2812Z	28	36	1000	1000	3500	FJT207A

上述试验如果空载转速过高,或转速已达到规定的满载转速后发电机输出电流低于额定值,则说明发电机有故障。

（3）用示波器观察输出电压的波形。

当发电机有故障时,其输出电压的波形将会出现异常,故可根据输出电压的波形判断发电机内部二极管以及定子绕组是否有故障。发电机出现各种故障时输出电压的波形如图1-37所示。

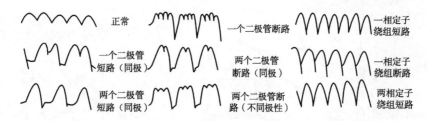

图1-37 交流发电机各种故障的电压输出波形

2. 交流发电机零部件检测

1）硅整流二极管检测

发电机解体后（使每个二极管的引线都不与另外的元件相连），用万用表的（R×1挡）分别测试每一个二极管的性能，其方法如图1-38所示。

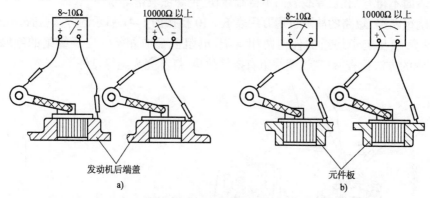

图1-38 用万用表检查硅二极管

a)检查负二极管；b)检查正二极管

测试装在后端盖上的三个负极管时，将万用表的"－"表棒（黑色）触及端盖，"＋"表棒（红色）触及二极管的引线，如图1-38a)所示，电阻值应在8～10Ω范围内，然后将两表棒交换进行测量，电阻值应在10000Ω以上。测量装在元件板上的三个正极管时，用同样的方法测试，测试结果应相反，如图1-38b)所示（上述测试数值是用通常使用的500型万用表测试的结果，使用不同规格的万用表测试时，其数值有所变化）。如果以上测试正、反向电阻均为零，则说明二极管短路；如果正、反向电阻值均为无穷大，则说明二极管断路。短路和断路的二极管应进行更换。

2）转子检测

转子表面不得有刮伤痕迹。滑环表面应光洁，不得有油污，两滑环之间不得有污物，否则应进行清洁，可用干布稍浸点汽油擦净，当滑环脏污严重并有烧损时，可用00号细砂布磨光、擦净。

励磁绕组是否有断路、短路故障可用万用表R×1挡按图1-39所示的方法进行检查。若电阻值符合有关规定，说明励磁绕组良好；若电阻值小于规定值，说明励磁绕组有短路；若电阻值无穷大，则说明励磁绕组断路。励磁绕组绝缘情况可按图1-40所示的方法检查，灯不亮，说明绝缘情况良好，灯亮说明励磁绕组或滑环有搭铁现象。励磁绕组若有断路短路和搭铁故障时，一般需更换整个转子或重绕励磁绕组。

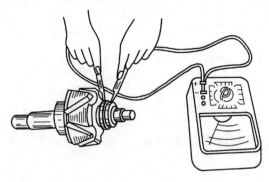

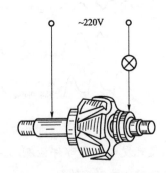

图 1-39　用万用表测量磁场绕组的电阻值　　　　　　图 1-40　检查磁场绕组的绝缘情况

3）定子检测

定子表面不得有刮痕，导线表面不得有碰伤、绝缘漆剥落等现象。

定子绕组断路、短路的故障可用万用表 $R \times 10$ 挡按图 1-41 所示的方法检查。正常情况下，两表棒每触及定子绕组的任何两相首端，电阻值都应相等。定子绕组的绝缘情况按图 1-42 所示的方法检查，灯亮说明绕组有搭铁故障，灯不亮为绝缘良好。

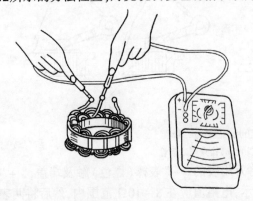

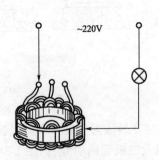

图 1-41　用万用表检查定子绕组的断路和短路　　　　图 1-42　定子绕组绝缘情况检查

定子绕组若有断路、短路、搭铁故障，而又无法修复时，则需重新绕制或更换定子总成。定子铁芯失圆变形与转子之间有摩擦时，应予以更换。

4）电刷总成检查

电刷表面不得有油污，否则应用干布稍浸点儿汽油擦净。电刷应能在刷架内自由滑动，当电刷磨损超过新电刷高度的 1/2 时，应予以更换。

电刷弹簧弹力减弱、折断或锈蚀时应予以更换。弹簧弹力的检查可在弹簧试验仪上进行。

刷架应无烧损、破裂、变形，否则应更换。

5）轴承检查与维护

发电机拆开后应用汽油或煤油对轴承进行清洗，然后加复合钙基润滑脂润滑，量不宜过多。封闭式轴承，不要拆开密封圈，因轴承内装有润滑脂，一般不宜在溶剂中清洗。若轴承内润滑脂干涸，应更换轴承。

若轴承转动不灵活或有破损，应更换。

二、调节器检测与调整

1.晶体管调节器的检查

1)晶体管调节器搭铁形式的判断

晶体管调节器搭铁形式的判断方法:用一个12V蓄电池和两只12V、2W的小灯泡按图1-43所示接线。如接"－"与F接线柱之间的灯泡发亮,而在"＋"与F接线柱之间的灯泡不亮,该调节器为内搭铁式。反之,则为外搭铁式。

2)用试灯法检查调节器质量

用一电压可调的直流稳压电源(输出电压0~30V、电流3A)和一只12V(24V)、20W的车用小灯泡代替发电机励磁绕组,按图1-44所示接线后进行试验。(注意:由于内搭铁和外搭铁式晶体管调节器灯泡的接法不同,在试验接线时应知道调节器的搭铁方式)

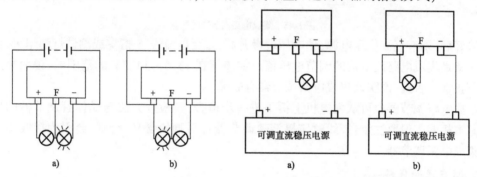

图1-43　晶体管调节器搭铁形式的判断
a)内搭铁式;b)外搭铁式

图1-44　判断晶体管调节器的好坏
a)内搭铁式;b)外搭铁式

调节直流稳压电源,使其输出电压从零逐渐增大时,灯泡应逐渐变亮。当电压升到调节器的调节电压(14V±0.2V或28V±0.5V)时,灯泡应突然熄灭。再把电压逐渐降低时灯泡又点亮,并且亮度随电压降低而逐渐减弱,则说明调节器良好。电压超过调节电压值,灯泡仍不熄灭或灯泡一直不亮,都说明调节器有故障。

2.集成电路调节器的检查

判断集成电路调节器好坏的最简单的方法是就车检查。检查之前,应首先搞清楚发电机、集成电路调节器与外部连接端子的含义。

带有集成电路调节器的整体式交流发电机与外部(蓄电池、线束)连线端子通常用B＋(或＋B、BAT)、IG、L、S(或R)和E(或"－")等符号表示(这些符号通常在发电机端盖上标出),其代表的含义如下:

B＋(或＋B、BAT):为发电机输出端子,用一根很粗的导线连至蓄电池正极或起动机上。

IG:通过线束接至点火开关。在有的发电机上无此端子。

L:为充电指示灯连接端子,该端子通过线束接仪表板上的充电指示灯或充电指示继电器。

S(或R):为调节器的电压检测端子,通过一根稍粗的导线或通过线束直接连接蓄电池的正极。

E:为发电机和调节器的搭铁端子。

上述端子的含义也可参考集成电路调节器一节的有关电路。

就车检查集成电路调节器所需的设备与检查晶体管调节器时相同。

首先,拆下整体式发电机上所有连接导线,在蓄电池正极和交流发电机 L 接线柱之间串一只 5A 电流表,如无电流表,可用 12V、20W 车用灯泡代替(对 24V 调节器可用 24V、25W 的车用灯泡),再将可调直流稳压电源的"+"接至交流发电机的 S 接头,"–"与发电机外壳或 E 相接,如图 1-45 所示。

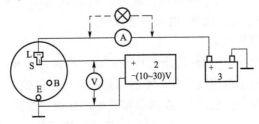

图 1-45　集成电路调节器的检查

接好后,调节直流稳压电源,使电压缓慢升高,直至电流表 A 指零或测试灯泡熄灭,该直流电压就是集成电路调节器的调节电压值。如该值在 13.5～14.5V 的范围内,说明集成电路调节正常。否则,说明该集成电路调节器有故障。

集成电路调节器也可从发电机上拆下进一步检查,其检查方法与晶体管调节器的检查方法基本相同。但要注意:接线时应搞清楚调节器各引脚的含义,否则,会因为接线错误而损坏集成电路调节器。

3. 调节器的代换

调节器在使用过程中若损坏而又无法买到原配件时,就产生了调节器的代用问题。特别是用国产调节器代换进口发电机的调节器就更有意义。

调节器的代换应遵循以下原则:

(1)标称电压应相同。即 14V 发电机应配 14V 的调节器,28V 发电机配 28V 调节器。

(2)代用调节器所配发电机功率应与原发电机功率相同或相近。

(3)搭铁形式应相同。即内搭铁发电机应配内搭铁调节器;外搭铁发电机应配外搭铁发电机。如代用调节器的搭铁形式与发电机的搭铁形式不同,可改变发电机的搭铁形式。

(4)代用调节器的结构形式应尽量与原装调节器相同或相近,这样可使接线变动最小,代换容易成功。

(5)安装代用调节器时,应尽量装在原位或离发电机较近处。

(6)接线应准确无误,否则,易造成事故或故障。

第十节　电源系统常见故障及诊断排除方法

电源系统能否正常工作,直接影响到蓄电池和用电设备的使用寿命和性能。因此,明确电源系统正常工作的特征,了解电源系统常见故障的现象、本质及诊断排除方法,对及时发现电源系统故障、准确诊断故障发生的部位和原因,并采取有效措施迅速排除故障具有重要的意义。

电源系统的工作情况,可以通过充电指示灯或电流表、车上的电压表或外接电压表进行检查,工作正常时具有如下特征:

(1)点火开关接通后,充电指示灯亮或电流表指示放电,电压表显示蓄电池的端电压。

(2)发动机起动后,充电指示灯熄灭。

(3)发动机怠速运转时,如果不打开灯光、空调等用电设备,电流表应指示小电流充电,电压表指示比发动机运转前高。

(4)发动机中高速运转,如果蓄电池亏电而又不打开灯光、空调等用电设备,充电电流一般不低于20A,如果蓄电池充足电,充电电流一般不大于10A,电压表指示应在调节电压范围内(13.5~14.5V 或 27.0~29.0V)。

(5)发电机无异响。

如果电源系统工作情况与上述特征不完全相符,表明电源系统有故障。电源系统常见故障有不充电、充电电流过小、充电电流过大、充电电流不稳和发电机异响等。

一、不充电

1.现象

发电机中高速运转,电流表或充电指示灯始终指示放电,蓄电池端电压不比发动机运转前高。

本质:发电机不发电或充电线路有断路故障。

2.常见原因

(1)传动带过松或有油污引起打滑。

(2)线路故障。熔断器断路;充电电路或励磁电路中各元件上的导线接头有松动或脱落;导线包皮破损搭铁造成短路;导线接线错误。

(3)发电机故障。

①滑环绝缘破裂击穿;

②电枢或励磁接线柱绝缘损坏或接触不良,造成短路、断路;

③电刷在其架内卡滞或磨损过大,使电刷与滑环接触不良;

④定子与转子绕组断路或短路;

⑤硅二极管损坏。

(4)晶体管电压调节器故障。稳压二极管或小功率管击穿短路;大功率管断路;续流二极管短路;调整不当。

(5)电流表损坏或接线错误。

3.诊断与排除

(1)检查传动带是否松弛。一般用拇指压传动带的中部,挠度为10mm左右为合适。如果传动带松弛,调整发电机的紧固螺钉,使传动带松紧适度。

(2)检查熔断器是否熔断;发电机、调节器、蓄电池和电流表之间的导线及接头有无松脱、断路。如接头松脱,重新拧紧;如导线断路,重新接好;如熔断器熔断,应更换。

(3)检查发电机是否发电。方法是:用一根导线将调节器大功率开关管的C、E短接,使励磁绕组直接由蓄电池供电,然后起动发动机并使其中速运转时,观察电流表。若指示充电,说明发电机工作正常,故障在调节器,应换修调节器;若电流表仍指示放电,说明发电机不发电,应更换或修理发电机。

二、充电电流过小

1. 现象

发动机中高速运转,蓄电池亏电并且在其他功率较大的用电设备没有接通的情况下,充电指示灯或电流表虽然显示充电,但充电电流很小;或者蓄电池基本充足电的情况下,就不再继续充电;常伴随蓄电池亏电或起动机运转无力等现象。

本质:发电机输出功率不足或输出电压偏低。

2. 常见原因

(1)传动带过松或有油污引起打滑。

(2)发电机内部故障造成输出功率不足:如定子绕组有一相断路或接触不良,整流器个别二极管断路,电刷磨损过度或滑环表面脏污或电刷弹簧弹力不足造成电刷与滑环接触不良等。

(3)调节器调节电压偏低。

3. 诊断方法

(1)检查传动带是否打滑;如油污引起的传动带打滑,应清洁;如传动带过松,应调整。

(2)检查调节器调节电压偏低还是发电机输出功率不足:发动机中高速运转,用电流表或电压表检查接通前照灯(或喇叭等功率较大的用电设备,但不得超过发电机的额定功率)前后蓄电池充放电变化。如果前照灯接通前后,充电电流变化不大或蓄电池端电压没有明显下降,就说明调节器调节电压偏低;反之,如果蓄电池由充电转为放电,或蓄电池端电压明显下降,就表明发电机输出功率不足。如果条件允许,也可以采用将调节器控制励磁电路通断的两个接线柱(内搭铁调节器的 B 或 " + " 与 F 接线柱;外搭铁调节器的 E 或 " – " 与 F 接线柱)上的线短接的方法进行检查。将调节器对应接线柱上的线连接起来,发动机中速运转,若充电电流增大或蓄电池端电压接近或达到发电机额定电压,说明调节器调节电压偏低;若充电电流或蓄电池端电压无明显变化,说明发电机功率不足。

如故障在发电机,应解体检查;如故障在晶体管调节器,应更换。

三、充电电流过大

1. 现象

发动机中高速运转,蓄电池充足电后充电电流仍然在 10A 以上;往往还伴随蓄电池电解液消耗快,需经常补充电解液;灯泡、熔断器和其他一些用电设备容易烧坏等。

本质:发电机输出电压偏高。

2. 常见原因

(1)调节器有故障使励磁电路无法切断:如电子调节器大功率三极管集电极和发射极击穿短路或稳压二极管断路等。

(2) 调节器调整电压偏高。

(3) 标称电压 12V 的发电机采用了 24V 的调节器。

(4) 励磁绕组接线柱上的线接错。

3. 诊断方法

检查调节器标称电压是否与发电机相符,接线是否正确,调节器搭铁是否良好。如果调节器标称不符,应更换;如果接线不正确,重接;如果调节器故障,应检修或更换调节器。

四、充电电流不稳

1. 现象

发动机正常运转时,电流表指针不断摆动或指示灯忽明忽灭。

本质:发电机输出电压不稳定或充电线路接触不良。

2. 常见原因

(1) 充电线路连接处松动,使充电电流时大时小。

(2) 调节器搭铁线接触不良,使调节器不能正常连续工作,造成发电机输出电压忽高忽低。

(3) 发电机传动带有油污,使发电机转速忽高忽低,输出电压不稳。

(4) 发电机电刷与滑环接触不良或个别二极管性能不良等。

3. 诊断方法

检查发电机传动带是否打滑,接线是否良好,调节器搭铁是否良好。如果传动带打滑,应调整;如果接线不良,应拧紧;如果调节器搭铁线接触不良,应打磨重新拧紧;如发电机内部接触不良,应检修发电机。

五、发电机异响

1. 现象

发动机运转过程中,发电机发出异常的响声。

本质:发电机及其零部件异常振动产生噪声。

2. 常见原因

(1) 发电机传动带撕裂。

(2) 发电机安装位置不正确。

(3) 发电机轴承润滑不良或损坏。

(4) 发电机扫膛。

(5) 发电机个别二极管或定子绕组有短路或断路故障。

3. 诊断方法

一旦出现发电机异响,应立即检查,以免造成更严重的故障。首先检查发电机安装位置是否正确,如不正确,应调整;如传动带撕裂,应更换;如果发电机内部异常,应仔细检修发电机。

采用整体式交流发电机的电源系统,发生不充电等故障时,应首先检查发电机传动带是否打滑,然后检查充电电路和充电指示灯电路(含熔断器)是否正常。如果发电机传动带和线路部分正常,则发电机或调节器有故障。由于调节器装在发电机上,有的还与电刷一起固定,难以采用将调节器短路的方法检查发电机是否发电,因此可以采用换件法(如更换调节器)进一步诊断。

注意:对于采用充电指示灯的电源系统,在诊断故障时,除了根据充电指示灯的指示,参照上面介绍的方法外,还要根据充电指示灯的工作原理,结合蓄电池和用电设备的工作情况进行仔细分析,只有这样才能作出正确的判断。

首先,充电指示灯指示正常,而充电电路未必正常。因为充电指示灯是由发电机中性点电压(或相电压)或励磁二极管输出电压控制,充电指示灯的亮和灭只能反映发电机是否发电,而无法直接反映蓄电池是否充电和充电电流的大小。所以即使充电指示灯指示正常,充电电路也可能有故障,应注意根据起动机的运转情况和其他用电设备的工作情况,及时发现充电电路故障。例如:如果线路连接良好但起动机运转无力,或夜间行车用电设备多一些时灯光变暗,表明蓄电池充电不足或发电机功率不足,应检查是否有不充电或充电电流过小现象;经常补充蓄电池电解液,继电器触点或灯泡容易烧坏,应检查是否有充电电流过大的故障。

另外,发电机发电和蓄电池充电,而充电指示灯指示未必正常。例如:如图 1-46 所示的电源系统,充电指示灯烧坏后,蓄电池通过与充电指示灯并联的电阻提供他励电流,发电机和调节器正常工作,蓄电池充电正常,但充电指示灯常灭不亮。

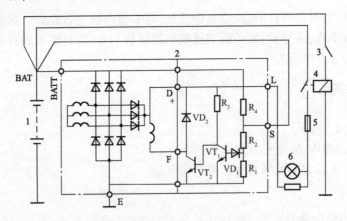

图 1-46　LR160-708 型电源系统原理图

1-蓄电池;2-交流发电机及其调节器;3-点火开关;4-主继电器;5-熔断器;6-充电指示灯及电阻

实训一　蓄电池技术状况检查

一、目的与要求

(1)掌握蓄电池液面高度的检查方法;

(2)掌握蓄电池电解液相对密度的测量方法。

二、实训器材

铅蓄电池、密度计、玻璃量管、温度计等。

三、项目及步骤

1.蓄电池液面高度的检查

蓄电池中的电解液,一般应高出极板 10～15mm,电解液不足时应加注蒸馏水,一般不允许加注硫酸溶液(电解液溅出或泄漏除外)。

有经验的凭肉眼可从加液孔看出液面的高度,对于塑料外壳的蓄电池,从外面可以看出液面高度,只要液面高度在规定的两条刻度线之间即可。

检查步骤如下:

(1)取一根玻璃量管,洗净、擦干。

(2)清洗蓄电池顶部。

(3)打开蓄电池加液孔盖。

(4)将孔径为 3～5mm 的玻璃量管垂直插入蓄电池的加液孔中,直到与蓄电池的隔板或护板上缘接触为止。

(5)用大拇指堵住玻璃量管的上口,然后取出量管。

(6)此时量管中液面的高度即为蓄电池液面的高度,看其是否在规定值范围内。

2.蓄电池电解液相对密度的测量

电解液的相对密度用吸式密度计测定,先吸入电解液,使密度计浮子浮起,此时浮子所指刻度值,即为电解液的相对密度值。

因电解液密度是随电解液温度的变化而变化的,所以应同时测量电解液的温度,并将实测电解液的密度值按表1-9进行修正,得到25℃时的相对密度。

不同温度下相对密度计读数的修正数值　　　　表1-9

电解液温度 (℃)	密度修正 数值	电解液温度 (℃)	密度修正 数值	电解液温度 (℃)	密度修正 数值	电解液温度 (℃)	密度修正 数值
+45	+0.0140	+20	−0.0035	−5	−0.0210	−30	−0.0385
+40	+0.0105	+15	−0.0070	−10	−0.0245	−35	−0.0420
+35	+0.0070	+10	−0.0105	−15	−0.0280	−40	−0.0455
+30	+0.0035	+5	−0.0140	−20	−0.0315	−45	−0.0490
+25	0	0	−0.0175	−25	−0.0350	—	—

测量步骤如下:

(1)取出吸式密度计,清洁晾干。

(2)将密度计和温度计插入蓄电池电解液中。

(3)挤压橡皮球,将电解液吸入密度计。

(4)浮子所指刻度值,即为测出的电解液相对密度值。注意,读数应按液柱凹面水平线读取,浮子杆上的刻度指示的数值,为电解液的密度值。

（5）查看温度计指示电解液温度。

（6）将实际测得电解液相对密度，按 $S_{25} = S + \alpha$ 换算成25℃时的电解液密度。S 为实际测量的电解液密度，α 为密度修正数值。

根据实践经验，密度每减少 0.01g/cm^3，相当蓄电池放电6%，因此测得电解液相对密度可粗略估算出蓄电池的放电程度。蓄电池冬季放电超过额定容量的25%，夏季放电超过额定容量的50%时，应及时进行充电，严禁继续使用。

3.全密封型免维护蓄电池技术状况的检查

目前，全密封型免维护蓄电池的应用逐渐增多，该蓄电池盖上没有加液孔，不能用密度计测量电解液的相对密度，为此在免维护蓄电池内设有一只结构如图1-47a)所示的蓄电池技术状态指示器，又称为内装式密度计。

由透明塑料管、底座和两只小球(一只为红色，另一只为蓝色)组成，借助螺纹安装在蓄电池盖上，两只颜色不同的小球安装在塑料管与底座之间的中心孔中，红球在上。由于两只小球由密度不同的材料制成，因此可随电解液密度的变化而上下浮动。

指示器根据光学折射原理反映蓄电池的技术状态。当蓄电池电量充足时，两只小球上浮，从指示器顶部观察到结果如图1-47b)所示，中心呈红色圆点，周围呈蓝色圆环，英文标示为"OK"。当蓄电池电量不足时，电解液相对密度过低，如图1-47c)所示，中心呈红色圆点，周围呈无色透明圆环，英文标示为"Charging Necessary"。当电解液不足时，如图1-47d)所示，中心为透明圆点，周围呈红色圆环，英文标示为"Add Distilled Water"。

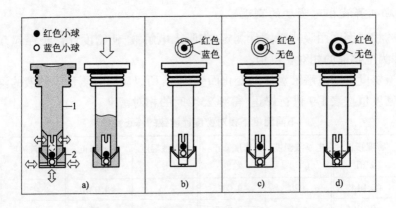

图1-47　蓄电池技术状况指示器结构原理
a)指示器结构；b)电量充足；c)电量不足；d)电解液不足
1-透明塑料管；2-指示器底座

实训二　蓄电池充电

一、目的和要求

（1）练习充电设备的使用方法。

（2）学会基本的充电方法。

二、器材和设备

充电机、蓄电池、连接线、密度计、温度计等。

三、项目及步骤

1．指导教师介绍常用充电机的外观和正确使用方法

指导教师根据本校使用的充电机使用说明书进行介绍和操作示范。如：Y 粤宝 B 60A 型快速充电机(图 1-48)。

a)   b)

图 1-48 Y 粤宝 B 60A 型快速充电机

a)正面；b)背面

操作顺序如下：

(1)确保蓄电池额定电压与所使用充电气电压相符。如果是 12V 的蓄电池则接到 12V 的挡位，如果是 24V 的蓄电池则接到 24V 的挡位。

(2)红线接蓄电池正极(+)，黑线接蓄电池负极(−)。

(3)根据充电的不同阶段选择适当的充电电流。

(4)检查无误后，插上电源，最后按下电源开关。

(5)充好电时，先断开电源，再断开充电机与电池的连接。

2．充电方法

1)定电流充电法

在充电过程中，保持充电电流恒定，随着蓄电池电动势的升高，逐渐升高充电电压，当蓄电池单格电压上升到 2.4V 左右时，再将充电电流减少一半并保持恒定，直至充足电为止。缺点是充电时间长。

(1)同容量蓄电池的连接。连接数：蓄电池单格数≤充电机额定电压/2.7。

(2)不同容量蓄电池的连接。先将容量相同的蓄电池串联成组，然后再按照容量大小依次串联各组，最后接到充电机上，充电电流始终按照容量最小的来定。当小容量的蓄电池充足电后，随即拆除，再继续给大容量的蓄电池充电。

初充电、补充充电各阶段的电流大小和充电时间参考表 1-4。

2)定电压充电法

在充电过程中,加在蓄电池两端的充电电压保持恒定不变。其特点是开始充电电流大,然后充电电流逐渐减小至0,因而充电安全、充电速度快。

按规定方法连接蓄电池,要求各并联支路单格电池总数相等,而电池型号、容量及放电程度可以不同。

充电电压的选择以单格电压2.5V为基准,即12V蓄电池的充电电压为15V;6V蓄电池的充电电压为7.5V。

3.充电时的注意事项

(1)严格遵守各种充电方法的充电规范。

(2)充电过程中注意对各个单格电池电压和电解液密度的测量,及时判断其充电程度和技术状况。

(3)充电过程中注意各个单格电池的温升,以防温度过高影响蓄电池的性能,必要时可用风冷或水冷的方法降温。

(4)初充电工作应连续进行,不可长时间间断。

(5)配制和加注电解液时,要严格遵守安全操作规程和器皿的使用规则。

(6)充电时应备好冷水和10%的苏打水溶液或10%的氨水溶液,以便处理溅出的电解液。

(7)充电时打开电池的加液孔盖,使氢气、氧气顺利逸出,以免发生事故。

(8)充电场所应装有通风设备,严禁用明火照明或取暖等。

(9)充电时应先接牢蓄电池连接线,停止充电时,应先切断充电电源;导线连接要可靠,严防火花产生。

实训三　硅整流交流发电机、调节器的拆装及认识

一、目的和要求

(1)识别硅整流发电机的组成及其主要部件的构造、作用与装配关系。

(2)学习正确的拆装顺序、要求和方法。

(3)识别调节器的类型。

二、器材和设备

硅整流发电机、各种调节器、万用表、试灯、扳手、螺丝刀等。

三、项目及步骤

1.硅整流发电机的解体

不同型号的发电机拆装顺序有所不同,应按厂家规定的操作顺序进行。

JF2525型带泵硅整流发电机(图1-49)的解体步骤如下:

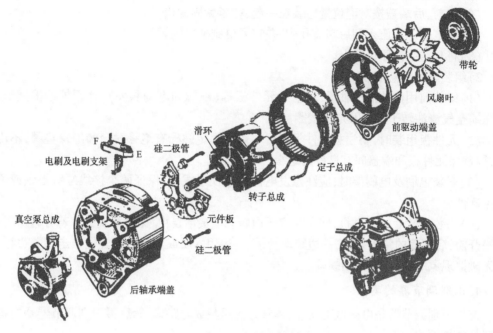

图 1-49　JF2525 型带泵硅整流发电机

（1）拆卸发电机。先拆下蓄电池负极搭铁电缆接头，然后拆发电机上的各导线，最后拆下发电机。

（2）将发电机外部擦拭干净，在前后端盖上画一正对记号，先拆下真空泵总成。

（3）拆下电刷架紧固螺钉，取出电刷总成。

（4）拆下前后盖之间的紧固螺钉，使前端盖连转子、后端盖连定子两大部分离。

（5）拆下元件板与定子绕组线端的连接螺母和中线线端的连接螺母，使定子与元件板分离，取出定子总成。

（6）拆下后端盖上紧固硅整流器元件板的螺栓及电枢接线柱紧固螺母，取下元件板总成。

（7）拆下传动带轮紧固螺母，取下隔圈和转子轴上的半圆键、带轮和风扇使前端盖与转子总成分离。若转子轴与轴承配合过紧，应使用拉力器拆卸，也可用木锤轻击使之分离。

（8）拆下前轴承盖，取出前轴承。

2. 硅整流发电机主要部件的认识

按图 1-49 所示逐一识别硅整流发电机的主要部件。

3. 硅整流发电机的装复

1）硅整流发电机的组装步骤

（1）在轴承内加注润滑脂。

（2）将硅整流器元件板装入发电机后端盖中（但 JF1522A 型发电机硅整流器总成及防护罩装在后面），拧紧紧固螺栓及发电机电枢接线柱螺母。

（3）将定子绕组线端及中性点抽头线端与相应的接线柱连接，拧紧连线螺母。

（4）将前轴承装回前端盖，拧紧轴承盖螺栓。

（5）将转子压入前端盖轴承孔中，把隔圈、风扇、传动带轮、半圆键装在一起。

(6)将前、后端盖按对应位置组装在一起,拧紧紧固螺栓。

(7)将电刷总成压入到后端盖孔中,并拧紧电刷架紧固螺母。

(8)将真空泵按原位装上。

2)组装时的注意事项

(1)组装前用汽油清洗轴承、端盖及元件板等(线圈和电刷除外),并用棉纱擦拭干净;用压缩空气清洁转子线圈及定子线圈。

(2)元件板组装时,要注意元件板与后端盖的固定螺栓有绝缘衬套和绝缘垫圈,不得丢失,以确保元件板和端盖间有良好的绝缘。

(3)安装电刷及电刷架时,应注意发电机的搭铁形式,以保证两个接线螺钉搭铁或绝缘的正确性。

(4)组装修复后的发电机,转子在定子内转动应灵活自由,无碰擦现象。若有碰擦现象,应松开前、后端盖的紧固螺栓,一边转动转子、一边用木质或橡胶手锤轻轻敲击端盖边缘,直到无碰擦现象时,再拧紧紧固螺栓。

4.识别调节器的类型

首先识别调节器是电磁振动式、晶体管式还是集成电路式,然后再识别调节器是内搭铁式还是外搭铁式。

实训四　电源系统故障诊断

一、目的和要求

(1)识别电源系统各部件在工程机械上的安装位置及连线。

(2)分析电源系常见的故障现象。

(3)进行电源系常见故障的诊断。

二、器材和设备

起重机、压路机、装载机、万用表、试灯、其他工具等。

三、项目及步骤

1.识别电源系统各部件在工程机械上的安装位置及连线

(1)先由指导教师在起重机、压路机、装载机等机械上指出发电机、调节器、电流表、蓄电池的安装位置及接线,对照电源系统基本电路图讲解相互之间的连线。

(2)再由学生分组认识。

2.测量电源系统正常情况下的基本参数(如各接线柱的电位、各接线柱之间的电阻)

发动机中高速运转,如果蓄电池亏电而又不打开灯光、空调等用电设备,充电电流一般不低于20A,如果蓄电池充足电,充电电流一般不大于10A,电压表指示应在调节电压范围内(12V供电系统为13.5~14.5V;24V供电系统为27.0~29.0V)。

发电机各接线柱之间的电阻见表1-7。

3.指导教师介绍电源系统常见故障分析思路

(1)明确故障现象。

(2)对照所学知识,判断故障类型。

(3)先直观检查传动带是否打滑、接线是否松脱。

(4)用万用表测量或用试灯测试,判断故障位置。

(5)根据具体情况进行修理或更换。

4.学生操作

学生先回避,由指导教师在一台机械上设置故障,然后学生诊断并排除故障。

复习思考题

一、名词解释

1.蓄电池的容量

2.交流发电机的输出特性

3.蓄电池的极板硫化

二、填空题

1.工程机械电气设备的特点是( )、( )、( )和( )。

2.蓄电池主要由( )、( )、( )、( )、( )和( )等组成。

3.常用蓄电池的充电方法有( )充电、( )充电和( )充电三种。

4.普通硅整流发电机的基本结构都是由( )、( )、( )和( )等组成。

5.使用中的蓄电池需要进行( )充电,为了保持蓄电池具有一定容量、延长蓄电池的使用寿命,还要定期进行( )充电、( )充电和( )过充电等。

三、判断题(正确的打"√",错误的打"×")

( )1.铅蓄电池放电时是将电能转换为化学能。

( )2.干荷电蓄电池在存放期内启用,只要注入使用所要求密度的电解液至规定高度,静置 20～30min,电动势建立起来后,即可投入使用。

( )3.铅蓄电池在一般情况下,电解液密度每下降 $0.01g/cm^3$,相当于蓄电池放电6%。

( )4.交流发电机的转子是发电机的励磁部分,其定子是发电机的电枢。

( )5.晶体管式电压调节器有内搭铁和外搭铁两种类型。

( )6.不允许用发电机的输出端搭铁试火的方法来检查发电机是否发电,否则将会烧毁发电机的电枢。

( )7.脱开蓄电池电缆时,始终要先拆下负极电缆。

( )8.在单格电池中,负极板的片数比正极板的片数多一片。

(   )9. 在放电过程中,正、负极板上的活性物质都转变为硫酸铅。

(   )10. 新蓄电池和修复后的蓄电池需要进行初充电。

四、选择题(单项选择)

1. 铅蓄电池放电时,其端电压是逐渐(   )的。

    A. 下降   B. 上升   C. 不变

2. 铅蓄电池电解液的温度下降,会使其容量(   )。

    A. 增加   B. 下降   C. 不变

3. 铅蓄电池在使用过程中,造成蓄电池提前报废的常见原因是(   )。

    A. 过充电   B. 极板硫化   C. 充、放电

4. 交流发电机中性点输出的电压是交流发电机输出电压的(   )。

    A. 1/2   B. 1/3   C. 1/4

5. 为提高电压调节器触点振动频率,在继电器磁化线圈电路中串入(   )。

    A. 附加电阻   B. 温度补偿电阻   C. 加速电阻

6. 为解决发电机输出电压随温度漂移现象,在磁化线圈电路中串入(   )。

    A. 附加电阻   B. 加速电阻   C. 温度补偿电路

7. 蓄电池在使用过程中,如发现电解液的液面下降,应及时补充(   )。

    A. 电解液   B. 稀硫酸   C. 蒸馏水

8. 交流发电机所采用的励磁方法是(   )。

    A. 自励   B. 他励   C. 先他励,后自励

9. 交流发电机转子的作用是(   )。

    A. 产生三相交流电动势   B. 产生旋转磁场   C. 变交流为直流

五、简答题

1. 简述 6-QA-100 型铅蓄电池的意义。

2. 简述电压调节器代用的原则。

3. 集成电路调节器电压检测的方法有哪几种?

4. 为何现代工程机械上广泛采用无触点电压调节器?

5. 简述铅蓄电池的充电特性。

6. 简述免维护蓄电池的结构特点。

7. 简述蓄电池放电终了的特征和铅蓄电池充电终了的特征。

8. 电源系统常见故障有哪些?

第二章　起动系统

知识目标

1. 能描述起动机和预热装置的作用、结构及工作过程。
2. 能描述不同类型继电器的结构、工作过程。
3. 能描述起动机、继电器端子的名称,并了解检测其好坏的方法。
4. 能描述各类起动电路的工作过程。
5. 能描述起动系统常见故障现象。
6. 能分析起动系统常见故障原因,并了解检测流程。

能力目标

1. 能在车上识别起动系统的主要电气元件。
2. 会正确使用检测仪器、仪表。
3. 会判断继电器、起动机的好坏。
4. 能找准接线端子、判断线路通断。
5. 能读懂起动系统电路图。
6. 能根据起动系统的故障现象,分析故障原因。
7. 会更换故障元件、正确接线、排除起动故障。
8. 会写维修记录。

第一节　概　　述

　　发动机由静止状态转为运转状态的过程称为起动。发动机进入正常工作循环之前,必须借助外力来起动,常见的起动方式有人力起动和电力起动两种。人力起动简单,但是不方便,并且在操作上有一定的危险性,目前只是作为备用方式保留;而电力起动操作方便、迅速且可靠,在现代工程机械上广泛采用。

　　现代工程机械发动机的起动任务普遍由电磁控制式起动系统来完成。电磁控制式起动系统主要由起动机、继电器、蓄电池以及点火起动开关等部分组成,如图2-1所示。在点火开关闭合和起动继电器吸合后,起动机将蓄电池的电能转化为机械能,通过离合器将起动机的电磁转矩传递给发动机的飞轮齿圈,从而使曲轴转动,完成发动机的起动。

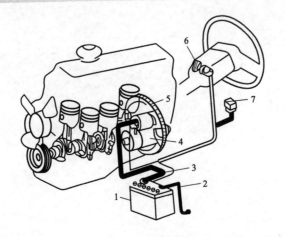

图 2-1　起动系组成

1-蓄电池；2-搭铁电缆；3-起动机电缆；4-起动机；5-飞轮；6-点火开关；7-起动继电

第二节　起动机组成与型号

一、起动机的组成及其作用

现代工程机械的起动机由直流电动机、传动机构和控制装置三部分组成。直流电动机将电能转换为机械能。单向离合器是传动机构,在发动机起动时使起动机的小齿轮与飞轮齿圈啮合,将直流电动机的电磁转矩传递给发动机的飞轮齿圈,从而使曲轴转动；并在发动机起动后,使起动机自动脱开飞轮齿圈。控制装置控制起动电路的开闭。

二、起动机的分类

1.按总体结构分类

按总体结构不同,起动机可分为电磁式、减速式和永磁式。

(1)电磁式起动机。此类起动机的电机磁场为电磁场。这个电磁场由电磁铁的线圈通电而在铁芯中产生的磁场,如图 2-2 所示。由电磁铁的性质可知,通过电磁铁的电流较小,而产生的磁场强度较大,实现了较小的量控制较大的量。

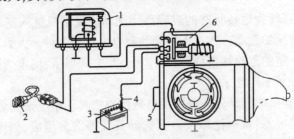

图 2-2　电磁式起动系统组成

1-起动继电器；2-点火开关；3-蓄电池；4-易熔线；5-起动机；6-电磁开关

电磁控制式起动系统是借助于起动开关来控制电磁铁,继而由电磁铁控制起动机主电路接通或切断来起动发动机。由于电磁铁可以远距离控制,操作安全、方便、省力,因此现代工程车辆上普遍采用。

(2)减速式起动机。传动机构设有减速装置。减速式起动机解决了直流电动机高转速小转矩与发动机要求起动大转矩的矛盾。增加减速器,可采用高速小转矩的小型电动机,其质量和体积比较小,工作电流较小,可大大减轻蓄电池的负担,延长蓄电池的使用寿命。缺点是结构和工艺比较复杂,增加了维修的难度。

(3)永磁式起动机。这种电动机的磁场由永久磁铁产生。由于磁极采用永磁材料制成,无需励磁绕组,因此,这种起动机结构简单、体积小、重量轻。

2. 按传动机构啮入方式分类

按传动机构啮入方式不同,起动机可分为强制啮合式、电枢移动式、同轴齿轮移动式和惯性啮合式。

(1)强制啮合式起动机在接通电源后利用电磁力拉动杠杆机构,进而使驱动齿轮强制啮入飞轮齿圈,主要优点是工作可靠性高,其结构如图2-3所示。

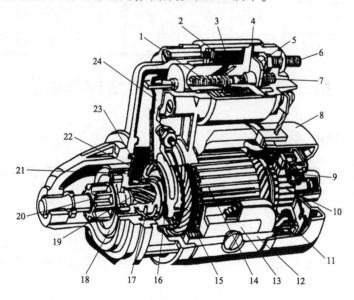

图2-3 强制啮合式起动机结构

1-复位弹簧;2-保持线圈;3-吸引线圈;4-电磁开关壳体;5-触点;6-接线柱;7-接触盘;8-后端盖;9-电刷弹簧;10-换向器;11-电刷;12-磁极;13-磁极铁芯;14-电枢;15-励磁绕组;16-移动衬套;17-缓冲弹簧;18-单向离合器;19-电枢花键;20-驱动齿轮;21-罩盖;22-制动盘;23-传动套筒;24-拨叉

(2)电枢移动式起动机利用磁极产生的电磁力使电枢产生轴向移动,从而将驱动齿轮啮入飞轮齿圈。其特点是结构比较复杂,主要用于大功率发动机,如太脱拉T111、T138等大型工程车辆的起动机。

(3)同轴移动式起动机是一种利用电磁开关推动电枢轴孔内的啮合推杆移动,使驱动齿轮啮入飞轮齿圈的起动机,主要用于大功率发动机的起动系。

(4)惯性啮合式起动机是依靠驱动轮自身旋转的惯性力啮入飞轮齿圈的起动机。

三、起动机的型号规格

根据中华人民共和国汽车行业标准《汽车电气设备产品型号编制方法》(QC/T 73—1993)规定,起动机型号组成各代号的含义如图2-4所示。

产品代号有 QD、QDJ、QDY 三种,分别表示电磁式起动机、减速式起动机、永磁式起动机。字母"Q""D""J""Y"分别为汉字"起""动""减""永"汉语拼音的第一个大写字母;电压等级代号用一位阿拉伯数字表示,1、2、6 分别表示 12V、24V 和 6V;功率等级代号用一位阿拉伯数字表示,含义如表2-1所示;设计序号按产品设计先后顺序,以 1 到 2 位阿拉伯数字组成;在主要电气参数和基本结构不变的情况下,一般电气参数的变化和结构的某些改变称为变型,以汉语拼音大写字母顺序表示变型代号。例如 QD1215 中的"1"表示额定电压为 12V,"2"表示功率为 1 ~ 2kW,"15"表示第 15 次设计。

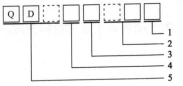

图 2-4　起动机型号组成
1-变型代号;2-设计序号;3-功率等级代号;4-电压等级代号;5-产品代号

起动机功率等级代号的含义　　表 2-1

功率等级代号	1	2	3	4	5	6	7	8	9
功率(kW)	0 ~ 1	1 ~ 2	2 ~ 3	3 ~ 4	4 ~ 5	5 ~ 6	6 ~ 7	7 ~ 8	>8

第三节　典型起动机的结构与原理

一、电磁式起动机

电磁式起动机的结构如图2-5所示,主要由直流电动机、传动机构和控制装置三部分组成。

1. 直流电动机

1)结构

目前,工程建设机械发动机的起动机主要使用的是直流串励式电动机。这种电动机的组成包括磁极、电枢、电刷和外壳等部分。

(1)磁极。磁极又称为定子,其主要作用为在电机内部产生磁场。电磁式直流电动机的磁场为电磁场,其磁极由铁芯和励磁绕组两部分组成,如图2-6所示。铁芯用低碳钢制成,并固定在电动机壳体的内壁,励磁绕组套装在铁芯上。

如图2-7所示,闭合点火开关,电机通电,有电流通过励磁绕组,在铁芯中就会产生磁场即电磁场。这种直流电动机磁极多(一般为 4 个,有的大功率起动机为 6 个),励磁绕组的横截面积大,增大了起动机的电磁转矩。励磁绕组由裸铜线绕制,线的截面一般为矩形,并且匝间绝缘,外部用玻璃纤维带包扎。有的起动机将励磁绕组的各个线圈相互串联后,再与电枢绕组相串联,而多数起动机是将励磁绕组的线圈分为两组,每组内各线圈相互串联,然后两组再并联,最后与电枢绕组串联。由于励磁绕组与电枢绕组相串联,因此称为串励式直流电动机。

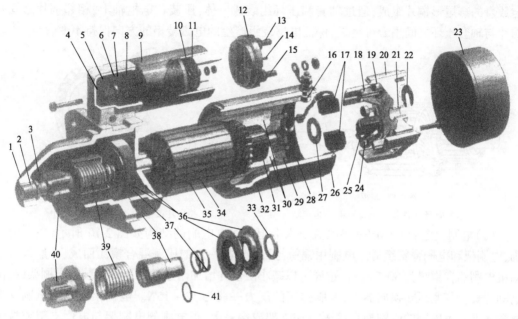

图 2-5　起动机结构

1-驱动端盖;2、21-铜轴套;3-电枢轴;4-铁芯;5-移动叉;6-卡环;7、33-挡圈;8-复位弹簧;9-电磁开关壳体;10-弹簧;11-触盘;12-接线座;13-电源端子"30"(连接蓄电池);14-接线端子"50";15-磁场线圈端子"C";16-磁场线圈引线连接端子;17-负电刷;18-负电刷架;19-电刷弹簧;20-换向器端盖;22-锁片;23-防尘盖;24-正电刷架;25-正电刷;26-密封橡胶圈;27-承推垫圈;28-磁场线圈连接片;29-磁场线圈;30-磁极;31-换向器;32-电动机壳体;34-电枢线圈;35-电枢铁芯;36-滑环;37-弹簧;38-离合器驱动座圈;39-驱动弹簧;40-驱动齿轮;41-卡环

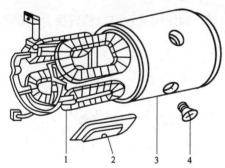

图 2-6　电磁式直流电动机磁极结构
1-励磁绕组;2-铁芯;3-外壳;4-固定螺钉

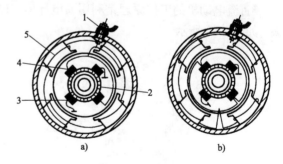

图 2-7　励磁绕组接法
a)四个绕组相互串联;b)两个绕组串联后再并联
1-绝缘柱;2-换向器;3-搭铁电刷;4-绝缘电刷;5-励磁绕组

(2)电枢。电枢是电机的转子部分,其主要作用是产生电磁转矩,由电枢铁芯、电枢绕组、电枢轴和换向器组成,结构如图2-8所示。电枢铁芯呈圆柱状,由多片相互绝缘的硅钢片叠装在电枢轴上而成,铁芯的叠片结构可以减小涡流电流。硅钢片的外圆表面中有槽,嵌装电枢绕组。为了产生较大的转矩,电枢绕组中需要通过较大的起动电流(可达到百安培),因此电枢绕组一般用很粗的矩形截面的铜线采用波绕法绕制而成,即绕组一端线头接的换向器铜片与另一端线头接的换向器铜片相隔90°或180°。为了避免绕组之间因相互连接造成短路,在铜线和铁芯间、铜线和铜线间用绝缘纸隔开。换向器的结构如图2-9所示,由一

定数量的燕尾形铜片组成,通过轴套和压环组装成一体,压装在电枢轴上,相邻铜片之间及铜片与轴套压环之间用云母绝缘,保证电枢绕组产生的电磁转矩的方向保持不变。

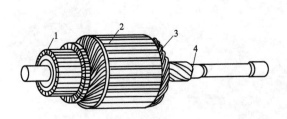
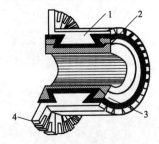

图 2-8　电枢结构

1-换向器;2-铁芯;3-电枢绕组;4-电枢轴

图 2-9　换向器结构

1-换向片;2-轴套;3-压环;4-焊线凸缘

（3）电刷。电刷的作用是将电流引入电枢绕组。电刷的结构如图 2-10 所示,主要由电刷、电刷架和电刷弹簧组成。电刷用铜粉与石墨粉按一定的比例混合模压而成,一般来讲起动机电刷的含铜量为 80% 左右,这样可以减小阻值并增加耐磨性。电刷安装在电刷架内,由电刷弹簧将其紧压在换向器上,电刷弹簧的压力一般为 12 ~ 15N。电刷架固定在电刷支架或端盖上。负电刷的电刷架直接固定在支架或端盖上,正电刷的电刷架与电刷支架或端盖之间安装有绝缘垫片。

（4）外壳。壳体用铸铁浇铸或钢板卷焊而成,壳体上设有一个接线端子或引出一根电缆引线,接线端子或电缆引线端子通常称为"C"端子。对电磁式电动机而言,它直接与励磁绕组的一端连接;对永磁式电动机而言,它则直接与正电刷连接。

2）工作原理

直流电动机的工作原理是利用通电导体在磁场中受力的作用从而将电能转换为电磁转矩,如图 2-11 所示。

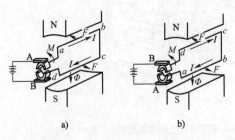

图 2-10　电刷结构

1-搭铁电刷架;2-绝缘垫;3-绝缘电刷架;4-搭铁电刷

图 2-11　直流电动机工作原理

a)电流方向为 abcd;b)电流方向为 dcba

直流电动机工作时,电流通过电刷和换向器流入电枢绕组。如图 2-11a)所示,当换向片 A 与正电刷接触,换向片 B 与负电刷接触时,绕组中的电流方向为 abcd,根据左手定则判定绕组 ab、cd 边分别受到向左和向右的电磁力作用,产生的电磁转矩使电枢按逆时针方向转动;当转动到两个有效边位置交换时即电枢转至换向片 A 与负电刷接触,换向片 B 与正电刷接触时,如图 2-11b)所示,在换向器的作用下,绕组中的电流方向改为 dcba,但绕组受到的电磁转矩的方向不变,电枢继续按逆时针方向转动。由此可见,换向器可以将电源提供的直流电转换为电枢绕组所需的交流电,从而保证电枢所产生的电磁力矩方向保持不变,实现定向转动。电动机的电枢绕组由很多线圈组成,这样可以得到较大且稳定的电磁转矩。

根据安培定律,可以得出电磁转矩 M 的大小和电枢电流 I_a 及磁极的磁通量 Φ 成正比,即:

$$M = C_m \Phi I_a$$

式中:C_m——电机的结构常数。

当电枢在电磁力矩的作用下转动时,电枢绕组将同时切割磁力线而产生感应电动势,其方向与电枢电流的方向相反,因此称其为反电动势,用 E_f 表示,其大小为:

$$E_f = C_e \Phi n$$

式中:C_e——$\pi C_m / 30$;

n——电动机的转速,r/min。

3)影响起动机输出功率的因素

直流电动机输出功率的下降将直接引起起动机输出功率的下降,导致起动次数增加,甚至不能起动。在实际使用中,有以下因素影响直流电动机的输出功率:

(1)接触电阻和导线电阻的影响。由电刷弹簧弹力减弱,以及导线与蓄电池接线柱连接不紧等原因造成的接触不良,会使接触电阻增大;导线过长及截面积过小会造成较大的导线电阻,会引起较大的压降,从而减小起动功率。因此在电动机使用中,必须保证电刷与换向器接触良好,导线连接紧固。尽可能使用截面积大的导线,以减小导线电阻,缩短起动机与蓄电池间的距离。

(2)温度的影响。环境温度降低时,蓄电池的内阻增大,容量下降,从而影响起动机的输出功率。故冬季应对蓄电池采取有效的保温措施。

(3)蓄电池容量的影响。蓄电池容量越小,其内阻越大,放电时产生的内部压降也越大,于是向起动机提供的电流减小,使起动机的输出功率降低。

2. 传动机构

电磁式起动机传动机构中的关键部件是单向离合器。其作用是在起动时将电枢产生的电磁转矩传给发动机飞轮,当发动机起动后单向离合器立刻自动打滑,以防止发动机飞轮带动电枢高速旋转,导致电枢绕组从铁芯槽中甩出,造成电枢"飞散"事故。

起动机采用的离合器形式有滚柱式、弹簧式和摩擦片式三种。其中,滚柱式离合器和弹簧式离合器在功率 2kW 以下的小功率起动机上被广泛应用。摩擦片式离合器能够传递较大转矩,用于功率在 4kW 以上的大功率起动机上。虽然各种单向离合器的结构各有不同,但是其工作原理都基本相同。

1)滚柱式单向离合器

滚柱式单向离合器是利用滚柱在两个零件之间的楔形槽内的楔紧和放松作用,通过滚柱实现转矩传递和打滑的。

滚柱式单向离合器的结构,如图 2-12 所示。驱动齿轮 1 与外壳 2 连成一体,外壳内装有十字块 3,十字块与花键套筒 8 固定连接,在外壳与十字块之间形成的 4 个楔形槽内分别装有一套滚柱 4、压帽及弹簧 5,外壳的护盖 7 将滚柱和十字块等扣合在外壳内,使十字块和外壳之间只能相对转动而不能相对轴向移动。在花键套筒的外面套有移动衬套 11 及缓冲弹簧 10。为防止移动衬套脱出,在花键套筒的端部装有卡簧 12。整个离合器利用花键套筒安装在电枢轴上,离合器在传动拨叉(插在移动衬套的环槽内)作用下可以在电枢轴上做轴向移动,并随其转动。

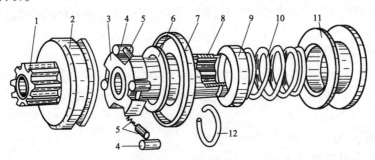

图 2-12　滚柱式单向离合器

1-驱动齿轮;2-外壳;3-十字块;4-滚柱;5-压帽与弹簧;6-垫圈;7-护盖;8-花键套筒;9-弹簧座;10-缓冲弹簧;11-移动衬套;
12-卡簧

发动机起动时拨叉将离合器沿电枢轴花键推出,使驱动齿轮啮入飞轮齿圈,然后起动机通电,转矩由花键套筒传给十字块。十字块随电枢轴一同旋转时滚柱在摩擦力作用下滚入楔形槽的窄端被卡住,于是将转矩传给驱动齿轮并带动飞轮齿圈转动,从而起动发动机,如图 2-13a)、图 2-14a)所示。

发动机起动后曲轴转速升高,飞轮齿圈带动驱动齿轮旋转,其转速大于十字块转速,在摩擦力作用下滚柱滚入楔形槽的宽端而打滑,如图 2-13a)、图 2-14b)所示,发动机的转矩便不能经驱动齿轮传给电枢轴,从而防止了电枢超速、飞散的危险。

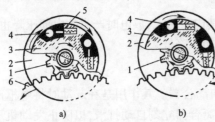 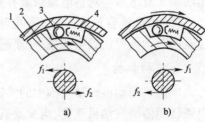

图 2-13　滚柱式单向离合器工作原理　　　　图 2-14　滚柱受力分析

a)发动机起动时;b)发动机起动后　　　　　a)发动机起动时;b)发动机起动后

1-驱动齿轮;2-外壳;3-十字块;4-滚柱;5-压帽与弹簧;6-飞轮齿圈　　1-外壳;2-十字块;3-滚柱;4-压帽与弹簧

滚柱式单向离合器结构简单紧凑,在中小功率的起动机上被广泛应用。但在传递较大转矩时,滚柱容易变形而卡死失效,因此,滚柱式单向离合器不适用于功率较大的起动机上。

2)弹簧式单向离合器

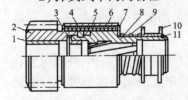

图 2-15　弹簧式单向离合器

1-衬套;2-驱动齿轮;3-挡圈;4-月形键;
5-扭力弹簧;6-护套;7-垫圈;8-花键套
筒;9-缓冲弹簧;10-移动衬套;11-卡簧

弹簧式单向离合器是利用与两个零件关联的扭力弹簧的粗细变化而实现转矩传递和打滑的。

弹簧式单向离合器的结构如图 2-15 所示。

驱动齿轮套装在起动机电枢轴的光滑部分,花键套筒通过螺旋花键与电枢轴配合。两个月形键将驱动齿轮与花键套筒连接起来,使驱动齿轮与花键套筒之间只能产生相对转动,不能产生轴向移动。扭力弹簧置于驱动齿轮与花键套筒的外缘上,弹簧两端分别箍紧在驱动齿轮尾部与花键套筒上。

当起动发动机时,电枢轴的电磁转矩通过其外螺旋键和花键套筒的内螺旋键槽传递给花键套筒。当电枢轴的电磁转矩小于发动机的阻力矩时,电磁转矩就会通过花键套筒使扭力弹簧张紧,并使驱动齿轮与花键套筒连成一体,动力便经电枢、电枢轴外螺旋键、花键套筒内螺旋键槽、花键套筒、扭力弹簧和驱动齿轮传递到发动机飞轮齿圈。当电磁转矩达到或超过发动机阻力矩时,驱动齿轮便带动飞轮旋转,直到发动机被起动为止。在这个过程中,离合器驱动齿轮为主动部件,发动机飞轮为从动部件。

当发动机起动后,发动机飞轮变为主动部件,驱动齿轮变为从动部件。发动机飞轮就会带动驱动齿轮加速旋转,当驱动齿轮的转速高于花键套筒的转速时扭力弹簧就会放松进而打滑,使驱动齿轮与花键套筒之间的动力联系切断,防止电枢超速运转而损坏。此时驱动齿轮将随发动机飞轮旋转,电枢轴仅由电枢绕组产生的电磁转矩驱动空转。

弹簧式单向离合器有结构简单、成本低廉、工作可靠使用寿命长等优点。但是,由于扭力弹簧的轴向尺寸较大,因此,一般只应用在大功率起动机上。

3)摩擦片式单向离合器

摩擦片式单向离合器是利用与两个零件关联的主动摩擦片和被动摩擦片之间的接触和分离而实现转矩传递和打滑的。

摩擦片式单向离合器的结构如图 2-16 所示。花键套筒通过其内部的四线内螺旋花键套装在电枢轴的外螺旋花键上;花键套筒的外圆表面制有三线螺旋花键,内接合毂通过其内三线螺旋花键套在花键套筒的左端。内接合毂上有 4 个轴向槽,主动摩擦片的内凸齿插在其中,从动摩擦片的外凸齿插在与驱动齿轮成一体的外接合毂的槽中,主、从摩擦片相间排列。在花键套筒的左端装有调整螺母,它与摩擦片之间装有弹性垫圈、压环和调整垫片。

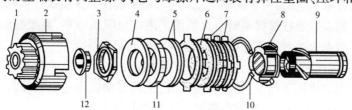

图 2-16 摩擦片式单向离合器

1-驱动齿轮;2-外接合毂;3-调整螺母;4-弹性圈;5-调整垫片;6-主动摩擦片;7-从动摩擦片;8-内接合毂;9-花键套筒;10-卡簧;11-压环;12-推力套筒

发动机起动时,起动机电枢带动花键套筒转动,由于惯性作用,内接合毂将随着花键套筒的旋转而左移,使得主、从动摩擦片紧压在一起,利用摩擦力将电枢转矩传递给飞轮。发动机起动后,起动机的驱动齿轮被飞轮带着转动,当驱动齿轮的转速高于电枢的转速时,内接合毂又沿着花键套筒的螺旋线右移退出,使主、从摩擦片相互脱离而打滑,从而避免了因电枢高速飞转而造成电枢组飞散的事故。

当发动机起动阻力过大时,曲轴不能立刻转动,此时内接合毂在花键套筒作用下将继续左移,使得摩擦片上的压紧力继续增大,弹性垫圈在压环凸缘压力下弯曲程度增大。当弹性垫圈弯曲到和内接合毂的左端相碰时,内接合毂停止左移,于是主、从动摩擦片之间开始打滑,从而限制了起动机的最大输出转矩,避免起动机过载。增减调整垫片的数目可以改变弹性垫圈的最大变形量,从而调整摩擦片式单向离合器所能够传递的最大转矩。

摩擦片式单向离合器可以传递较大转矩,工作可靠,超载时能自动打滑,但结构复杂,维修难度较大,为了防止摩擦片磨损而影响起动性能,需要经常检查、调整。摩擦片式单向离合器多用于大功率起动机。

3. 控制装置

起动机的控制装置通常指的是固定在电动机上的机械式开关或电磁式开关,其作用是通过控制起动机主电路的导通与切断来控制起动机驱动齿轮与发动机飞轮齿圈的啮合与分离。

1) 机械式开关

(1) 结构。机械式开关的结构如图2-17所示。作为操纵元件的拨叉8通过传动杆系与起动踏板或起动拉杆连接,由驾驶员直接控制。拨叉和复位弹簧通过销钉支撑在起动机上(图中未画出),其上装有顶压螺钉9,拨叉下端插入单向离合器的移动衬套中。主接线柱1、2分别接着蓄电池的正极和电动机励磁绕组的一端,与主接触盘3组成主开关;辅助接线柱4、10分别接点火线圈附加电阻的两端。内部装有可轴向滑动的推杆7,推杆套有主、辅接触盘3、5,接触盘与推杆套绝缘,两接触盘的两侧均装有弹簧。不工作时,在推杆上的弹簧作用下,两接触盘和接线柱均处于打开状态。

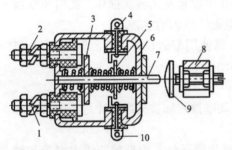

图2-17 机械式开关

1、2-主接线柱;3-主接触盘;4、10-辅助接线柱;5-辅助接触盘;6-外壳;7-推杆;8-拨叉;9-顶压螺钉

(2) 工作原理。起动发动机时,踩下起动踏板,通过杆系传动带动拨叉,拨叉上的顶压螺钉顶动开关的推杆移动,使得两个接触盘先后与辅助接线柱和主接线柱接触,起动机通电带动发动机运转。辅助接线柱被接通时点火线圈的附加电阻被隔离,克服起动时由于蓄电池端电压急剧下降对点火装置工作的影响,改善发动机的起动性能。

发动机起动后,放松起动踏板,拨叉在弹簧推力的作用下复位,顶压螺钉离开推杆,两接触盘也在弹簧推力的作用下与主、辅接线柱脱开,从而起动机主电路被切断,起动机停止工作。同时,点火线圈的附加电阻也被串联到点火系的电路中。

2) 电磁式开关

(1) 结构。电磁式开关的结构如图2-18所示。主接线柱5、6和接触盘7组成主开关。在黄铜套4的外部绕有保持线圈2和吸拉线圈3,两线圈的绕向相同。两线圈的一端与起动接线柱相连,吸拉线圈的另一端和电动机电枢绕组串联(主电路未接通时),保持线圈的另一端搭铁。在黄铜套4内装有活动铁芯1和挡铁8,作为操纵元件的活动铁芯1由驾驶员用开关通过电磁线圈(包括保持线圈2和吸拉线圈3)进行控制;挡铁8是固定不动的,其中心孔内穿有推杆,推杆端部的接触盘7用以接通起动机的主电路;活动铁芯的后端与拨叉16的上端相连接,拨叉16通过销钉支撑在起动机上,拨叉下

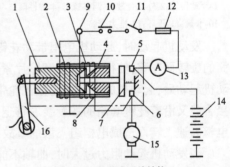

图2-18 电磁式开关结构

1-活动铁芯;2-保持线圈;3-吸拉线圈;4-黄铜套;5、6-主接线柱;7-接触盘;8-挡铁;9-起动接线柱;10-起动按钮;11-总开关;12-熔断器;13-电流表;14-蓄电池;15-电动机;16-拨叉

端插入单向离合器的移动衬套中。

（2）工作原理。起动发动机时，接通电源总开关，按下起动按钮，吸拉线圈和保持线圈的电路被接通，此时电流通路为蓄电池"＋"→主接线柱→电流表→电源总开关→起动按钮→起动接线柱。此后分为两条支路，一路为保持线圈→搭铁→蓄电池"－"，另一路为吸拉线圈→主接线柱→串励式直流电动机→搭铁→蓄电池"－"。这时活动铁芯在两个线圈产生的同向电磁力的作用下，克服复位弹簧的推力而右行，一方面带动拨叉将单向离合器向左推出，另一方面活动铁芯推动接触盘向右移动，当接线柱被接触盘接通后，吸拉线圈被短路，于是蓄电池的大电流经过起动机的电枢绕组和励磁绕组，产生较大的转矩，带动曲轴旋转而起动发动机。此时，电磁开关的工作位置靠保持线圈的吸力维持。

发动机起动后，在松开起动按钮的瞬间，吸拉线圈和保持线圈是串联关系，电流通路为蓄电池"＋"→主接线柱5→接触盘→主接线柱6→吸拉线圈→保持线圈→搭铁→蓄电池"－"，两个线圈所产生的磁通方向相反，互相抵消。于是活动铁芯在复位弹簧的作用下迅速回到原位，使得驱动齿轮退出啮合，接触盘在其右端弹簧的作用下脱离接触复位，起动机的主电路被切断，起动机停止工作。

电磁开关操纵方便，工作可靠，布置灵活，适于远距离操纵，因此目前已被广泛使用。

二、电枢移动式起动机

电枢移动式起动机因通过移动整个电枢而使起动机驱动齿轮与飞轮齿圈啮合和分离而得名。

1. 结构

电枢移动式起动机结构如图2-19所示。电枢4在复位弹簧14的作用下与磁极错开一定距离，且换向器较长。起动机有三个励磁绕组，主励磁绕组由扁铜条绕制，串联辅助励磁绕组和并联辅助励磁绕组则用细导线绕制。单向离合器一般为摩擦片式。起动机壳体上装有电磁开关7，其励磁线圈由起动开关控制，活动触点为一接触桥，其上端较长、下端较短，以使起动机电路分两个阶段接通。

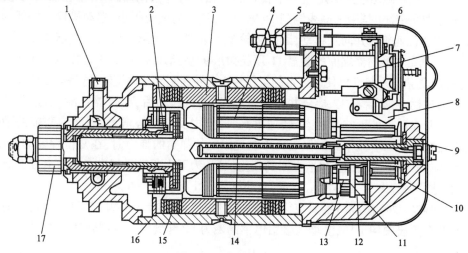

图2-19 电枢移动式起动机

1-油塞；2-单向离合器；3-磁极；4-电枢；5-接线柱；6-接触桥；7-电磁开关；8-扣爪；9-换向器；10-圆盘；11-电刷弹簧；12-电刷；13-电刷架；14-复位弹簧；15-磁场绕组；16-机壳；17-驱动齿轮

2. 工作原理

电枢移动式起动机工作原理如图 2-20 所示。

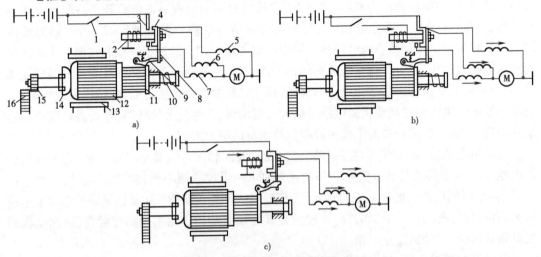

图 2-20　电枢移动式起动机的工作原理

a)未啮合；b)进入啮合；c)完成啮合

1-起动开关；2-电磁铁；3-静触点；4-接触桥；5-并联辅助励磁绕组；6-串联辅助励磁绕组；7-主励磁绕组；8-挡片；9-扣爪；
10-复位弹簧；11-圆盘；12-电枢；13-磁极；14-摩擦片式单向离合器；15-驱动齿轮；16-飞轮

起动机不工作时，电枢 12 在复位弹簧 10 的作用下与磁极错开，电磁铁开关的接触桥 4 处于打开位置，如图 2-20a)所示。

当接通起动开关 1 时，电磁铁产生吸力，吸引接触桥 4，但由于扣爪 9 顶住了挡片 8，接触桥仅能上端闭合(图 2-20b)，接通了串联辅助励磁绕组 6 和并联辅助励磁绕组 5 的电路。电路为：蓄电池"＋"→静触点 3→接触桥的上端→并联辅助励磁绕组 6 和串联辅助励磁绕组及电枢→搭铁→蓄电池"－"。并联辅助励磁绕组和串联辅助励磁绕组产生的电磁力克服复位弹簧的弹力使电枢向左移动，直到电枢铁芯与磁极对齐，起动机驱动齿轮啮入飞轮齿圈。由于串联辅助励磁绕组是用细铜线绕制的，电阻大，流过的电流很小，起动机仅以较低的速度旋转，这样电枢低速旋转并向左移动，因此齿轮啮入柔和，这是第一阶段。电枢移动使小齿轮完全啮入后，固定在换向器端面的圆盘 11 顶起扣爪 9，使挡片 8 脱扣，于是接触桥 4 的下端闭合，接通主励磁绕组 7，起动机便以正常的工作转矩和转速驱动曲轴旋转，这是第二阶段。

在起动过程中，离合器 12 接合并传递转矩，发动机起动后，离合器打滑，防止曲轴反拖起动机。这时起动机处于空载状态，转速增高，电枢中反电动势增大，因而串联辅助励磁绕组中的电流减小。当电流小到磁极磁力不能克服复位弹簧的弹力时，在复位弹簧的作用下，电枢回到图 2-20b)所示位置，扣爪也回到锁止位置，为下次起动做好准备。直到断开起动开关后，电枢才移回到图 2-20a)所示位置，起动机才停止旋转。

可见，串联辅助励磁绕组主要在第一阶段工作，使齿轮啮合平顺、柔和。并联辅助励磁绕组则在两个阶段中均工作，既增大吸引电枢的磁力，又起到限制空载转速的作用。

3. 特点

(1)电枢移动式起动机多应用于大功率柴油机的起动系中。

（2）起动机不工作时，电枢在复位弹簧的作用下偏离磁极的中心线。

（3）传动机构采用摩擦片式单向离合器。

（4）励磁绕组共3个，分别为串联的主励磁绕组、串联的辅助励磁绕组和并联的辅助励磁绕组。由于扣爪和挡片的作用，辅助励磁绕组首先接通。

（5）换向器较长，从而使得移动后仍能与电刷接触。

（6）驱动齿轮和飞轮齿圈的啮合过程是由整个电枢在磁场作用下的轴向移动来实现的，发动机起动后靠复位弹簧的拉力使驱动齿轮与飞轮齿圈脱离啮合并回到原位。

第四节 起动机控制电路

一、开关直接控制的起动电路

1.电路组成及特点

起动电路由蓄电池、起动机、起动按钮、连接导线组成，起动机由钥匙开关或起动按钮直接控制，如图2-21所示。主要特点是线路简单、检查方便。不足之处是容易使钥匙开关损坏，这是由于经过钥匙开关和电磁开关线圈的电流太大（一般为35～50A）的原因。

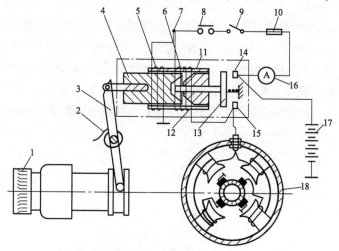

图 2-21 开关直接控制的起动电路

1-驱动齿轮；2-复位弹簧；3-拨叉；4-活动铁芯；5-保持线圈；6-吸拉线圈；7-接线柱；8-起动按钮；9-总开关；10-熔断器；11-黄铜套；12-挡铁；13-接触盘；14、15-主接线柱；16-电流表；17-蓄电池；18-起动机

2.工作原理

起动发动机时，接通电源总开关，按下起动按钮，吸拉线圈和保持线圈的电路被接通，此时电流通路为蓄电池"＋"→主接线柱→电流表→电源总开关→起动按钮→起动接线柱。此后分为两条支路，一路为保持线圈→搭铁→蓄电池"－"，另一路为吸拉线圈→主接线柱→串励式直流电动机→搭铁→蓄电池"－"。这时，活动铁芯在两个线圈产生的同向电磁力的作用下，克服复位弹簧的推力而右行，一方面带动拨叉将单向离合器向左推出，使驱动齿轮与飞轮齿圈可以无冲击的啮合，这是因为吸拉线圈与电动机的磁场绕组、电枢绕组相串联，电

流较小,产生的转矩也较小,所以驱动齿轮是在缓慢旋转的过程中与发动机飞轮齿圈啮合的;另一方面活动铁芯推动接触盘向右移动,当接线柱被接触盘接通后,吸拉线圈被短路,于是蓄电池的大电流经过起动机的电枢绕组和励磁绕组,产生较大的转矩,带动曲轴旋转而起动发动机。此时,电磁开关的工作位置靠保持线圈的吸力维持。

发动机起动后,在松开起动按钮的瞬间,吸拉线圈和保持线圈是串联关系,电流通路为蓄电池" + "→主接线柱14→接触盘→主接线柱15→吸拉线圈→保持线圈→搭铁→蓄电池" – ",两个线圈所产生的磁通方向相反,互相抵消。于是活动铁芯在复位弹簧的作用下迅速回到原位,使得驱动齿轮退出啮合,接触盘在其右端弹簧的作用下脱离接触复位,起动机的主电路被切除,起动机停止工作。

二、带起动继电器的起动电路

1. 电路特点

普通继电器控制是指起动机由钥匙开关通过普通起动继电器进行控制,起动电路比开关直接控制电路增加了起动继电器。主要特点是起动继电器触点控制起动机电磁开关的通断,减小了起动时钥匙开关的电流,有利于延长钥匙开关的使用寿命,因此应用最广泛。

2. 电路组成

带起动继电器的起动电路如图2-22所示。起动继电器由一对常开触点1、一个线圈2和4个接线柱等组成。4个接线柱的标记分别是"起动机""电池""搭铁""点火开关"(或"S""B""E""SW"),常开触点1通过"起动机"和"电池"接线柱分别与起动机电磁开关接线柱9和蓄电池正极连接,控制电磁开关线圈电路的通断。继电器线圈2一端通过"搭铁"接线柱搭铁,另一端通过"点火开关"接线柱接点火开关3,由点火开关控制线圈电路的通断。

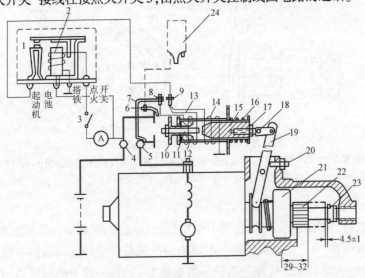

图2-22 带起动继电器的起动电路

1-起动继电器触点;2-起动继电器线圈;3-点火开关;4、5-主接线柱;6-点火线圈附加电阻短路接线柱;7-导电片;8、9-接线柱;10-接触盘;11-推杆;12-固定铁芯;13-吸拉线圈;14-保持线圈;15-活动铁芯;16-复位弹簧;17-调节螺钉;18-连接片;19-拨叉;20-定位螺钉;21-单向离合器;22-驱动齿轮;23-限位环;24-点火线圈

3. 工作原理

起动时,将点火开关3置于起动位置,起动继电器的线圈通电,起动继电器线圈电流路径为:

蓄电池"＋"→主接线柱4→电流表→点火开关→起动继电器"点火开关"接线柱→继电器线圈2→起动继电器"搭铁"接线柱→搭铁→蓄电池"－"。

起动继电器的线圈通电后产生的电磁吸力使触点闭合,蓄电池经过起动继电器触点1为起动机电磁开关线圈供电。起动机电磁开关线圈的电路电流路径分别为:

蓄电池"＋"→主接线柱4→起动继电器"电池"接线柱→触点1→起动继电器"起动机"接线柱→接线柱9→吸拉线圈13→接线柱8→导电片7→主接线柱5→电动机→搭铁→蓄电池"－"。

蓄电池"＋"→主接线柱4→起动继电器"电池"接线柱→触点1→起动继电器"起动机"接线柱→接线柱9→保持线圈14→搭铁→蓄电池"－"。

吸拉线圈13和保持线圈14通电后,两线圈产生方向相同的磁通,使活动铁芯15在磁力的作用下向左移动,一方面通过调节螺钉17和连接片18拉动拨叉19绕支点转动,拨叉下端拨动单向离合器21向右移动,使驱动齿轮22与飞轮齿圈啮合;另一方面通过推杆11推动接触盘10向左移动,当驱动齿轮与飞轮齿圈接近完全啮合时,接触盘10与主接线柱4、5接触,起动机主电路接通,电流路径为:

蓄电池"＋"→主接线柱4→接触盘10→主接线柱5→励磁绕组→绝缘电刷→电枢绕组→搭铁电刷→搭铁→蓄电池"－"。

起动机主电路接通后,吸拉线圈被短接,电磁开关的工作位置靠保持线圈的电磁力来维持,同时电枢轴产生足够的电磁力矩,带动曲轴旋转而起动发动机。

发动机起动后,放松点火开关,点火开关将自动转回一个角度(至点火位置),切断起动继电器线圈电流,起动继电器触点打开,吸拉线圈和保持线圈变为串联关系,产生的电磁力相互削弱。在复位弹簧16的作用下,活动铁芯右移复位,起动机主电路切断;与此同时,拨叉带动单向离合器向左移动,使驱动齿轮与飞轮齿圈分离,起动过程结束。

三、带复合继电器的起动电路

1. 电路特点

(1)发动机起动后,能使起动机自动停止工作。

(2)发动机工作时,即使错误地接通了起动开关,起动机也不会工作。

2. 电路组成

带组合继电器的起动电路如图2-23所示。复合继电器由起动继电器和保护继电器两部分组成,起动继电器的触点 K_1 是常开的,用来控制起动机电磁开关工作。保护继电器的触点 K_2 是常闭的,用来保护起动机并控制充电指示灯。它的磁化线圈一端搭铁,另一端接至发电机三相定子绕组的中性点,承受硅整流发电机中性点电压。保护继电器的作用是保护起动机并控制充电指示灯。复合继电器共有6个接线柱,标记分别是"S""B""E""SW""N""L"(或"起动机""蓄电池""搭铁""点火开关""中性点""指示灯"),其中"S"与起动机电磁开关连接,"B"与蓄电池正极连接,"E"接线柱搭铁;"SW"与点火开关连接,"N"接线柱与发电机中性点接线柱连接;"L"接线柱可以与充电指示灯(图中未画出)连接,通过保护继电器触点控制充电指示灯。在复合继电器 6 中,起动继电器线圈的一端接"SW"接线柱,由点火开关 7 控制与蓄电池正极连接,另一端经过保护继电器的常闭触点 5、"E"接线柱搭铁;保护继电器的线圈由发电机中性点电压直接控制。

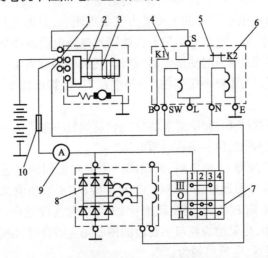

图 2-23　装有组合继电器的起动机控制电路

1-主接线柱;2-吸引线圈;3-保持线圈;4-起动继电器触点;5-保护继电器触点;6-组合继电器;7-点火开关;8-硅整流发电机;9-电流表;10-熔断器

3. 工作原理

起动时,将点火开关置于起动位置,复合继电器的起动继电器线圈电路接通,电流路径为:

蓄电池"+"→主接线柱 1→熔断器 10→电流表 9→点火开关 7→组合继电器"SW"接线柱→起动继电器线圈→保护继电器触点→组合继电器"E"接线柱→搭铁→蓄电池"-"。

在电磁力作用下起动继电器触点闭合,于是接通电磁开关中吸拉线圈和保持线圈的电路,使电磁开关动作,起动机带动发动机运转。

发动机起动后,放松点火开关,点火开关将自动退出起动位置,切断起动继电器线圈电流,起动机主电路切断,在复位弹簧的作用下拨叉带动单向离合器复位,使驱动齿轮与飞轮齿圈分离,起动过程结束。

发动机起动后,若点火开关仍处于起动挡,起动机将会自动停止运转。这是因为发动机正常运转后,交流发电机电压已经建立起来,发电机中性点电压加在保护继电器的线圈上,其电路为:发电机中性点→组合继电器接线柱 N→保护继电器线圈→组合继电器接线柱 E→搭铁→发电机"-"。保护继电器线圈产生的电磁吸力使其常闭触点打开,切断了起动继电器线圈的电路,于是起动继电器的触点打开,电磁开关的线圈断电,起动机停止工作。

发动机正常工作过程中,由于保护继电器的触点已经打开,使起动继电器线圈无法搭铁。所以,即使由于误操作而将点火开关转至起动位置,起动机电磁开关也不会通电,起动机主电路就不能接通,从而防止了起动机齿轮和飞轮齿圈的撞击,对起动机起到保护作用。

第五节　起动机预热装置

在寒冷的冬季,由于气温低、燃油雾化困难,需用预热装置对进入汽缸的空气、可燃混合气、冷却水或润滑油(机油)进行预热,保证发动机冬季能够迅速起动。

一、电热塞

1.结构

电热塞又称为电预热塞,如图2-24所示。

螺旋形电阻丝用铁镍铝合金制成,一端焊接在中心螺杆上,另一端焊接在用耐高温不锈钢制成的发热体钢套的下部。中心螺杆用高铝水泥胶合剂粘接固定在陶瓷绝缘体上。绝缘体与壳体之间采用旋压工艺封装,并借旋压预紧力将陶瓷绝缘体、发热体钢套、密封垫圈和壳体互相紧压在一起。在发热体钢套内,还填充有绝缘性能和导热性能好,而且耐高温的氧化铝填充剂。热塞壳体上带有一个密封垫圈,能够起到密封作用。电热塞的中心螺杆用导线并通过专门设置的预热开关连接到蓄电池上。

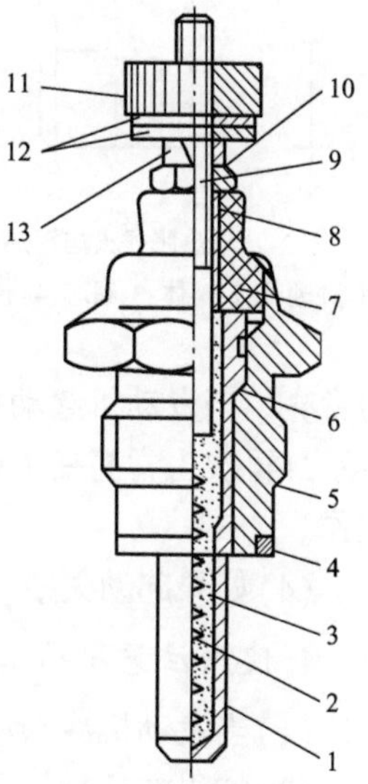

2.使用

在寒冷季节起动发动机之前,先接通预热开关使电热塞的电阻丝电路接通,发热体钢套很快就会红热,使汽缸内空气的温度升高,从而提高压缩终了时汽缸内的空气温度,使喷入汽缸的柴油容易点燃。

电热塞通电时间应不超过1min。发动机起动后,为了延长电热塞的使用寿命,应立即断开预热开关将电热塞电路切断。如果发动机起动失败,应在停止1min后,再接通电热塞电路进行第二次起动。否则,也会缩短电热塞的使用寿命。

密封式电热塞的电阻丝安装在发热体钢套内部。这种电热塞结构牢固,寿命较长。因此,柴油发动机广泛采用。

图2-24　电热塞结构
1-发热体钢套;2-电阻丝;3-填充剂;4、6-密封垫圈;5-壳体;7-绝缘体;8-胶合剂;9-螺杆;10、11-螺母;12、13-垫圈

二、火焰预热塞

火焰预热塞又称为火焰预热器,安装在进气管内,其功用是预热进气的气流,从而提高压缩终了时空气的温度。

1.结构

火焰预热塞分为热胀式和电磁式两种。其中,热胀式火焰预热塞应用较广,结构如图2-25所示。

阀体由线膨胀系数较大的金属材料制成。其内部为空腔结构,空腔的一端为进油孔,另一端设有内螺纹,阀芯下端的外螺纹旋在阀体的内螺纹中,上端的锥形尖端在预热塞不工作

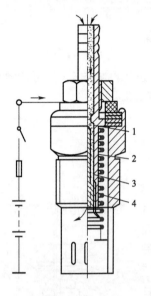

图2-25 热胀式火焰预热塞
1-进油孔;2-阀体;3-阀芯;4-电阻丝

时将进油孔堵死。

2. 工作原理

当起动柴油发动机时,接通预热塞开关,蓄电池便对电阻丝供电,炽热的电阻丝加热阀体,使其受热伸长,并带动阀芯向下移动,进油孔开启,由油箱送来的柴油经进油孔流入阀体的内腔而受热汽化。当汽化后的柴油从阀体的内腔喷出时,就会被炽热的电阻丝点燃形成火焰,火焰使进气气流预热后,压缩终了的气流温度就会升高,以便发动机顺利起动。当预热塞开关断开时,电路切断,电热丝变冷,阀体冷却收缩,阀芯上移而堵住进油孔,火焰熄灭,预热停止。

3. 使用

(1)接通预热系统电源开关(该开关设置在熔断器旁边),此时仪表盘上的预热指示灯点亮。

(2)接通电源约50s后,预热指示灯由点亮转为闪烁,此时即可接通起动开关起动发动机。

(3)当起动机带动发动机旋转时,预热指示灯将由闪烁变为常亮。当发动机起动成功且起动机停止工作时,预热控制器将再一次向预热器供电,预热指示灯再次由常亮变为闪烁状态,发动机进入暖机状态。暖机结束后,预热系统将自动停止工作。

(4)如果起动失败,预热系统将自动间隔至少5s后,再次投入预热状态。

4. 使用注意事项

(1)当发动机冷却液温度超过23℃±5℃时,火焰预热系统将不会投入工作。

(2)如果在预热指示灯尚未进入闪亮时就进行起动操作,火焰预热系统将自动退出工作。如果在预热指示灯闪烁30s以上仍未开始进行起动操作,火焰预热系统将自动停止工作。若需再次使用预热系统预热,必须在先断开预热系统电源开关,再接通电源开关之后,预热系统才能重新投入工作。

(3)在正常工作时,为保护整个预热装置,一定要断开预热装置的电源开关。环境温度低于-25℃时,火焰预热装置辅助起动性能达不到最佳状态。可用起动液喷射装置辅助起动,但严禁同时使用起动液喷射装置和进气预热装置。

三、起动液喷射装置

起动液喷射装置包括起动液压力喷射罐和喷嘴两部分,如图2-26所示。起动液压力喷射罐内充有压缩氮气和易燃气体(如乙醚、丙酮、石油醚等),罐口设有一个单向阀,喷嘴安装在发动机的进气管内。

当低温起动柴油发动机时,将喷射罐倒立,使罐口对准

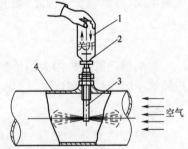

图2-26 起动液喷射装置
1-起动液喷射罐;2-单向阀;3-喷嘴;4-进气管

喷嘴上端的管口。轻压起动液喷射罐,即打开喷射罐口处的单向阀,起动液通过单向阀、喷嘴喷入发动机的进气管,并随进气管内的空气一起被吸入燃烧室。由于起动液是易燃燃料,故其可在较低的温度和压力环境下迅速着火,从而点燃喷入燃烧室的柴油。

四、PTC 预热器

陶瓷预热器是利用陶瓷半导体材料的电阻值随温度变化而变化的特性制成。根据热敏电阻的特性不同,热敏电阻可分为正温度系数热敏电阻 PTC、负温度系数热敏电阻 NTC 和临界温度热敏电阻 CTR 三种类型。正温度系数热敏电阻 PTC 的电阻值随温度升高而增大;负温度系数热敏电阻 NTC 的电阻值随温度升高而减小;临界温度热敏电阻 CTR 的阻值以某一温度(称为临界温度)为界,高于此温度时阻值为某一水平,低于此温度时阻值为另一水平。

1. 结构

PTC 陶瓷预热器安装在进气歧管的进气口上,在起动发动机之前,接通预热器电阻电路,预热器发热,加热进入汽缸前的空气,从而改善发动机的起动性能。PTC 陶瓷预热器结构如图 2-27 所示。

2. 使用

PTC 陶瓷预热器预热系统的使用方法基本相同,方法如下:

(1)预热器在 -40～5℃ 之间的环境温度下起动柴油发动机时使用。

(2)接通仪表盘上的预热开关,预热绿色指示灯发亮,表示预热开始。

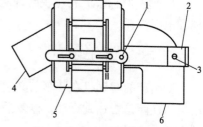

图 2-27 PTC 陶瓷预热器结构
1-节气门拉杆;2-节气门拉线支架;3-搭铁螺栓;4-进气端;5-预热器;6-出气端

(3)预热时间设定为 6min,当预热时间达到 6min 时,绿色指示灯开始闪烁,蜂鸣器也开始鸣叫,此时即可接通起动开关起动发动机。

(4)若发动机起动成功,则应立刻断开预热开关。如一次起动不成功,可在 15s 后重复进行起动操作。

(5)预热器断电保护时间设定为 12min。当预热结束 12min 时,无论发动机是否起动,只要驾驶员未断开预热开关,预热控制器自动切断预热器电源,蜂鸣器也将停止鸣叫,预热指示灯将由闪烁转为常亮,提示驾驶员及时断开预热开关。

3. 使用注意事项

(1)应避免进气预热器与冷起动液同时使用。

(2)车辆每天工作时间较短,导致蓄电池充电不足时,应根据蓄电池存电情况谨慎使用进气预热器。

(3)在预热系统工作正常的情况下,如发动机多次起动未能成功,则应检查起动转速和供油系统工作是否正常。

(4)若在环境温度极低的情况下使用预热器起动发动机时,不要将加速踏板踩到底,以防发动机起动后转速迅速升高造成油路系统供油不足而熄火。

第六节　起动机使用与试验

一、起动机的正确使用

在使用起动机时应当注意以下几点：

(1)尽量保持蓄电池处于保持充足电状态,提高蓄电池电动势,减小内电阻。

(2)起动时,蓄电池、起动开关、搭铁线等连接可靠。

(3)每次起动时间不得超过5s,两次起动间隔时间不得小于15s。

(4)冬季应做好蓄电池的保温工作,起动发动机时,应对发动机预热后,再使用起动机起动。

(5)使用起动机时,应挂空挡或踏下离合器踏板。

(6)应定期对起动机进行全面维护和检修,使起动机始终保持完好的技术状态。

(7)发动机起动后,尽快断开起动开关,停止起动系统的工作,减少起动机空转造成的磨损和电能消耗。

二、起动机的试验

新生产的起动机在装车前必须在专用试验台上进行空载性能和全制动性能试验确定起动机的性能是否达到标准。修复后的起动机,也要进行性能试验确定起动机的性能是否达到标准。

1.空载性能试验

起动机空载试验的目的是检验起动机是否有电气故障和机械故障。其主要是通过测量空转转速和空转电流来判断起动机有无故障。

将起动机固定在试验台上,按照如图2-28所示的方法接线。在试验过程中起动机不带负载,接通电源,测量起动机在空载时的电流值、转速,并与相对应型号起动机的标准值进行比较。如电流和转速均低于标准值,而蓄电池电充足,表明导线连接点内部有接触不良或换向器接触不良及电刷接触面、电刷弹簧压力过小。若电流大于标准值而转速低于标准值,表明起动机装配过紧或电枢绕组、磁场绕组内有短路或搭铁故障。

空载试验时,起动机应该运转均匀平稳,换向器上无火花。同时,应注意每次试验时间不得超过1min,以免电枢绕组过热而损坏。

2.起动机全制动试验

起动机制动试验的目的是测出起动机在完全制动工况下所消耗的电流(制动电流)及所产生的制动转矩,以判断起动机是否有电气故障和机械故障。主要是通过测量全制动时的电流和转矩来判断起动机有无故障。

全制动试验如图2-29所示。起动机装在试验台上,杠杆的一端夹紧起动机的驱动齿轮,另一端挂在弹簧秤上。试验时接通起动机电路,观察在制动状态下单向离合器是否打滑,并记下电流表和弹簧秤的读数,正常情况下,其值应符合标准值。如测得转矩小于标准值而电流大于标准值,则表明磁场绕组和电枢绕组中有短路或搭铁故障。若转矩和电流都小于标准值,表明起动机内部线路中有接触不良故障。如驱动齿轮锁止而电枢轴仍缓慢转动,说明单向离合器有打滑现象。注意:全制动试验每次通电时间不能超过5s,以免损坏起动机和蓄电池。

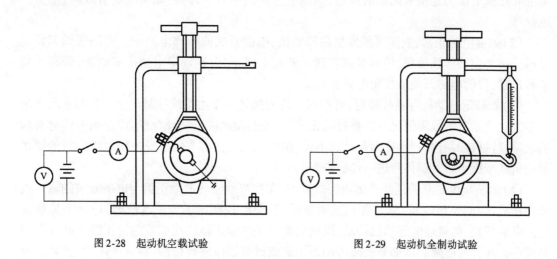

图2-28 起动机空载试验　　　　　　图2-29 起动机全制动试验

第七节　起动系统常见故障及诊断排除

各型工程机械起动系统常见故障有起动机不转、起动机空转、起动机运转无力和驱动齿轮与飞轮齿圈不能啮合而发出撞击声。

一、起动机不转

1.现象

当点火开关打到ST挡时,起动机不转动。

2.常见原因

(1)蓄电池严重亏电或蓄电池正、负极柱上的电缆接头松动或接触不良,甚至脱落。

(2)起动继电器的触点不能闭合或烧蚀、沾污而接触不良或线圈断路。

(3)电动机电磁开关的吸引线圈和保持线圈有搭铁、断路、短路现象;主触点严重烧蚀或触点表面不在同一平面内,使接触盘不能将两个触点有效地接通。

(4)直流电动机内部的励磁绕组或电枢绕组有断路、短路或搭铁故障;换向器严重烧蚀或电刷弹簧压力过小或电刷在电刷架中卡死而导致电刷与换向器接触不良;电刷引线断路或绝缘电刷(即正电刷)搭铁。

(5)外部线路有短路、断路或接头松脱。

3.故障诊断与排除方法

各类型工程机械起动系统故障的诊断与排除方法基本相同。出现起动机不转故障时,检查与判断方法如下：

(1)接通工程机械前照灯或喇叭，若前照灯发亮或喇叭响，说明蓄电池存电较足，故障不在蓄电池；若前照灯灯光变暗或喇叭声音变小，说明蓄电池亏电，应拆下充电或更换一个电量充足的蓄电池；若灯不亮或喇叭不响，说明蓄电池或电源线路有故障，应检查蓄电池搭铁电缆和正极电缆的连接有无松动脱落，如电缆松动脱落拧紧即可；如蓄电池有故障，需更换或修理。

(2)如蓄电池正常，故障可能发生在起动机、电磁开关或外部电路中。可用螺丝刀将起动机的两个主接线柱接通，使起动机空转。若起动机不转，则确定电动机有故障；若起动机空转正常，说明电磁开关或控制电路有故障。

(3)如确定电动机存在故障时，可根据螺丝刀搭接两个主接线柱时产生火花的强弱来进一步判别电动机的故障情况。若搭接时无火花，说明励磁绕组、电枢绕组或电刷引线等有断路故障；若搭接时有强烈火花而起动机不转，说明起动机内部有短路或搭铁故障。一般要将起动机从车拆下将其解体后进一步检修。

(4)诊断是电磁开关还是外部电路故障时，可用导线将蓄电池正极与电磁开关的输入接线柱接通(时间不超过3~5s)，如接通时起动机不转，说明电磁开关有故障，应拆下检修或更换电磁开关；如接通时起动机转动，说明电磁开关的输入接线柱至蓄电池正极之间外部线路或点火开关有故障。这部分故障可用万用表或试灯逐段进行诊断，找到故障后，更换相应的导线或开关。

二、起动机运转无力

1. 现象

将点火开关置于起动挡或起动按钮接通，起动机转速太慢而不能使发动机起动。

2. 常见原因

(1)蓄电池存电不足或有短路故障使其供电能力降低或蓄电池极柱松动、氧化或腐蚀，使其不能正常供电。

(2)电磁开关故障，如接触盘与主接线柱烧蚀或有油垢造成接触不良。

(3)直流电动机内部故障，如换向器脏污或烧蚀，电刷磨损严重造成接触不良；励磁绕组或电枢绕组局部短路使起动机输出的功率降低。

3. 故障诊断与排除方法

(1)检查蓄电池的技术状况是否良好。如果存电不足，应及时充电；如内部故障，更换或进一步检修。

(2)检查蓄电池极柱是否松动、氧化或腐蚀。如极柱松动，拧紧即可；如极柱氧化或腐蚀，拆下清除干净后重新拧紧。

(3)如果蓄电池和主电路连接正常而起动机仍转动无力，用足够粗的导线将起动机的两个主接线柱短接，如果起动机运转正常，说明主接线柱与接触盘接触不良，应进行除垢、打磨、调整或更换直至排除故障；如果起动机仍转动无力，说明故障在电动机内部，应进行拆解检修或更换。

三、起动机空转

1. 现象

将点火开关置于起动位置后,起动机高速转动,而发动机不转动。

2. 常见原因

(1)单向离合器打滑。

(2)飞轮齿圈或驱动齿轮损坏。

(3)拨叉折断或连接处脱开。

3. 故障诊断与排除方法

(1)检查拨叉连接处是否脱开或折断。如果拨叉连接处脱开,装复即可;如果拨叉折断,更换拨叉。如果拨叉正常,进行下一步检查。

(2)将发动机飞轮转过一个角度,重新进行起动。如果空转现象消失,说明飞轮齿圈有缺齿,应更换飞轮齿圈。如果空转现象仍在,说明是单向离合器打滑,应更换单向离合器或拆解修理。

四、起动机异响

1. 现象

起动机工作时发出不正常的响声。

2. 常见原因

(1)主电路接通过早。当驱动齿轮与飞轮齿圈尚未啮合或刚刚啮合时,电动机主电路就已接通,由于驱动齿轮在高速旋转过程中与静止的飞轮齿圈撞击,因此会发出强烈的打齿声。

(2)飞轮齿圈或驱动齿轮损坏。

(3)蓄电池严重亏电或内部短路。

(4)电磁开关中的保持线圈断路或搭铁或断路。

3. 故障诊断与排除方法

接通起动开关,仔细辨别起动时的声响。根据不同声响,再做进一步检查,查出故障原因后采取相应措施。

(1)如果起动时发动机不转,而起动机发出"哒、哒……"声,可用万用表检测蓄电池电压。如电压过低(低于9.6V),说明蓄电池严重亏电或内部短路,应予更换新蓄电池。如蓄电池技术状况良好,则说明电磁开关保持线圈搭铁不良而断路或起动继电器断开电压过高,应分别检修或更换电磁开关、起动继电器即可排除故障。

(2)如果起动时发出强烈的打齿声,可能是主电路接通过早或飞轮齿圈、驱动齿轮损坏。首先检查和调整电磁开关的接通时间,若故障无法消除,说明飞轮齿圈或驱动齿轮损坏,更换飞轮齿圈或驱动齿轮。

实训一　起动机拆装与检测

一、目的和要求

(1)加深对起动机结构的认识和工作原理的理解。

(2)熟悉起动机拆装操作顺序,为检测、调整、维护打好基础。

(3)要求学生独立进行全部拆装、检测工作。

二、器材和设备

起动机、扳手、螺丝刀、万用表、电枢检测仪等。

三、项目及步骤

1.电磁式起动机的分解

(1)准备好起动机、扳手、螺丝刀等,并清除起动机外部的油垢。

(2)拆下电磁开关固定螺钉、取下电磁开关总成。

(3)拆下电动机轴承盖、穿通螺栓和电刷架固定螺钉,取下换向器端盖。

(4)适当移动电刷架位置,以便检测电刷弹簧压力,并拆下电刷总成。

(5)拆下磁场线圈与电动机壳体总成。

(6)拆下拨叉支点螺栓,取下移动叉、电枢总成和离合器。

(7)拆下电枢轴上的限位卡环,将电枢总成与离合器分离。

(8)将解体后的部件清洗干净,仔细观察个部件的结构,用手正、反向扭转离合器,观察、体会其单向传力性;注意电枢绕组、励磁绕组、离合器与电刷等部件,只能用棉纱蘸少量汽油擦拭,其余部件可用汽油清洗。

2.起动机主要部件的检修

1)励磁绕组的检修

励磁绕组的检修主要是检查有无断路、搭铁和短路故障。

(1)励磁绕组断路的检修。断路故障一般都是磁场线圈与电刷引线连接部位焊点松脱或虚焊所致,可用万用表或220V交流试灯进行检查测量励磁绕组的引线端头和正电刷的导通情况,方法如图2-30所示。用两只表笔分别连接励磁绕组的引线端头和正电刷,正常情况下,试灯应当发亮或万用表指示的阻值应当接近于零。如试灯不亮,或阻值为无穷大,说明励磁绕组断路。维修此类故障时先用钢丝钳夹紧连接部位,然后用200W/220V电烙铁将连接点焊牢即可。

(2)励磁绕组搭铁的检修。起动机励磁绕组搭铁故障可用万用表或220V交流试灯进行检查,测量励磁绕组的引线端头和起动机壳体导通情况,方法如图2-31所示。用两只表笔分别连接励磁绕组引线端头和起动机壳体,正常情况下,万用表应不导通或试灯应不发亮。如万用表导通或试灯发亮,说明磁场线圈绝缘损坏而搭铁,需要更换励磁线圈或起动机。

（3）励磁绕组短路的检修。检查励磁绕组短路故障可用图2-32所示方法进行。当开关接通时（不超过5 s），用螺丝刀检查每个磁极的电磁吸力是否相同。如某一磁极吸力明显低于其他磁极的吸引力，说明该磁极上的磁场线圈匝间短路。磁场线圈一般不易发生短路，如有短路故障则需重新绕制或更换起动机。

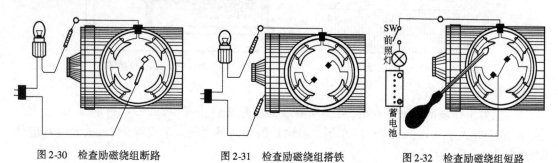

图2-30　检查励磁绕组断路　　　图2-31　检查励磁绕组搭铁　　　图2-32　检查励磁绕组短路

2）电枢的检修

电枢的检修主要是检查电枢绕组有无断路、搭铁和短路故障以及电枢轴是否弯曲现象。

（1）电枢绕组断路的检修。起动机电枢绕组采用截面积较大的矩形导线绕制，因此一般不易发生断路故障。若有断路发生，通过外观检查即可判断。发现断路时，可用200W/220V电烙铁焊接进行修复。

（2）电枢绕组搭铁的检修。电枢绕组搭铁故障可用万用表或220V交流试灯进行检查，测量电枢铁芯与换向片之间的导通情况，方法如图2-33所示。用两只表笔分别连接电枢铁芯与换向片，正常情况下，万用表应不导通，或试灯应不发亮。如万用表导通或试灯发亮，说明电枢绕组搭铁，需要更换电枢总成。

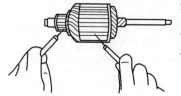

图2-33　检查电枢绕组搭铁

（3）电枢绕组短路的检修。电枢绕组流过电流较大，当绝缘纸烧坏时就会导致绕组匝间短路。除此之外，当电刷磨损的铜粉将换向片间的凹槽连通时，也会导致绕组短路。电枢绕组短路故障只能利用电枢检验仪进行检查，方法如图2-34所示。

先将电枢放在检验仪的U形铁芯上，并在电枢上部放一块钢片（如锯条），然后接通检验仪电源，再缓慢转动电枢一周，正常情况下，钢片应不跳动。如钢片跳动，说明电枢绕组有短路故障。由于绕制电枢绕组的导线截面积较大，因此绕线形式均采用波形绕法，所以当换向器有一处短路时，钢片将在四个槽上出现跳动现象。当同一个线槽内的上、下两层线圈短路时，钢片将在所有槽上出现跳动现象。当短路发生在换向器片之间时，可用钢丝刷清除换向片间的铜粉即可排除。当短路发生在电枢线圈之间时，只能更换电枢总成。

（4）电枢轴弯曲度的检查。起动机的电枢轴较长，如果发生弯曲，电枢旋转时就会出现与磁极发生摩擦扫膛的现象，从而影响起动机的正常工作。因此在检修起动机时，应当使用百分表检查电枢轴的弯曲度，方法如图2-35所示，其径向圆跳动应不大于0.15mm，否则应校正或更换电枢总成。

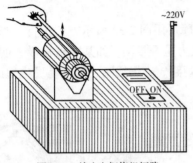

图 2-34　检查电枢绕组短路

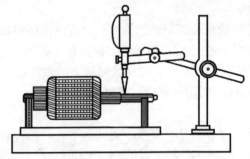

图 2-35　检查电枢轴的弯曲

3）换向器的检修

换向器工作表面应平整光滑,当换向器表面有轻微烧伤时,用细砂纸打磨即可,严重烧蚀,圆度误差大于 0.025mm 时,应车削。换向片的径向厚度须大于或等于 2mm,云母片应低于换向片 0.4~0.8mm。

4）传动机构的检修

拨叉应无变形、断裂和松旷等现象。缓冲弹簧应无锈蚀,弹力正常。检查单向离合器时应一手捏住离合器壳体,另一手转动驱动齿轮,沿顺时针方向转动驱动齿轮时能被锁止;沿逆时针方向转动齿轮时正常情况下应能灵活自如地转动,否则应予更换新品。

5）衬套间隙的检修

电枢轴的各轴径与衬套的配合间隙和衬套与机壳孔的配合应符合表 2-2 的规定,若间隙过小应用铰刀铰孔;若间隙过大,应更换衬套后再绞削配合。

一般起动机轴与铜套的配合间隙　　　　　　　　　　　　　　　表 2-2

名　称	标准间隙（mm）	允许最大间隙（mm）	铜套外圆与孔的过盈（mm）
前端盖铜套	0.04~0.09	0.18	0.08~0.18
后端盖铜套	0.04~0.09	0.18	0.08~0.18
中间轴承支撑板铜套	0.085~0.15	0.25	0.08~0.18
驱动齿轮铜套	0.03~0.09	0.25	0.08~0.18

6）电刷与电刷架的检修

电刷的高度应符合技术要求,新电刷的高度一般为 14mm,其使用的极限高度为标准高度的 2/3,小于极限值时,应更换电刷。电刷在刷架内不应有卡住现象,电刷与换向器的接触面积不应小于其表面积的 75%,否则需要对其进行研磨。

用弹簧秤测量电刷架弹簧的弹力。正常情况下,一般为 11.7~14.7N。如果弹力不够,可以向螺旋相反的方向扳动,以增加弹力,若此法无效,应更换弹簧。

电刷架的绝缘情况用交流试灯或万用表欧姆挡检查。如绝缘电刷架搭铁,则应更换绝缘垫后重新铆接。

7）电磁开关的检修

电磁开关的吸引线圈和保持线圈可用万用表测量线圈的电阻值进行检查。

(1)接触盘表面和触点检修。检查电磁开关接触盘与触点之间接触是否良好,可将活动铁芯的引铁推到极限位置,用万用表的欧姆挡测量电动机开关两主接线柱之间的电阻值,正常情况下,其阻值应为零,如不符合要求,应分解电磁开关进行修复。如果接触盘表面和触点有轻微烧蚀可用砂纸打磨,严重烧蚀应予以修复和更换。

(2)吸引线圈和保持线圈的检修。用万用表的欧姆挡检查其电阻值,如果电阻为无穷大,说明线圈断路。如果线圈已经断路或短路,应该重新绕制,重绕时导线的直径、匝数及绕线方式应与原来相同。

(3)电磁开关的测试如图 2-36 所示的方法接线,将电磁开关装回起动机,并在起动机驱动齿轮与限位垫圈之间放一垫块,模拟驱动齿轮与飞轮齿圈啮合状态,然后闭合开关,逐渐升高电压,至试灯发亮,此时的电压为电磁开关的闭合电压。随后逐渐调低电压,直到电磁开关释放、试灯熄灭,该瞬间的电压是电磁开关的释放电压,正常情况下,释放电压不应大于标准电压的 40%。起动继电器的触点闭合电压和释放电压值见表 2-3。

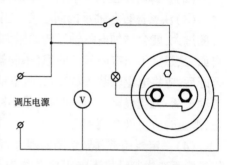

图 2-36　电磁开关吸放性能测试

电磁开关触点的闭合和断开电压　　　　表 2-3

名　　称	6V 系统	12V 系统	24V 系统
触点闭合电压(V)	3.5~4	6~7.6	14~16
触点释放电压(V)	1.5~2.5	3~5.5	4.5~8

(4)电磁开关断电能力的检查。当起动机处于制动状态时,切断电源,正常情况下,其主触点应可靠断开,否则说明电磁开关有故障,应予以检修。

8)起动继电器的检修

继电器触点不应烧蚀,并接触良好,否则应打磨或调整。

9)组合继电器的检修

分别检查组合继电器中的起动继电器和保护继电器的闭合电压和释放电压,正常情况下,测得值应符合标准,否则应予以调整。国产组合继电器的主要性能见表 2-4。

组合继电器主要性能参数　　　　表 2-4

型号	额定电压(V)	起动继电器			保护继电器	
		闭合电压(V)	释放电压(V)	瞬时电流(A)	闭合电压(V)	释放电压(V)
JD136	12	5~6.6	≤3	75	4.5~5.5	≤3
JD236	24	10~13.2	≤6	35	9~11	≤3
JD171	12	≤7	≤1.5	75	4.5~5.5	≤2
JD271	24	≤14	≤3	35	9~11	≤4

3.起动机的组装

起动机的组装程序随其形式不同而不尽相同,但基本原则都是按与分解时相反顺序进行组装。

组装起动机的一般步骤是:先将离合器和拨叉装入后端盖内,再装轴中间的支撑板,将电枢轴插入后端盖内,装上电动机壳体和电刷端盖,并用长螺栓将其连紧,然后装上电刷和防尘罩;电磁开关的组装顺序可先亦可后。

四、拆装过程注意事项

(1)拆装过程一定要按规定程序进行,有问题应及时向指导老师报告,不得盲目拆装。

(2)拆卸时不能丢失和损坏零部件;装复时一定要正确安装零部件,不能漏装或装错。

(3)注意检查各轴承的同心度。当电枢轴由 3 个轴承支撑时,往往不易同心。若其不同心度过大,就会增加电枢轴运转的阻力。检查的方法是:各轴颈与各铜套配合时,既能转动自如,又感觉不出有明显的间隙(中间轴承间隙可稍大一点儿)。中间轴承支撑与后端盖结合好后,应将电枢轴装入试转,此时电枢轴应转动自如。装上前端盖后,再次转动电枢,也应转动灵活,无明显阻力,否则为轴承不同心。发现轴承不同心时,轻者可以修刮轴承进行校正,严重时应更换个别铜套。

(4)一定要用带弹簧垫圈的螺钉固定中间轴承支撑板。否则,工作中支撑板振动会使螺钉松脱而造成起动机不能正常工作,甚至损坏起动机。

(5)磁极与电枢铁芯间应有 0.8 ~ 1.8mm 间隙,其最大不应超过 2mm,切不可有相互碰刷现象。

(6)电枢轴轴向间隙不宜过大,一般为 0.2 ~ 0.7mm,其间隙不当时,可改变轴前端或后端垫圈的厚度进行校正。

实训二　起动系统故障诊断与排除

一、目的和要求

(1)分析起动系统常见的故障现象。

(2)进行起动系统常见故障的诊断和排除。

(3)加深对起动系统的认识,培养学生独立分析问题、排除故障的能力。

二、器材和设备

起动机、扳手、螺丝刀、试灯、万用表、导线、起动系故障车等。

三、项目及步骤

1.起动系统常见故障现象的认识

教师在车上设置故障,使学生对起动系的常见故障现象有直观认识。

2.起动系统常见故障的诊断与排除

(1)学生回避,教师在车上设置某种故障。

(2)学生根据所学知识,运用所学方法进行故障诊断。

(3)确定故障原因后,提出建议,经指导教师同意后,采取排除措施。

(4)重新起动,进行验证,看故障是否消失。

(5)如果故障仍在,重复步骤(2)(3)(4),直至故障消失。

四、注意事项

(1)操作应在指导老师的指导下完成。

(2)一定要按正确的操作规程进行。

复习思考题

一、名词解释

1.起动

2.串励式直流电动机

二、填空题

1.电起动机一般由( )、( )和( )三部分组成。

2.按总体结构不同,起动机可分为( )( )和( )三种类型。

3.起动机采用的离合器形式有( )、( )和( )三种。

4.按传动机构啮入方式不同,起动机可分为( )、( )、( )和( )四种类型。

5.电热塞的结构主要由( )、( )、( )和( )等组成。

三、判断题(对的打"√",错的打"×")

( )1.直流电动机是将电能转变为电磁力矩的装置,它是根据带电导体在磁场中受到电磁力作用这一原理制成的。

( )2.直流电动机的电枢总成其作用是产生机械转矩。

( )3.引起动机中的换向器是将交流电变成直流电的部件。

( )4.永磁式起动机以永磁材料为磁极,由于起动机中无励磁绕组,故可使起动机结构简化,体积和质量都可相应减小。

( )5.起动机励磁绕组和起动机外壳之间是导通的。

( )6.常规起动机中,吸拉线圈、励磁绕组及电枢绕组是串联连接。

( )7.起动机中的传动装置只能单向传递力矩。

( )8.在起动机起动的过程中,吸拉线圈和保持线圈中一直有电流通过。

( )9.在永磁式起动机中,电枢是用永久磁铁制成的。

( )10.减速起动机中的减速装置可以起到减速增矩的作用。

( )11.减速起动机中直流电动机的检查方法和常规起动机完全不同。

( )12.用万用表检查电刷架时,两个正电刷架和外壳之间应该绝缘。

( )13.起动机电枢装配过紧可能会造成起动机运转无力。

四、选择题(单项选择)

1. 发动机起动时,曲轴的最初转动是( )。
   A. 由一外力去驱动飞轮齿圈而产生的
   B. 借助活塞与连杆的惯性运动来实现的
   C. 借助汽缸内的可燃混合气燃烧和膨胀做功来实现的

2. 起动机进行全制动试验时,若转矩和电流值都小,则表明起动机( )。
   A. 内部搭铁短路　　　　　　B. 负载过小　　　　　　C. 内部接触电阻过大

3. 在检查起动机运转无力的故障时,短接起动机电磁开关两主接线柱后,起动机转动仍然缓慢无力,其原因是( )。
   A. 起动机传动机构有故障
   B. 起动机电磁开关有故障
   C. 蓄电池存电量不足

4. 起动机技术状态完好,其运转无力的原因是( )。
   A. 蓄电池亏电　　　　　　B. 蓄电池没电　　　　　　C. 蓄电池充足电

5. 直流串励式起动机中的串励是指( )。
   A. 吸拉线圈和保持线圈串联连接
   B. 励磁绕组和电枢绕组串联连接
   C. 吸拉线圈和电枢绕组串联连接

6. 下列不属于起动机控制装置作用的是( )。
   A. 使活动铁芯移动,带动拨叉,使驱动齿轮和飞轮啮合或脱离
   B. 使活动铁芯移动,带动接触盘,使起动机的两个主接线柱接触或分开
   C. 产生电磁力,使起动机旋转

7. 起动机空转的原因之一是( )。
   A. 蓄电池亏电　　　　　　B. 单向离合器打滑　　　　　　C. 电刷过短

8. 不会引起起动机运转无力的原因是( )。
   A. 吸拉线圈断路　　　　　　B. 蓄电池亏电
   C. 换向器脏污　　　　　　D. 电磁开关中接触片烧蚀、变形

9. 起动机驱动轮的啮合位置由电磁开关中的( )线圈的吸力保持。
   A. 保持
   B. 吸引
   C. 初级
   D. 次级

五、简答题

1. 简述起动机型号为 QD124 的意义。
2. 简述起动机空转的原因。
3. 简述直流电动机的工作原理。
4. 简述滚柱式单向离合器的工作原理。
5. 简述减速起动机的主要特点。

6.常规起动机由哪几个部分组成？各起什么作用？

7.直流电动机由哪几个部分组成？各起什么作用？

8.简要说明单向离合器的作用。

9.简要说明起动机控制装置的作用。

10.起动系统的常见故障有哪些？

11.影响起动机输出功率的因素主要有哪些？

12.电磁式起动机的分解步骤有哪些？

第三章　点火系统

知识目标

1. 能描述点火系统的作用和工作原理。
2. 能描述点火系统类型及工作特点。
3. 能描述电子点火系统的故障诊断。

能力目标

1. 能在车上识别点火系统的主要电气元件。
2. 能读懂点火系统电路图。

第一节　概　述

一、点火系统的作用

在汽油发动机中,汽缸内的可燃混合气是靠高压电火花点燃的,而电火花是由点火系来产生的。点火系的作用就是将蓄电池供给的低压电转变为高压电,并按照发动机的做功顺序与点火时刻的要求,适时准确地将高压电送至各缸的火花塞,使火花塞跳火,点燃汽缸内的混合气。

二、对点火系统的要求

1. 能产生足以击穿火花塞间隙的电压

使火花塞电极间产生火花的电压称为击穿电压。击穿电压的大小与火花塞间隙的大小、汽缸内混合气体的压力和温度、电极的温度和极性以及发动机的工作状况有关。

为了保证可靠点火,点火系统必须有足够的电压储备,以保证其在任何工况下都能确保点火成功,但过高的电压又会带来绝缘困难,成本升高。一般将击穿电压限制在30000V以内。

2. 电火花应具有足够的能量

要使发动机汽缸内的混合气可靠点燃,火花塞产生的火花必须具有足够的能量。正常情况下,发动机在汽缸压缩冲程结束时,其内部混合气的温度已接近自燃温度,所需要的点火花能量很小,一般有1~5mJ即可。发动机在怠速、加速时,则需较大的点火能量,一般应大于50mJ,且火花持续时间约500μs。当发动机起动时需要的点火能量更高,一般要大于100mJ。

3.点火时间应与发动机各种工况下的要求相适应

不同缸数发动机都有相应的点火顺序,点火系应按发动机的工作顺序进行点火。一般六缸发动机的点火顺序为1-5-3-6-2-4 或 1-4-2-6-3-5;一般四缸发动机的点火顺序为1-2-4-3 或1-3-4-2;V 型八缸发动机的点火顺序为 1-8-4-3-6-5-7-2。

另外,为了获得最大输出功率,点火系统应在汽缸内的最佳条件下点火,也就是选择一个最佳时刻点火,一般用活塞到达上止点之前的曲轴转角表示,称为最佳点火提前角。不同发动机有不同的最佳点火提前角,同一台发动机的最佳点火提前角还与其转速、负荷、压缩比、汽油的辛烷值、汽缸内混合气成分、进气压力、起动和怠速等工况有关。

三、点火系的分类

若按点火系统电能来源不同分,有蓄电池点火系统和磁电机点火系统两类。蓄电池点火系统由蓄电池或发电机供给低压直流电提供电能,借助点火线圈和断电器将其变为高压电,再由配电器、导线送到各缸火花塞上,在其电极间放电,产生电火花。磁电机点火系统的电能则由磁电机本身直接产生高压提供电能。磁电机产生低压电流不需要另设低压电源,在与其组合成一体的点火线圈、断电器和配电器的配合下完成点火功能。

蓄电池点火系统多用于四冲程汽油发动机,磁电机点火系统多用于二冲程汽油发动机以及不带蓄电池的摩托车发动机。蓄电池点火系统根据工作方式的不同,又可分为传统点火系统、普通电子点火系统和微机控制点火系。本章只介绍蓄电池点火系统。

第二节　传统点火系统

一、传统点火系统的组成

传统点火系统的组成和工作原理如图 3-1 所示。

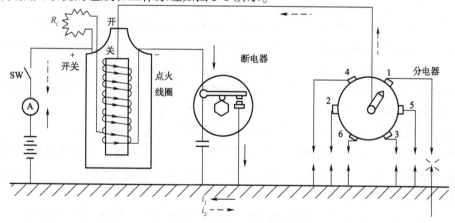

图 3-1　传统点火系统组成和工作原理

1. 电源

作为电源的蓄电池或发电机供给点火系所需的电能。

2. 点火线圈

蓄电池或发电机提供的电压一般只有 12(24)V,如此低的电压很难击穿火花塞电极的间隙产生电火花。点火线圈的作用是将蓄电池低压转变为 15~20kV 的点火高压,其工作原理类似自耦变压器,所以也称为变压器。

3. 分电器

分电器由断电器、配电器、电容器及点火提前机构等组成,其作用是保证点火系统按发动机的要求,实现有规律的点火,以便发动机正常工作。

4. 火花塞

火花塞的作用是将点火系统产生的高压电引入发动机的汽缸燃烧室,在电极之间产生电火花,点燃混合气。

5. 点火开关

点火开关的作用是控制点火系的初级电路,同时也控制充电系的励磁电路,起动机电路及由点火开关控制的所有用电设备。

二、传统点火系统的工作原理

发动机工作时,其输出轴同时带动断电器的凸轮和配电器的分火头一起旋转。断电器的凸轮转动时,将控制其触点交替地闭合、打开。当点火开关 SW 闭合,断电器触点也闭合时,点火线圈初级绕组将有电流流过,其流向为:蓄电池" + "→电流表→点火开关 SW→点火线圈" + "→附加电阻 R_f→初级绕组→点火线圈" − "→断电器触点→搭铁→蓄电池" − "。由于点火线圈的初级绕组有电流流过,使铁芯中产生了磁场。

当断电器的凸轮使其触点断开时,点火线圈初级绕组断路,点火线圈初级电流突然减小。根据电磁感应原理,处于同一铁芯上的点火线圈初级绕组、次级绕组将产生感应电动势,由于点火线圈次级绕组的匝数远远多于初级绕组,因此其上产生可达 15~20kV 的感应电动势。如此高的感应电动势引到火花塞,足以击穿其电极间隙产生电火花,并点燃汽缸内的混合气。次级感应电流的路径为:点火线圈次级绕组下端→附加电阻 R_f→点火线圈" + "接线柱→点火开关 SW→电流表→蓄电池→搭铁→火花塞电极→分缸高压导线→配电器侧电极→配电器分火头→中央高压导线→点火线圈次级绕组上端。在发动机输出轴控制下,每当断电器产生一次点火高压时,配电器的分火头都会随着转到点火顺序规定的点火位置。断电器随发动机转动一周,配电器按规定顺序对发动机各缸依次点火一次。

断电器触点断开时,点火线圈初级绕组同样会产生感应电动势。由于该线圈匝数较少,产生的感应电动势不是很大,有 200~300V。200~300V 的感应电动势在断电器触点间放电,会加速触点的烧蚀。为避免该情况发生,在断电器触点间并联一个电容器,其作用就是当触点断开时,减小触点间的点火花,防止触点烧蚀;同时吸收初级绕组的自感电动势,使初级电流迅速切断提高次级电压。

第三节　电子点火系统

一、电子点火系统概述

1.电子点火系统组成

电子点火系统主要由火花塞、分电器、点火信号发生器、点火线圈、点火控制器等组成，如图3-2所示。

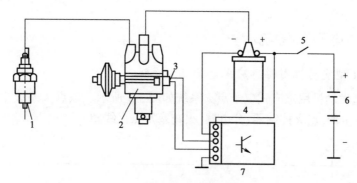

图3-2　电子点火系统基本组成

1-火花塞；2-分电器；3-点火信号发生器；4-点火线圈；5-点火开关；6-蓄电池；7-点火控制器

点火控制器是一个电子开关电路，其功能相当于传统点火系统中的断电器。点火信号发生器装在分电器内，当相应汽缸处于点火时刻时，它会按顺序发出一个脉冲信号，该脉冲信号控制点火控制器的通断，以便接通或断开点火线圈的初级电路。

2.电子点火系统分类

根据储能方式的不同，电子点火系统可分为两类：电感式电子点火系统和电容式电子点火系统。目前使用的较多的是电感式电子点火系统。

根据点火信号产生的方式，电子点火系统可分为触点式和无触点式。触点式电子点火系统的点火信号仍由断电器产生，与断电器有关的缺陷仍不能克服，目前已很少使用。无触点式点火系统也称全晶体管点火系统，其主要特点是点火信号由各种无触点方式产生，是目前广泛使用的点火系统。

按点火信号产生的原理来分，无触点式点火系统有以下几种类型：

(1)磁感应式无触点点火系统，国内外普遍使用，如丰田车系。

(2)霍尔效应式无触点点火系统，西欧车辆和部分美国车辆使用，如大众车系。

(3)光电效应式无触点点火系统，使用较少，如日产车系。

(4)电磁振荡式无触点点火系统，使用较少。

3.电子点火系统的优点

电子点火系统是在传统点火系统的基础上发展而产生的，因此它的功能与传统点火系统完全相同，但点火性能却有很大提高，其主要优点表现在以下几个方面：

(1)由于电子点火系统无触点，因此不存在与触点相关的缺陷。

（2）由于没有触点电流的限制，因此可适当增大初级电流，减小初级绕组的匝数，相应减小了初级绕组的电感和电阻，于是使初级电流上升更快，再加上三极管开关速度是断电器无法相比的，因此，次级电压高且稳定，火花能量大。由于次级电压上升时间缩短，对火花塞积炭不再敏感，点火可靠性进一步提高。电子点火系统适应了高速、高压缩比及燃用稀混合气的现代新型发动机的需要，它可使发动机的冷起动性、动力性和燃料经济性得以提高，而且排气污染下降。

（3）由于电子电路设计、制造都很方便，因此，在电子点火系统中很方便地增加其他功能，如恒流控制电路、闭合角控制电路、点火正时控制电路等，进一步提高电子点火系统的点火性能。

二、磁感应式电子点火系统

1. 丰田 20R 型发动机用磁感应式电子点火系统

丰田 20R 型发动机用感应式电子点火系统如图 3-3 所示。该点火系统主要组成部分有磁感应式信号发生器、点火控制器、分电器、火花塞及点火线圈。

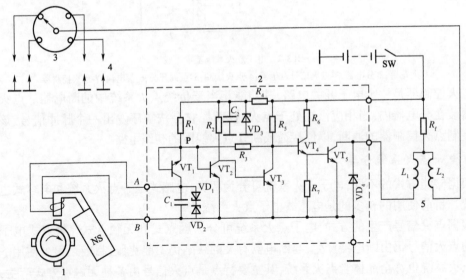

图 3-3　丰田 20R 型发动机用磁感应式电子点火系统

1-磁感应式点火信号发生器；2-点火控制器；3-分电器；4-火花塞；5-点火线圈

1）磁感应式信号发生器

磁感应式信号发生器由信号转子、传感线圈、铁芯、永久磁铁等组成。其作用是产生信号电压，送给点火系控制器，通过点火控制器来控制点火系的工作，其工作过程如图 3-4 所示。

永久磁铁和铁芯固定在分电器内，传感线圈绕在铁芯上，信号转子由分电器轴带动，其上的凸齿数与发动机缸数相同。当信号转子随分电器轴一同转动时，其中某凸齿靠近永久磁铁时磁路磁阻减小，传感线圈中的磁通增加；当该凸齿离开永久磁铁时，磁路磁阻增大，传感线圈中的磁通减少。由于传感线圈中的磁通随凸齿转动不断变化于是有感应电动势产生，其大小与磁通变化率成正比。

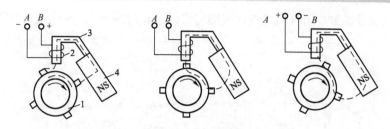

图 3-4 磁感应式信号发生器的组成和工作原理
1-信号转子；2-传感线圈；3-铁芯；4-永久磁铁

2）点火控制器

点火控制器的内部电路如图 3-3 中 2 所示。图中的三极管 VT_2 构成点火信号检出电路，三极管 VT_3、三极管 VT_4 及三极管 VT_5 构成开关放大电路。

点火开关 SW 闭合后，蓄电池经 R_4、R_1 为三极管 VT_2 提供基极电流，使三极管 VT_2 导通。三极管 VT_2 的导通导致三极管 VT_3 截止，蓄电池经 R_5 为三极管 VT_4 提供基极电流，使三极管 VT_4 导通，随后三极管 VT_5 导通。于是，点火线圈初级绕组中有电流流过。

点火信号发生器的输出电压在 P 点与该点的直流电位叠加。当点火信号发生器的输出电压为正值时，两者叠加后仍维持三极管 VT_2 导通。若点火信号发生器的输出电压为负值，两者叠加后不能维持三极管 VT_2 导通时，则其截止。此后，连锁反应使三极管 VT_5 截止。点火线圈初级绕组断电，次级绕组产生很高的感应电压，经分电器分配至各缸火花塞点火。转子每转一圈，各缸依次按点火顺序点火一次。三极管 VT_1 与 VT_2 型号相同，其基极与发射极短路，相当于一个二极管，其作用是为 VT_2 进行温度补偿。当温度升高时，VT_2 的导通电压会降低，导致其提前导通、滞后截止，因此，导致点火滞后。由于温度特性基本相同的 VT_1 与 VT_2 并联，所以当温度升高时，VT_1 的管压降也下降，则 P 点的电位下降，正好补偿了温度升高对 VT_2 的影响，保证 VT_2 的导通、截止时间基本不变，点火时间也与常温时相同。

反向串联的稳压二极管 VD_1、VD_2 并接在传感线圈两端，其作用是"削平"高速时传感线圈产生的大信号波峰，保护三极管 VT_1 与 VT_2。

稳压二极管 VD_3 的作用是稳定 VT_1 与 VT_2 的电源电压。稳压二极管 VD_4 则是保护 VT_5。

电容 C_1 用来消除传感线圈输出电压波形中的毛刺，防止误点火。电容 C_2 则使电源电压更平稳，防止误点火。

电阻 R_3 是正反馈电阻，可加速 VT_2、VT_4 与 VT_5 翻转，缩短它们的翻转时间，减少发热量，降低温升。

2. 东风 EQ1090 型汽车用感式电子点火系统

该磁感应式电子点火系统由磁感应式信号发生器、JKF667 型点火控制器、点火线圈、火花塞等组成。磁感应式信号发生器与前述相同，下面着重介绍一下 JKF667 型点火控制器的电路及工作原理。

JKF667 型点火控制器的电路如图 3-5 所示。点火开关 SW 闭合，蓄电池经电阻 R_4 为三极管 VT_1 提供基极电流，使其导通。此后，其集电极 G 点电位降低，使三极管 VT_2、VT_3 截止，尽管点火开关 SW 闭合，点火线圈初级绕组也不会有电流流过。因此发动机停车时，蓄电池不会因点火开关 SW 闭合而经点火线圈初级绕组长时间放电,导致点火线圈过热。

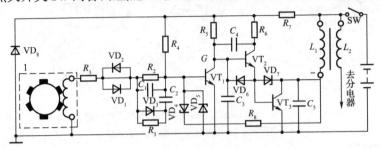

图 3-5　JKF667 型点火控制器电路

当发动机运转时,信号转子随分电器转动,点火信号发生器便产生感应电压脉冲信号。当传感线圈输出的电压脉冲信号为负值时,电流经蓄电池"+"、SW、R_7、R_4、R_2、VD_2、R_1、传感线圈、搭铁、蓄电池"−"形成回路,VD_2 导通,导致 VT_1 因发射结反向偏置而截止。VT_1 集电极 G 点电位升高,使三极管 VT_2、VT_3 导通,于是点火线圈初级绕组便有电流通过。当传感线圈输出的电压脉冲信号为正值时,该信号电压经 R_1、VD_2、R_2 传到 VT_1 基极与蓄电池共同作用使 VT_1 导通,VT_1 集电极 G 点电位迅速降至 0V,使三极管 VT_2、VT_3 迅速截止。点火线圈初级绕组电流被切断,点火线圈次级绕组 L_2 感应出很高的感应电动势,经分电器分配到相应汽缸的火花塞,使其产生电火花。

该点火控制器除上述基本点火功能外,还具有点火能量控制、闭合角控制及各种校正和保护的功能。

电阻 R_7 和稳压二极管 VD_8 组成点火能量控制电路。使电路的工作电压稳定在 6V 左右。当电源电压低于 10V(如发动机起动时),VT_1 导通,使三极管 VT_2、VT_3 截止。稳压二极管 VD_5 截止,VT_1 的基极电流由 R_4 供给,VT_1 处于临界饱和状态,其触发灵敏度很高,有很弱的信号输入时,也能使 VT_1 翻转。这就保证了三极管 VT_3 的导通时间,点火线圈初级绕组则能够存储足够的磁场能量,提高了发动机起动的可靠性。若电源电压高于 10V,稳压二极管 VD_4 导通,VT_1 的基极电流由 R_4、R_8 共同供给,则 VT_1 的基极电流增加,VT_1 的饱和程度增加,灵敏度减小,缩短了 VT_3 的导通时间,使点火线圈初级绕组存储的磁场能量减少。这样,电源电压发生变化时,由稳压二极管 VD_4 和 R_8 组成的反馈电路,使三极管 VT_1 的静态工作点稳定在要求的范围内,点火能量不随电源电压波动而变化。

该图中的电阻 R_2 和电容 C_1 组成一个加速电路。当点火信号前沿到来的瞬间,C_1 可看作短路,VT_1 的瞬间基极电流可以很大,因而很快导通。随着 C_1 的充电,由其供给 VT_1 的基极电流逐渐减少。当 C_1 充满电后,VT_1 的基极电流完全靠 R_2 提供。当点火信号脉冲后沿到来时,C_1 通过 R_2 放电,R_2 上形成一个左"+"右"−"的电压,该电压加在 VT_1 的发射结上,形成一个负偏压,使 VT_1 很快截止。在 C_1、R_2 的作用下,VT_1 的开关速度被加快,使 VT_1 的输出波形更接近于方波,改善了点火性能。

传统点火系统中,分电器凸轮在断电器触点闭合时间内转过的角度 β,称为分电器的触点闭合角。电子点火系统中,在末级大功率三极管饱和导通时间内,分电器轴转过的角度也称为闭合角。该角度实际上是导通角,但习惯上仍称为闭合角。对于四冲程发动机,若分电器转速为 $n(\text{r}/\text{min})$,则闭合角与闭合时间的关系为:

$$t_b = \frac{\beta}{(360 \times n/60)} = \frac{\beta}{6n}$$

该式表明,当 β 为常量时,t_b 与 n 成反比,即点火线圈初级电路的导通时间与转速成反比。当发动机转速较低时,点火线圈导通时间较长,会造成点火线圈过热,末级功率三极管功率损失大,不但浪费电能,而且容易使点火线圈和功率三极管损坏。而发动机转速较高时,点火线圈初级电路导通时间过短,初级电路电流达不到规定值,导致发动机断火。

JKF667 型点火控制器电路中用二极管 VD_3、电容 C_2、电阻 R_3 等元件组成闭合角控制电路。当点火信号发生器输出正脉冲信号时,电流经电阻 R_1、二极管 VD_1、VD_3 给 C_2 充电,同时,三极管 VT_1 导通,VT_2、VT_3 截止。而当点火信号发生器输出负脉冲时,脉冲信号经 $VD_5 \rightarrow R_2 \rightarrow VD_2 \rightarrow R_1$ 构成回路。与此同时,充满电的 C_2 经 $R_3 \rightarrow VD_2 \rightarrow R_1 \rightarrow$ 传感线圈 $\rightarrow VD_5 \rightarrow C_2$ 和 $R_3 \rightarrow R_2 \rightarrow C_2$ 两条支路放电,并与传感线圈产生的信号一起控制三极管 VT_1 的截止时间。当发动机转速较低时,由于脉冲电压较低,C_2 充满后的电压也低则其放电时间也较短,三极管 VT_1 的截止时间亦短,VT_2、VT_3 导通时间也短,闭合角较小。信号脉冲电压随发动机转速升高而增大,C_2 充满后的电压增高,放电时间延长,三极管 VT_1 的截止时间变长,VT_2、VT_3 导通时间也变长,闭合角也变大。因此,闭合角受到控制,改善了点火性能。

电容 C_3 是一只小容量滤波电容,用来滤除三极管导通或截止的一瞬间产生的高频自激振荡,从而防止了电路自激,提高了电路工作的稳定性。

三极管 VT_3 的集电结并联了一个耐压 400V 的稳压二极管 VD_7,以防止浪涌电压将其击穿。C_5 用来吸收点火线圈初级绕组的自感电动势,也是为了保护三极管 VT_3。二极管 VD_6 用来保护三极管 VT_2 的发射结。

3. 解放 CA1092 型汽车用感应式电子点火系统

该系统由 WFD663 型磁感应式点火信号发生器、6TS2107 型电子点火控制器、JDQl72 型高能点火线圈和火花塞等组成,如图 3-6 所示。

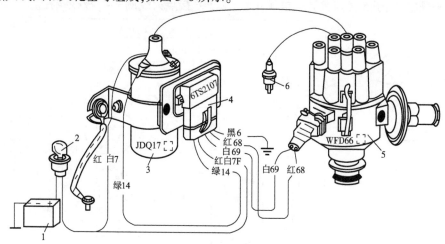

图 3-6 解放 CA1092 型车磁感应电子点火系统组成

1-蓄电池;2-点火开关;3-点火线圈;4-电子点火控制器;5-磁感应式点火信号发生器;6-火花塞

图 3-7 示出了 WFD663 型磁感应式分电器内点火信号发生器的结构,主要由信号转子、传感线圈、定子、永磁片等组成。传感线圈和底板固定在分电器壳内,定子、永磁片和导磁板

用铆钉铆合后,套在底板的轴套上,并受真空提前机构拉杆控制。信号转子与定子上均有与发动机缸数相同的六个凸齿。永磁片一个表面为 N 极,另一个表面为 S 极。闭合的磁路由永磁片的 N 极→定子→定子凸齿与转子之间的空气气隙→转子→传感线圈的铁芯→导磁板→永磁片的 S 极构成。

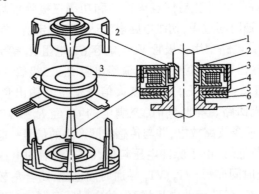

图 3-7 磁感应式点火信号发生器

1-转子轴;2-信号转子;3-传感线圈;4-定子;5-磁性永磁片;6-导磁板;7-底板

当转子由分电器轴带动旋转时,转子凸齿与定子凸齿间的气隙将发生周期性变化,使穿过传感线圈的磁通量也相应发生周期性变化,于是传感线圈内便产生交变的感应电动势。信号转子每转一周,使可以感应线圈两端输出六个交变信号,其幅值与转速成正比。该交变信号作为点火触发信号提供给电子点火控制器。

6TS2107 型电子点火控制器是美国 MOTOROLA 公司生产的产品,内部由 89S01 型专用点火集成电路和功率三极管等外围元件组成,如图 3-8 所示。该控制器有六个接线端子,作用分别为:端子 1 搭铁;端子 2 和端子 3 为点火信号输入端,与点火信号发生器的输出端相接;端子 4 悬空;端子 5 接点火开关电源正极;端子 6 接点火线圈"－"极接线柱。

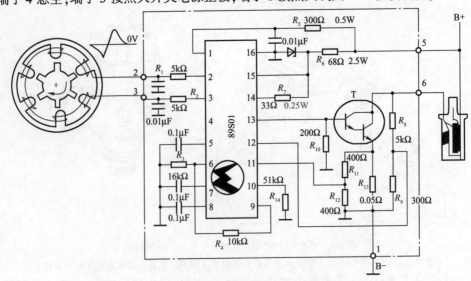

图 3-8 6TS2107 型电子点火控制器内部电路

该点火系统的基本工作原理为:点火信号发生器产生的点火信号通过端子2和端子3输入电子点火控制器,该信号经点火控制器整形、放大后,控制最后一级功率三极管(达林顿管)的通断,从而控制端子6和端子1之间的通断,即控制了点火线圈中初级电流通断,点火线圈次级绕组产生的高压电经分电器、高压线各缸火花塞,点燃混合气。

4. 感应式电子点火系统的特点

该点火系统的优点为结构简单、便于批量生产、工作性能稳定、适应环境能力强。目前几乎全部用专用集成电路及少量外围元件生产点火组件,体积小、重量轻。其缺点为点火信号发生器输出的点火信号电压幅值和波形,都受发动机转速影响很大,可在 $0.5\sim100V$ 之间变化;低速,特别是起动时,由于点火脉冲信号较弱,若与之配套的电子点火组件灵敏度较低,则点火性能变差,影响起动性能;转速变化时,点火信号波形的变化会使点火提前角和闭合角发生一定程度的变化,且不易精确控制。

三、霍尔效应式点火系统

1. 霍尔效应

将半导体基片置于磁场中,磁场中磁通 B 的方向与半导体基片垂直,如图3-9所示。当半导体基片通入电流 I,且 I 与磁通垂直时,半导体基片的相应端面会有电压产生。称该电势为霍尔电压,用 U_H 表示, U_H 的大小与 B 和 I 成正比,即:

$$U_H = \frac{R_H}{d} \times I \times B$$

式中:R_H——霍尔系数;

    d——半导体基片厚度;

    I——通过基片的电流;

    B——磁感应强度。

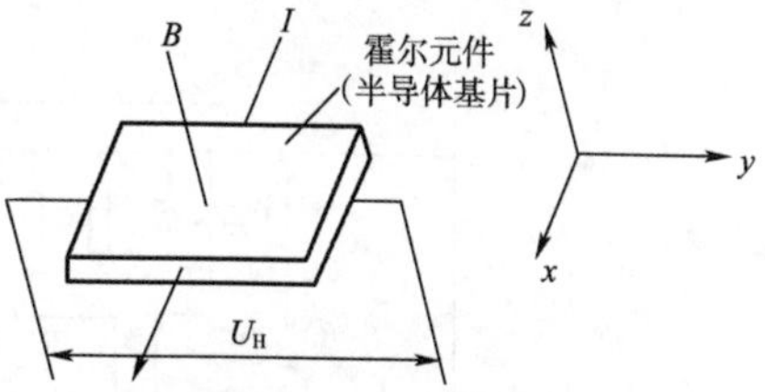

图3-9 霍尔效应原理图
I-电流;B-磁感应强度;U_H-霍尔电压

2. 电子点火控制器

如图3-10中的5所示是BOCSH公司早期用在霍尔信号发生器上的电子点火控制器,由三极管 VT_1、VT_2、VT_3 和一些电阻电容组成。当霍尔信号发生器输出高电平时,VT_1 导通,VT_2 和 VT_3 组成的复合管也饱和导通,点火线圈初级电路接通。若霍尔信号发生器输出为低电平,VT_1 截止,VT_2 和 VT_3 也截止,点火线圈初级电流被切断,则次级绕组产生点火高电压。

目前,上述单一功能的分立元件的点火电子组件已被集成电路点火电子组件所取代。意大利SGS公司的L497专用点火集成电路,其功能较全、性能优越、工作可靠、价格低廉,被广泛采用。图3-11是以L497专用点火集成电路为核心的电子点火控制器,基本点火功能与前述分立元件电子点火控制器基本相同。该电子点火控制器还有许多附加功能,有点火线圈限流保护功能、闭合角控制功能、电流上升率控制电路功能、停车慢断电保护电路功能、过电压保护电路功能以及其他保护电路功能。

3. 霍尔效应式电子点火系统的特点

由于霍尔式点火信号发生器输出的点火信号幅值、波形不受发动机转速影响,因而低速时点火性能好,利于发动机的起动;点火正时精度高,易于控制;另外,不需调整,不受灰尘、油污影响,工作性能更可靠、耐久,使用寿命长,所以霍尔效应式电子点火系在欧洲应用较为广泛。

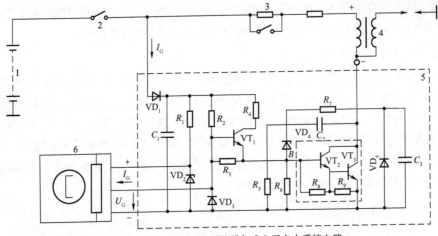

图 3-10 德国 BOCSH 公司的霍尔式电子点火系统电路

1-蓄电池;2-点火开关;3-附加电阻;4-点火线圈;5-电子点火控制器;6-霍尔式点火信号发生器

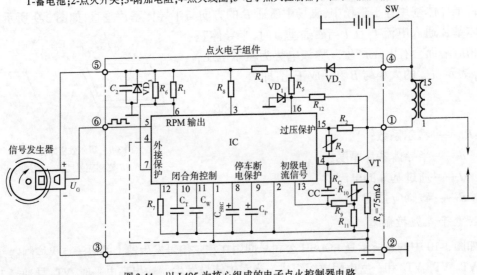

图 3-11 以 L495 为核心组成的电子点火控制器电路

四、电子点火系统的故障诊断与维修

若发动机不能起动而怀疑点火装置有问题时,可从分电器盖上拔下中央高压线,使其端部和机件保持 5 ~ 7mm 距离,然后起动发动机,若高压线与机件间有电火花产生,表明点火装置无问题,否则点火装置有问题,应予检查。点火装置有关的接线发生故障的可能性远比点火装置本身发生故障的可能性要大,因此首先应对它们进行检查,当确认接线无故障后,再检查点火装置本身。相关接线故障的检查方法与传统点火装置基本相同。

1.点火信号发生器的检修

1)磁感应式点火信号发生器的检修

将分电器与线束间的插接器断开,用万用表测量与分电器相连两根导线间的电阻,如

 94

图 3-12 所示。同时,还可用螺丝刀等工具轻敲传感器线圈或分电器外壳,以检查其内部有无接触不良的故障。若测量值与传感线圈标准电阻值(不同车型标准值是不同的,一般为几百至一千欧姆不等)相差较大,表明传感线圈可能损坏;若阻值为无穷大,说明线圈断路,一般断点大多在导线接头处,如焊点松脱等,这时可将传感线圈拆下进一步检查,若有松脱,将其焊牢。

对转子凸齿与线圈铁芯间的间隙的检查,可按图 3-13 所示的方法,用厚薄规测量间隙值。其标准值一般为 0.2~0.4mm,若超出该范围,可按图 3-14 所示,松开紧固螺钉 A、B,调整间隙到规定值后拧紧紧固螺钉。

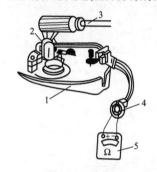
图 3-12 测量传感线圈的电阻值
1-分电器;2-传感线圈;3-螺丝刀;
4-插接器;5-万用表

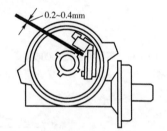
图 3-13 测量信号转子凸轮与传感
线圈之间的间隙示意

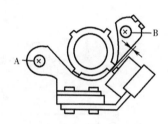
图 3-14 信号转子凸轮与传感线
圈铁芯间的间隙示意

检查信号发生器输出电压时,转动分电器轴,用万用表交流电压挡测量信号发生器输出,若有输出电压,且电压值与转速成正比,表明无故障;否则信号发生器有故障。

2)霍尔式点火信号发生器的检修

霍尔式点火信号发生器为有源器件,检修时需要接通电源。霍尔式点火信号发生器的检查方法如图 3-15 所示。首先检查点火信号发生器的电源电压是否正常。将直流电压表表笔正确接于分电器插接器"+""-"接线柱,接通点火开关,电压表的示值应接近蓄电池电压,为 11~12V;否则,说明点火控制器没有提供正常工作电压,应检查点火控制器。若电压表示值正常,可进一步检查信号发生器的输出电压。此时,应将点火开关接通,用电压表测量分电器信号输出线的电压。当触发叶轮的叶片在霍尔信号发生器的空气隙中时,电压表的示值应接近电源电压,为 11~12V;触发叶轮的叶片不在霍尔信号发生器的空气隙中时,电压表示值应接近于零,为 0.3~0.4V。若测量结果与上述相符,表明无故障;否则有故障。对其他类型的霍尔式点火信号发生器也可参照该方法检修。

2. 点火控制器的检修

1)干电池检测法

对于单功能、磁感应式点火控制器,可采用干电池检修法。

找一节干电池,用其电压作为点火控制器的点火输入信号,然后,用万用表或试灯来大致判断点火控制器的好坏。拆开分电器上的线路接插器,闭合点火开关。将干电池正极与点火信号输入线的粉红色线相接,负极与白色线相接,用万用表检测点火线圈"-"接线柱与搭铁间的电压,见图 3-16a)。然后将干电池正负极反接,重新用万用表检测点火线圈"-"接线柱与搭铁间的电压,见图 3-16b)。

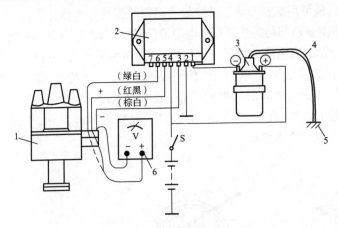

图 3-15　霍尔信号发生器的检查

1-分电器;2-点火控制器;3-点火线圈;4-高压线;5-搭铁;6-直流电压表

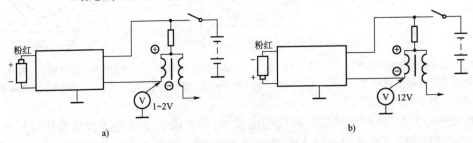

图 3-16　用干电池检查点火控制器

a)功率三极管导通;b)功率三极管截止

　　正常情况下,两次测量的结果应分别为 1~2V 和 12V,如与该结果不符,表明点火控制器有故障。若无万用表,也可用 12V 灯泡试验,灯泡接线方法与万用表相同,正常情况下,两次试验结果应是灯灭和灯亮,否则,点火控制器有故障。该法每次检测时间不要超过 10s。

　　2)跳火试验法

　　对于磁感应式电子点火系统,可将分电器盖拆下,然后拔出中央高压线,使其线端与机体保持 5~10mm 的距离。然后用螺丝刀类的导磁材料工具碰剐定子爪,若每次碰剐高压线端都跳火,说明点火控制器完好;否则,说明点火控制器有故障。

　　对于霍尔式电子点火装置,可打开其分电器盖,拆下分火头和防尘罩,转动曲轴,使触发叶轮的叶片不在点火信号发生器的空气气隙中。拔出分电器盖上的中央高压线,使其与机体保持 5~10mm 距离。闭合点火开关后,用适当形状的导磁材料迅速插入空气气隙后迅速拔出,若高压线端部跳火,说明点火控制器正常;否则,点火控制器有故障。还可以断开点火开关,拔出分电器盖上的中央高压线,使其与机体保持 5~10mm 的距离。拔下信号发生器的插接器,用跨接导线接在插头上。闭合点火开关后,将跨接线的另一端反复搭铁,若高压线端部跳火,说明点火控制器完好;否则,点火控制器有故障。

　　3)替换法

　　该方法是最简单的方法。即用相同型号的点火控制器替换怀疑有问题的点火控制器,若替换后一切正常,说明原点火控制器有问题。

第四节 微机控制点火系统

一、微机控制点火系统组成

微机控制点火系统主要由传感器、微机控制单元、执行器三部分组成,如图3-17所示。

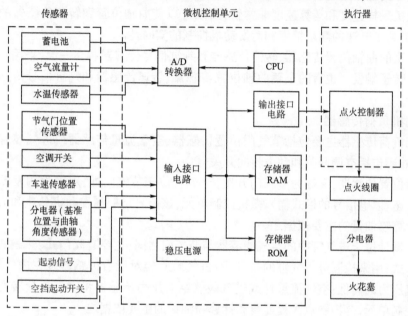

图3-17 微机控制点火系统

1.微机控制单元的组成及其作用

微机控制单元,简称ECU。一般由中央处理器CPU、只读存储器ROM、随机存储器RAM、模拟/数字转换器A/D、输入/输出接口I/O等组成。

微机控制单元的作用:根据各传感器输入的信号,计算确定最佳点火提前角和初级电路导通角,并将点火控制信号输送给点火控制器,通过点火控制器快速、准确地控制点火线圈工作。

2.传感器及其作用

微机控制点火系统的传感器主要包括发动机曲轴位置、转速传感器、判缸信号传感器、节气门位置传感器、空气流量传感器、进气歧管绝对压力传感器、水温传感器、爆震传感器、进气温度传感器、氧传感器等。

传感器的作用是将电信号或非电信号整理或转变为电信号的装置,为微机控制单元提供转速、节气门开度、负荷、冷却水温度、进气温度和流量、起动开关状态、蓄电池电压、废气中氧的含量等有关发动机工况和使用条件的各种信息。

各种车型点火系所用的传感器的形式、数量各不相同。

1)发动机曲轴位置、转速传感器和判缸信号传感器

发动机曲轴位置、转速传感器和判缸信号传感器可以装于曲轴前端或中部、凸轮轴前端或

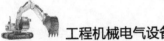

后端、飞轮上方或分电器内。常见的结构类型有光电效应式、磁感应式和霍尔效应式三种。

曲轴位置传感器用来反映活塞在汽缸中的位置,提供活塞上止点信号,以便确定各缸的点火时刻。

转速传感器向微机控制单元提供发动机转速(曲轴转角)信号,作为微机控制点火提前角、初级电路导通角与燃油喷射系统计算喷油量的主要依据。

判缸信号传感器用来区别到底是哪一个汽缸的活塞到达压缩行程上止点。

由于微机采样速度和运算速度非常快,所以可以使曲轴位置和转速传感器的采样间隔大大缩短,提高了转速的测量精度和对发动机控制的实时性。

多数车型的曲轴位置传感器、转速传感器和判缸信号传感器装在一起,采用一个或两个同轴的信号转子触发。也有的车辆曲轴位置传感器、转速传感器和判缸信号传感器分装在不同的位置。

2) 发动机负荷传感器

发动机负荷传感器主要包括节气门位置传感器、空气流量传感器或进气歧管绝对压力传感器,另外还包括空调开关和动力转向开关等。

节气门位置传感器,又称为节气门开度传感器,位于节气门处,用来检测发动机节气门的开度和状态,以电信号的形式输入微机控制单元,该信号是控制发动机怠速和大负荷点火提前角和计算喷油量的主要依据之一。

空气流量计位于进气管中的空气滤清器与节气门之间,主要有阀门式、热线式和卡门涡流式三种形式,用来检测进入气缸的空气量;进气歧管绝对压力传感器装在进气歧管上,用来检测进气压力的高低;空气流量计或进气歧管绝对压力传感器将空气流量转变为电信号输入微机控制单元,是控制点火提前角和计算喷油量的主要依据之一。

空调开关和动力转向开关等,向微机控制单元输入发动机负荷变化的信号,以便调整提前角。

3) 其他传感器

为改善发动机的工作性能,还增加了其他一些传感器,以修正点火正时。

水温传感器,安装在发动机水套上,多为负温度系数热敏电阻式,用来检测发动机冷却水的温度,水温信号是电脑修正点火正时的依据之一。

爆震传感器用于将汽缸体的振动信号转变为电信号并传送给计算机控制单元,以便发生爆震时推迟点火时间;无爆震现象时,微机控制单元维持点火提前角在接近爆震的数值,既可防止爆震,又可最大限度地发挥发动机的功率。爆震传感器有三类:一类为利用装于每个汽缸内的压力传感器检测爆震引起的压力波动,称为压力传感器型;一类为把一个或两个加速度传感器装在发动机缸体或进气管上,检测爆震引起的振动,称为壁振动型;另一类为燃烧噪声频谱分析型。压力传感器型对爆震的鉴别能力较强,检测精度较高,但制造成本也较高,可靠性较差,安装较困难,应用较少;燃烧噪声频谱分析型为非接触式,其耐久性也较好,但检测精度和灵敏度偏低,目前应用也较少;壁振动型虽然对爆震的鉴别能力低一些,但因其制造成本低、可靠性好、维修容易等优点而应用较广。

氧传感器,装在发动机排气管上,主要用于空燃比反馈控制,在为反馈控制空燃比提供依据的同时,还用于对点火提前角进行间接的反馈控制。

进气温度传感器,用来将空气的温度转变为电信号,以便微机控制单元准确计算空气质量,修正点火提前角(特别是大负荷时)和喷油量。

起动开关,向微机控制单元输入发动机起动信号,以便调整提前角。

另外,微机控制单元还不断检测蓄电池电压信号,作为控制初级电路导通角的主要依据之一。

3.执行器及其作用

执行器由点火控制器、点火线圈、分电器、火花塞等组成。

执行器的作用是根据微机控制单元发出的点火信号,点火控制器接通或切断点火线圈的初级电路,使相应汽缸的火花塞产生火花。

二、微机控制点火系工作原理

发动机工作时,CPU 通过上述传感器把发动机的工况信息采集到随机存储器 RAM 中,并不断检测凸轮轴位置传感器(即标志信号),判定是哪一缸即将到达压缩上止点。当接收到标志信号后,CPU 根据反映发动机工况的转速信号、负荷信号以及与点火提前角有关的传感器信号,从只读存储器中查询出相应工况下的最佳点火提前角。在此期间,CPU 一直对曲轴转角信号进行计数,判断点火时刻是否到来。当曲轴转角等于最佳点火提前角时,CPU 立即向点火控制器发出控制指令,使功率三极管截止,点火线圈初级电流切断,次级绕组产生高压,并按发动机点火顺序分配到各缸火花塞跳火点着可燃混合气。

上述控制过程是指发动机在正常状态下点火时刻的控制过程。当发动机起动、怠速或汽车滑行工况时,设有专门的控制程序和控制方式进行控制。

复习思考题

一、名词解释

1. 击穿电压
2. 最佳点火提前角
3. 分电器的触点闭合角 β
4. 霍尔电压 U_H

二、填空题

1. 汽油机汽缸内的可燃混合气是靠高压(　　)点燃的,而高压(　　)是由点火系来产生的。

2. 火花塞的作用是将点火系统次级绕组产生的高压电引入发动机的(　　),在两极之间产生(　　),点燃(　　)。

3. 磁感应式信号发生器由(　　)、(　　)、(　　)、(　　)等组成。

4. 磁感应式点火信号发生器的作用是产生(　　),送给(　　),通过(　　)来控制点火系的工作。

5. 微机控制点火系统主要由(　　)、(　　)、(　　)三部分组成。

三、选择题(单项选择)

1.为使汽油机发动机能在各种条件下点火起动,要求作用于火花塞两电极间的电压应为( )。

    A. 8000 ~ 9000 V   B. 9000 ~ 10000 V   C. 10000 V 以上

2.蓄电池点火系统的每一点火过程可以划分的三个阶段是( )。

    A. 触点闭合→火花放电→触点张开

    B. 触点闭合→触点张开→火花放电

    C. 触点张开→触点闭合→火花放电

四、简答题

1.对点火系统的基本要求是什么?

2.简述传统点火系统的组成。

3.简述传统点火系统的原理。

4.简述丰田20R型汽车的无触点点火系统的点火电子控制的基本工作原理。

5.简述电子点火系统的组成与分类。

6.简述感应式电子点火系统的特点。

7.简述霍尔效应式电子点火系统的特点。

8.简述微机控制点火系原理。

第四章　照明与信号系统

知识目标

1. 能描述前照灯的结构和工作原理。
2. 能描述闪光器、喇叭的结构、工作原理及接线端子的作用。
3. 能描述照明、信号电路的工作原理。
4. 能描述照明、信号电路常见故障现象。
5. 能根据电路分析常见故障原因。
6. 能描述照明、信号电路故障的排除方法。

能力目标

1. 能在车上识别照明、信号系统的主要电气元件。
2. 会正确使用检测仪器、仪表。
3. 能读懂照明、信号系统电路图。
4. 能根据照明、信号系统的电路分析故障原因。

第一节　照明系统

一、照明系统的组成及作用

工程机械照明系统主要由照明设备、电源(蓄电池或发电机)、控制电路(车灯开关、变光开关、雾灯开关、灯光继电器)和连接导线等组成(图4-1)。其作用是为了保证工程机械夜间作业或行车安全,提高工作效率。

二、照明设备的分类

根据安装位置,照明设备分为外部照明设备和内部照明设备。外部照明设备包括前照灯、雾灯、牌照灯等。内部照明设备包括顶灯、仪表灯、工作灯等。

三、各种照明设备的作用及安装位置

(1)前照灯:俗称大灯,用来照亮前方的道路或场地。装在工程机械头部的两侧,有两灯制和四灯制之分。

（2）雾灯：在有雾、下雪、暴雨或尘埃弥漫等情况下，用来改善照明情况。每车一只或两只，安装位置比前照灯稍低，一般离地面约50cm，射出的光线倾斜度大，光色为黄色或橙色（黄色光波较长，透雾性能好）。

（3）牌照灯：安装在车尾牌照的上方，用来照亮工程机械牌照号码。牌照灯灯光为白色。

（4）顶灯：作为内部照明使用，装在驾驶室内顶部。

（5）仪表灯：装在仪表板上，用来照明仪表。

（6）工作灯：用于夜间检修照明。一般只安装工作灯插座，并配备一只带一定长度导线的移动式灯具。

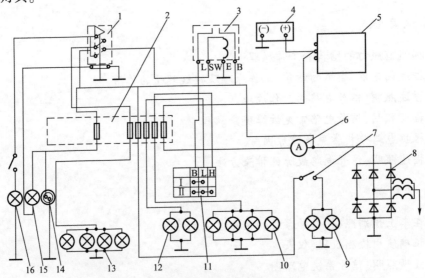

图 4-1　照明系统电路

1-车灯开关；2-熔断丝盒；3-灯光继电器；4-蓄电池；5-起动机；6-电流表；7-雾灯开关；8-硅整流发电机；9-雾灯；10-前照灯远光灯；11-变光开关；12-前照灯近光灯；13-仪表灯；14-工作灯插座；15-顶灯；16-发动机罩下灯

第二节　前　照　灯

在照明设备中，前照灯具有特殊的光学结构，其他灯在光学方面无严格要求。

一、前照灯应满足的要求

由于工程机械前照灯的照明效果直接影响着夜间作业安全和工作效率，故应满足如下要求：

（1）前照灯应保证车前有明亮而均匀的照明，使驾驶员能看清车前100m内路面或场地上的障碍物。

（2）前照灯应能防止炫目，以免夜间两车相会时，使对方驾驶员炫目，而造成事故。

二、前照灯的光学系统

前照灯的光学系统包括反射镜、配光镜和灯泡三部分。

1. 反射镜

反射镜结构:一般用 0.6~0.8mm 的薄钢板冲压而成,近年来已有用热固性塑料制成的反射镜。反射镜的表面形状呈旋转抛物面,如图 4-2 所示。其内表面镀银、铝或镀铬,然后抛光。由于镀铝的反射系数可以达到 94% 以上,机械强度也较好,故现在一般采用真空镀铝。

反射镜的作用:将灯泡的光线聚合并导向前方,使光度增强几百倍,甚至上千倍。由于前照灯的灯泡功率仅 40~60W,发出的光度有限。如无反射镜,只能照亮灯前 6m 左右的路面。而有了反射镜之后,使前照灯照距可达 150m 或更远,如图 4-3 所示。

图 4-2　半封闭式前照灯的反射镜

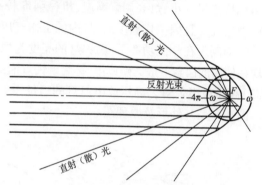

图 4-3　反射镜的聚光作用

2. 配光镜

配光镜又称散光玻璃,它是用透光玻璃压制而成,是很多块特殊的棱镜和透镜的组合,其几何形状比较复杂,外形一般为圆形和矩形,如图 4-4 所示。近年来已开始使用塑料配光镜,不但重量轻且耐冲击性能好。

配光镜的作用:将反射镜反射出的平行光束进行折射,扩大光线照射的范围,使前方有良好而均匀的照明。

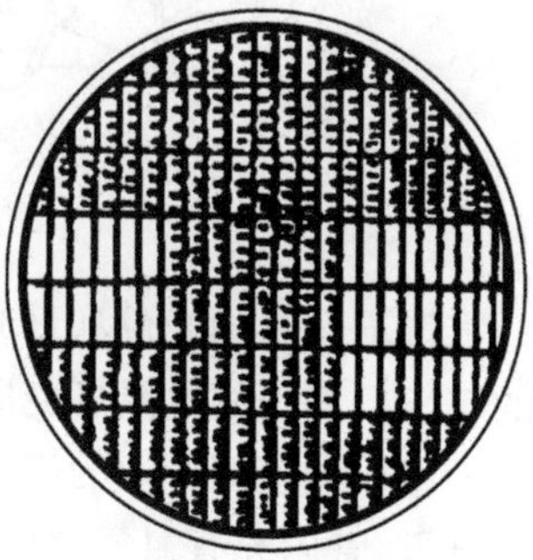

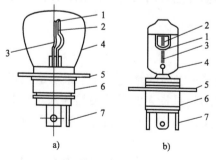

图 4-4　配光镜

3. 灯泡

目前工程机械前照灯的灯泡有下列三种:

(1)白炽灯泡。其灯丝用钨丝制成(钨的熔点高、发光强)。但由于钨丝受热后会蒸发,将缩短灯泡的使用寿命。因此制造时,要先从玻璃泡内抽出空气,然后充以约 86% 的氩和约 14% 的氮的混合惰性气体。在充气灯泡内,由于惰性气体受热后膨胀会产生较大的压力,这样可减少钨的蒸发,故能提高灯丝的温度,增强发光效率,从而延长灯泡的使用寿命。

为了缩小灯丝的尺寸,常把灯丝制成紧密的螺旋状,这对聚合平行光束是有利的,白炽灯泡的结构如图 4-5a)所示。

(2)卤钨灯泡。虽然白炽灯泡的灯丝周围抽成真空并充满了惰性气体,但是灯丝的钨仍然要蒸发,使

图 4-5　前照灯的灯泡

1-配光屏;2-近光灯丝;3-远光灯丝;4-灯壳;
5-定焦盘;6-灯头;7-插片

灯丝损耗。而蒸发出来的钨沉积在灯泡上,将使灯泡发黑。近年来,国内外已使用了一种新型的电光源——卤钨灯泡(即在灯泡内所充惰性气体中渗入某种卤族元素),其结构如图4-5b)所示。卤族元素(简称卤素)是指碘、溴、氯、氟等元素。

卤钨灯泡是利用卤钨再生循环反应的原理制成的。卤钨再生循环的过程是:从灯丝上蒸发出来的气态钨与卤素反应生成了一种挥发性的卤化钨,它扩散到灯丝附近的高温区又受热分解,使钨重新回到灯丝上,被释放出来的卤素继续扩散参与下一次循环反应,如此周而复始地循环下去,从而防止了钨的蒸发和灯泡的黑化现象。

卤钨灯泡尺寸小,灯壳用耐高温、机械强度较高的石英玻璃或硬玻璃制成,充入惰性气体的压力较高。且因工作温度高,灯内的工作气压会比其他灯泡高很多,钨的蒸发也受到更为有效的抑制。在相同功率下,卤钨灯的亮度为白炽灯的1.5倍,寿命长2~3倍。

现在使用的卤素一般为碘或溴,称为碘钨灯泡或溴钨灯泡。我国目前生产的是溴钨灯泡。

(3)高压放电氙灯。高压放电氙灯的组件系统包含弧光灯组件、电子控制器、升压器三部分。图4-6是其外形及原理图。

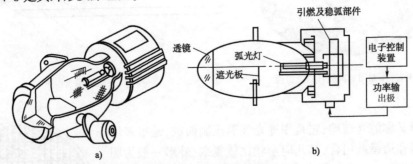

图4-6 高压放电氙灯外形和原理示意图

a)外形;b)原理示意图

灯泡发出的光色和日光灯非常相似,亮度是卤钨灯泡的3倍左右,使用寿命是卤钨灯泡的5倍。高压放电氙灯克服了传统灯泡的缺陷,几万伏的高压使得其发光强度增加,完全满足工程机械夜间作业的需要。这种灯的灯泡里没有灯丝,取而代之的是装在石英管内的两个电极,管内充有氙气及微量金属元素(或金属卤化物)。在电极加上数万伏的引弧电压后,气体开始电离而导电,气体原子即处于激发状态,使电子发生能级跃迁而开始发光,电极间蒸发少量水银蒸气,光源立即引起水银蒸气弧光放电,待温度上升后再转入卤化物弧光放电工作。

三、前照灯防炫目措施

正常情况下前照灯可均匀地照亮车前150m甚至400m以内的路面。如不采取适当措施,前照灯射出的强光会使迎面来车驾驶员炫目。所谓炫目,是指人的眼睛突然被强光照射时,由于视神经受刺激而失去对眼睛的控制,人将本能地闭上眼睛,或只能看到亮光而看不见暗处物体的生理现象。这时极易发生事故。

为了避免前照灯的炫目作用,保证工程机械夜间作业安全,一般在工程机械上都采用双丝灯泡的前照灯。灯泡的一根灯丝为"远光",另一根为"近光"。远光灯丝功率较大,位于反射镜的焦点;近光灯丝功率较小,位于焦点上方(或前方)。当夜间行驶无迎面来车时,接通远光灯丝,使前照灯光束射向远方,便于提高工作效率。当两车相遇时,接通近光灯丝,使光束倾向路面,从而避免造成迎面来车驾驶员的炫目,并使车前50m内的路面也照得十分清晰。

国内外生产的双丝灯泡的前照灯,按近光的配光不同,分为对称形和非对称形两种不同的配光制。

1. 对称形配光(SAE方式)

远光灯丝位于反射镜的焦点上,而近光灯丝则位于焦点的上方并稍向右偏移(从灯泡向反射镜看去)。其工作情况如图4-7所示。

当接通远光灯丝时,灯丝发出的光线经反射镜反射后,沿光学轴线平行射向远方,如图4-7a)所示。当接通近光灯丝时,灯丝发出的光线由反射镜反射后倾向路面,如图4-7b)所示,而射到反射镜 bc 和 b_1c,(由焦点平面 bb_1 到端面)上的光线反射后倾向上方,但倾向路面的光线占大部分,从而减小了对迎面来车的驾驶员的炫目作用。

美国、日本采用这一配光方式。

2. 非对称形配光(ECE方式)

远光灯丝位于反射镜的焦点处,近光灯丝位于焦点前方且稍高出光学轴线,其下方装有金属配光屏,工作情况如图4-8所示。由近光灯丝射向反射镜上部的光线,反射后倾向路面,而配光屏挡住了灯丝射向反射镜下半部的光线,故没有向上反射使对方驾驶员炫目的光线。

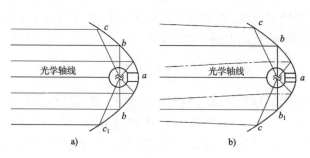

图4-7 对称形配光前照灯工作情况

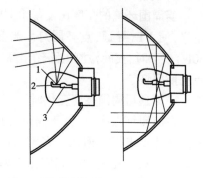

图4-8 装有金属配光屏的双灯丝工作情况
1-近光灯丝;2-配光屏;3-远光灯丝

四、前照灯的控制

为保证夜间作业的安全与方便,减轻驾驶员的劳动强度。近年来,出现了多种新型的灯光控制系统,常用的有自动点亮系统、光束调整系统、延时控制等。

1. 自动点亮系统

自动点亮系统的控制电路如图4-9所示。

当前照灯开关位于AUTO位置时,由安装在仪表板上部的光传感器检测周围的光线强度,自动控制灯光的点亮。其工作原理如下:

当车门关闭,点火开关处于ON状态时,触发器控制晶体管 VT_1 导通,为灯光自动控制器提供电源。

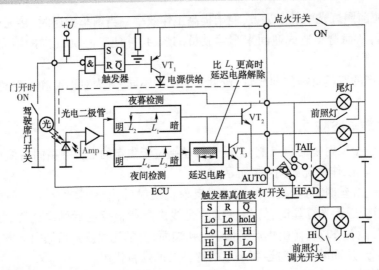

图 4-9　前照灯自动点亮系统的控制电路

1）周围环境明亮时

当周围环境的亮度比夜幕检测电路的熄灯亮度 L_1（约 550lx）及夜间检测电路的熄灯亮度 L_2（约 200lx）更亮时，夜幕检测电路与夜间检测电路都输出低电平，晶体管 VT_2 和 VT_3 截止，所有灯都不工作。

2）夜幕及夜间时

当周围环境的亮度比夜幕检测电路的点灯亮度 L_1（约 130lx）暗时，夜幕检测电路输出高电平，使 VT_2 导通，点亮尾灯。当变成更暗的状态，达到夜间点灯电路的点灯亮度 L_3（约 50lx）以下时，夜间检测电路输出高电平，此时，延迟电路也输出高电压，使晶体管 VT_3 导通，点亮前照灯。

3）接通后周围亮度变化时

在前照灯点亮时，由于路灯等原因使得周围环境变为明亮的情况下，夜间检测电路的输出变为低电平。但在延迟电路的作用下，在时间 T 期间，VT_3 仍保持导通状态，所以前照灯不熄灭。在周围的亮度比夜幕检测电路的熄灯照度 L_1 更亮的情况下（如白天工程机械从隧道中驶出来）夜幕检测电路输出低电平，从而解除延迟电路，尾灯和前照灯都立即熄灭。

4）自动熄灯

点火开关断开，使发动机停止工作时，触发器 S 端子断电处于低电平。但是，触发器由 +U 供电，VT_2 仍是导通状态，因为触发器 R 端子上也是低电平，不能改变触发器的输出端 Q 的状态。在这种状态下打开车门时，触发器 R 端子上就变成高电平，Q 端子输出就反转成为高电平，向电路供应电源的晶体管 VT_1 截止，VT_2 及 VT_3 也截止。所有灯都熄灭。上述情况，在夜间黑暗的车库等处下车前，因为有车灯照亮周围，所以，给下车提供了方便。

2. 前照灯光束的调整控制

当车辆的载荷发生变化时，前照灯光束的照射位置也随之发生变化，因而不能适当地照亮前方路面。前照灯光束调整机构如图 4-10 所示。

执行器由电动机和齿轮机构组成,在进行光束轴线调整时,执行器驱动调整螺钉正反向旋转,使调整螺钉左右移动并带动前照灯以枢轴为中心摆动,实现前照灯光束的调整。前照灯光束调整的控制电路如图4-11所示。

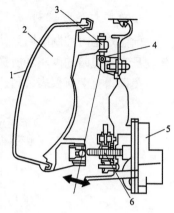

图4-10　前照灯光束调整控制
1-透镜;2-前照灯部分;3-枢轴臂;4-枢轴;5-执行器;6-调整螺钉

其工作过程如下:

(1)降低光束照射位置。光束控制开关拨到"3"时,如图4-11a)所示。电流从车头灯光束控制执行器(促动器)端子6→降光继电器线圈→执行器端子4→光束控制开关端子4→光束控制开关端子6→搭铁构成回路。前照灯降光继电器触点闭合。于是电流从执行器端子6→前照灯降光继电器触点→电动机→前照灯升光继电器触点→执行器端子5→搭铁构成回路,电动机工作,使前照灯光束照射位置降低。电动机转过一定角度后,限位开关工作,执行器端子6与4之间断开,前照灯降光继电器断开,前照灯光束停留在"3"的水平位置上。

(2)升高光束照射位置。光束控制开关拨到"0"时,如图4-11b)所示。电流从灯光束控制执行器(促动器)端子6→升光继电器线圈→执行器端子1→光束控制开关端于1→光束控制开关端子6→搭铁构成回路。前照灯升光继电器触点闭合。于是电流从执行器端子6→前照灯升光继电器触点→电动机→前照灯降光继电器触点→执行器端子5→搭铁构成回路,电动机工作,使前照灯光束照射位置升高。电动机转过一定角度后,限位开关工作,执行器端子6与1之间断开,前照灯升光继电器断开,前照灯光束停留在"0"的水平位置上。

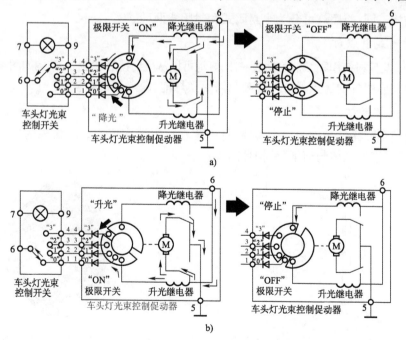

图4-11　前照灯光束调整的控制电路
a)开关位于"3"时光束水平;b)开关位于"0"时光束水平

3. 前照灯延时控制

前照灯延时控制电路可使前照灯在电路被切断后,仍继续照明一段时间后自动熄灭,为驾驶员离开黑暗的停车场所提供照明。

美国得克萨斯仪表公司研制的前照灯延时控制电路如图 4-12 所示。

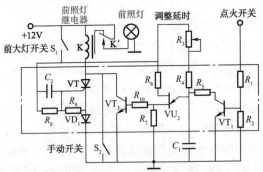

图 4-12　前照灯延时控制电路

其工作原理如下:当工程机械停驶切断点火开关时,晶体管 VT_3 处于截止状态。此时电容 C_1 立即经 R_4、R_3 开始充电;当 C_1 上的电压达到单结晶体管 VU_2 的导通电压时,C_1 则通过其发射极、基极和电阻 R_7 放电;于是在 R_7 上产生一个电压脉冲,使晶体管 VT_3 瞬时导通,消除加在晶闸管 VT 上的正向电压,使晶闸管 VT 截止;随后,VT_3 很快恢复截止,晶闸管还来不及导通,前照灯继电器失电而使其触点 K′打开(如图示位置),将前照灯电路切断,实现自动延时关灯的功能。

五、前照灯的分类

按照结构不同,前照灯可分为半封闭式和封闭式两种。

1. 半封闭式前照灯

其配光镜与反射镜用黏结剂等粘成一体,灯泡可以从反射镜后端装入,结构如图 4-13 所示。半封闭式前照灯的优点是灯丝烧断只需更换灯泡,缺点是密封较差。

2. 封闭式前照灯

其反射镜和配光镜熔焊为一个整体,灯丝焊在反射镜底座上。反射镜的反射面经真空镀铝,灯内充以惰性气体与卤素,结构见图 4-14。

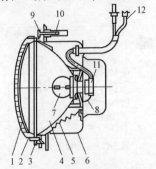

图 4-13　半封闭式前照灯结构图

1-配光镜;2-固定圈;3-调整圈;4-反射镜;5-拉紧弹簧;6-灯壳;7-灯泡;8-防尘罩;9-调节螺栓;10-调整螺母;11-胶木插座;12-接线片

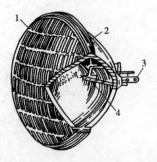

图 4-14　封闭式前照灯

1-配光镜;2-反射镜;3-插头;4-灯丝

封闭式前照灯的优点是密封性能好,反射镜不会受到大气的污染,反射效率高,使用寿命长。缺点是灯丝烧坏后,需整体更换,成本较高。

前照灯如按形状的不同又可分为圆形、矩形与异形前照灯;如按发射的光束类型不同又可分为远光灯、近光灯与远、近光灯几种;如按安装方式的不同,又分为内装式和外装式。

由于内装式前照灯可有效避免突出部分,使现代工程机械更具有流线型,安全系数更高,因此被广泛使用。

第三节　信号系统

一、信号系统的作用和组成

信号系统的作用是通过声、光向其他车辆的驾驶员或行人发出警告,以引起注意,确保车辆行驶和作业安全。

工程机械信号系统由信号装置、电源和控制电路等组成。信号装置分为灯光信号装置和声响信号装置两类。灯光信号装置包括转向信号灯、倒车灯、制动信号灯、报警信号灯和示廓灯;声响信号装置包括喇叭、报警蜂鸣器和倒车蜂鸣器等。信号系统电路如图4-15所示。

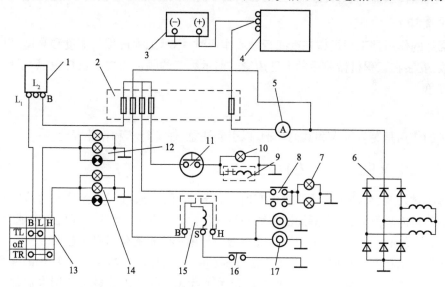

图4-15　信号系统电路

1-闪光继电器;2-熔断丝盒;3-蓄电池;4-起动机;5-电流表;6-交流发电机;7-制动灯;8-制动灯开关;9-倒车蜂鸣器;10-倒车灯;11-倒车灯开关;12-左转向信号灯;13-转向灯开关;14-右转向信号灯;15-喇叭继电器;16-喇叭按钮;17-电磁喇叭

二、各种信号装置的作用及安装位置

1. 转向信号灯

转向信号灯的作用是在工程机械转弯时,发出明暗交替的闪光信号,表示工程机械的转向方向,提醒周围车辆或行人避让。转向信号灯一般安装在前后左右四角,有些车辆两侧中间也安装有转向信号灯。转向信号灯的灯光颜色一般为橙色。

2.倒车灯和倒车蜂鸣器

倒车灯和倒车蜂鸣器或语音倒车报警器组成倒车信号装置,其作用是当车辆倒车时,发出灯光和声响信号,警告车后的车辆和行人,表示该车正在倒车。

倒车信号装置通常安装在车辆尾部,受倒车开关控制。当把变速杆拨到倒车挡时,倒车开关闭合,倒车灯、倒车蜂鸣器或语音倒车报警器便接通电源,使倒车灯发亮、蜂鸣器发出断续的鸣叫声,语音倒车报警器发出"倒车,请注意"的声音。

倒车灯光一般为白色,倒车灯兼有照亮车后路面的作用。

3.制动信号灯

制动信号灯的作用是在车辆制动停车或减速时,向车后的车辆或行人发出制动信号,以提醒注意。通常安装在车辆的尾部,灯光颜色为红光。

4.报警信号灯和报警蜂鸣器

报警信号灯和报警蜂鸣器组成报警信号装置,其作用是当工程机械在工作工程中出现异常情况时(如发动机冷却水过热、机油压力过低等),相应的报警信号灯将发亮或闪烁并伴有报警声,通知操作人员立即使机械停止工作,排除故障。报警信号装置通常安装在仪表盘上,并与电源、传感器串联,传感器为开关式,出现异常时报警信号装置电路接通。

5.示廓灯

示廓灯的作用是工程机械在夜间行驶或作业时,标示工程机械的宽度和高度,以免发生剐蹭事故,安装在工程机械前后的上部边缘。前示廓灯的颜色为白色或橙色,后示廓灯的颜色多为红色。

6.喇叭

喇叭的作用是警告行人和其他车辆,以引起注意,保证行车和作业安全。

三、闪光器(又称闪光继电器)

工程机械转弯、变换车道或路边停车时接通转向开关,通过闪光器使左边或右边的前、后转向信号灯闪烁发光,以提醒周围车辆和行人注意。近年来,有些工程机械在遇见危险情况时,使所有转向信号灯同时闪烁。危险报警信号由危险报警信号开关控制。

闪光器按结构和工作原理可分为电热丝式(俗称电热式)、电容式、翼片式闪光器、电子式等多种。闪光器按有无触点分为触点式和无触点式两种。由于触点使用寿命短、故障率高,因此触点式闪光器将趋于淘汰。无触点式闪光器由于性能稳定、价格低廉、工作可靠等优点而广泛应用。

1.电热丝式闪光器

SD56型电热丝式闪光器的结构与工作原理如图4-16所示。

在胶木底板上固定着工字形的铁芯1,其上绕有线圈2,线圈2的一端与固定触点3相连,另一端与接线柱8相连,镍铬丝5具有较大的线膨胀系数,一端与活动触点4相连,另一端固定在调节片14的玻璃球上,附加电阻6也由镍铬丝制成。不工作时,活动触点4在镍铬丝5的拉紧下与固定触点3分开。

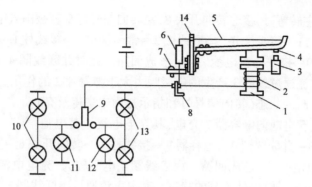

图4-16 电热丝式闪光器

1-铁芯;2-线圈;3-固定触点;4-活动触点;5-镍铬丝;6-附加电阻;7、8-接线柱;9-转向开关;10-左(前、后)转向信号灯;
11-左转向指示灯;12-右转向指示灯;13-右(前、后)转向信号灯;14-调节片

当工程机械向右转弯时,接通转向开关9,电流便从蓄电池"+"→接线柱7→活动触点臂→镍铬丝5→附加电阻6→接线柱8→转向开关9→右(前、后)转向信号灯13和仪表板上的右转向指示灯12→搭铁→蓄电池"−",形成回路。此时由于附加电阻6和镍铬丝5串入电路中,电流较小,故转向信号灯不亮。经过一段较短时间后,镍铬丝受热膨胀而伸长,使触点3、4闭合。触点闭合后,电流由蓄电池"+"→接线柱7→活动触点臂→触点4、3→线圈2→接线柱8→转向开关9→右(前、后)转向信号灯13和右转向指示灯12→搭铁→蓄电池"−",形成回路。此时由于附加电阻6和镍铬丝5被短路,而线圈2中有电流通过产生电磁吸力使触点3、4闭合更为紧密,线路中的电阻小、电流大,故转向信号灯发出较亮的光。

但镍铬丝因被短路逐渐冷却而收缩,又打开触点3、4,附加电阻6又重新串入电路,灯光又变暗。如此反复变化,触点时开时闭,附加电阻交替地被接入和短路,使通过转向信号灯的电流忽大忽小,从而使转向信号灯一明一暗地闪烁,标示车辆行驶的方向。

转向灯的闪光频率为50～110次/min,但一般控制在60～95次/min。

若转向信号灯闪光频率过高或过低,用尖嘴钳扳动调节片14,改变镍铬丝5的拉力以及触点间隙来进行调整。

2.电容式闪光器

电容式闪光器的结构与工作原理如图4-17所示。

它主要是由一个继电器和一个电容器组成。在继电器的铁芯6上绕有串联线圈3和并联线圈4,电容器7采用大容量的电解电容器(约1500μF)。电容式闪光器是利用电容器充、放电延时特性,使继电器的两个线圈产生的电磁吸力时而相加,时而相减,继电器便产生周期性的开关动作,从而使转向信号灯闪烁。

其工作原理如下:

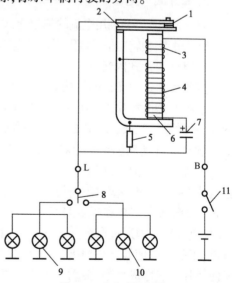

图4-17 电容式闪光器

1-触点;2-弹簧片;3-串联线圈;4-并联线圈;5-灭弧电阻;6-铁芯;7-电解电容器;8-转向开关;9-左转向信号灯和指示灯;10-右转向信号灯和指示灯;11-电源开关

当工程机械向左转弯时,接通转向开关8,左转向信号灯9就被串入电路中,电流从蓄电池"+"→电源开关11→接线柱B→串联线圈3→常闭触点1→接线柱L→转向开关8→左转向信号灯和指示灯9→搭铁→蓄电池"-",形成回路。此时并联线圈4、电容器7及电阻5被触点1短路,而电流通过线圈3产生的电磁吸力大于弹簧片2的作用力,触点1迅速被打开,转向信号灯处于暗的状态(转向信号灯和指示灯尚未来得及亮)。

触点1打开后,蓄电池向电容器7充电,其充电电流由蓄电池"+"→电源开关11→接线柱B→串联线圈3→并联线圈4→电容器7→接线柱L→转向开关8→左转向信号灯和指示灯9→搭铁→蓄电池"-",形成回路。由于线圈4电阻较大,充电电流很小,不足以使转向信号灯亮。则转向信号灯仍处于暗的状态。充电电流通过串联线圈3和并联线圈4产生的电磁吸力方向相同,使触点继续打开,随着电容器的充电,电容器两端的电压逐渐升高,其充电电流逐渐减小,串联圈3和并联线圈4的电磁吸力减小,使触点1重又闭合。

触点1闭合后,转向信号灯和指示灯处于点亮的状态,此时电流由蓄电池"+"→接线柱B→串联线圈3→常闭触点1→接线柱L→转向开关8→左转向信号灯和指示灯9→搭铁→蓄电池"-",形成回路。与此同时,电容器通过线圈4和触点1放电,其放电电流通过线圈4时产生的磁场方向与线圈3相反,所产生的电磁吸力减小,故触点仍保持闭合,左转向信号灯和指示灯9继续发亮。随着电容器的放电,电容器两端电压逐渐下降,其放电电流减小,则线圈4的退磁作用减弱,串联线圈3的电磁吸力增强,触点1重又打开,灯变暗。如此反复,继电器的触点不断开闭,使转向信号灯和指示灯闪烁。灭弧电阻5与触点1并联,用来减小触点火花。

使用注意事项:必须按规定的电压和灯泡的总功率使用;接线必须正确,否则闪光器不能正常工作,且电容器易损坏。在负极搭铁的车辆上B应接蓄电池,L接转向开关。

3. 翼片式闪光器

翼片式闪光器是利用电流的热效应,以热胀条的热胀冷缩为动力,使翼片产生突变动作,接通和断开触点,使转向信号灯闪烁。根据热胀条受热情况的不同,可分为直热式和旁热式两种。

1)直热翼片式闪光器

直热翼片式闪光器的结构与工作原理如图4-18所示。

它主要是由翼片2、热胀条3、活动触点4、静触点5及支架1、8等组成。翼片2为弹性钢片,平时靠热胀条3绷紧成弓形。热胀条由膨胀系数较大的合金钢带制成,在其中间焊有活动触点4,在活动触点4的对面安装有静触点5,热胀条3处于冷态时,触点4、5是闭合的。

工程机械转向时,接通转向开关6,蓄电池即向转向信号灯供电,电流由蓄电池"+"→接线柱B→支架1→翼片2→热胀条3→活动触点4→静触点5→支架8→接线柱L→转向开关6→转向信号灯9和指示灯7→搭铁→蓄电池"-",形成回路,转向信号灯9立即发亮。这时,热胀条3因通过电流而发热伸长,翼片2突然绷直,活动触点4和静触点5分开,切断电流,于是转向信号灯9熄灭。当通过转向信号灯的电流被切断后,热胀条开始冷却收缩,又使翼片突然弯成弓形,活动触点4和静触点5再次接触,接通电路,转向信号灯再次发光,如此反复变化使转向信号灯一亮一暗地闪烁,标示车辆的行驶方向。

2)旁热翼片式闪光器

国产SG124型闪光器就是旁热翼片式闪光器,其结构与工作原理如图4-19所示。

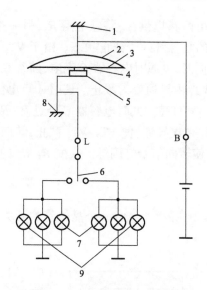

图 4-18 直热翼片式闪光器

1、8-支架;2-翼片;3-热胀条;4-活动触点;5-固定触点;6-转向开关;7-转向指示灯;9-转向信号灯

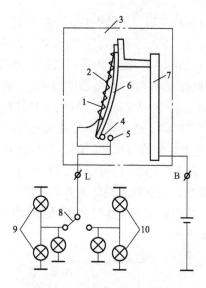

图 4-19 旁热翼片式闪光器

1-热胀条;2-电阻丝;3-闪光器;4-活动触点;5-静触点;6-翼片;7-支架;8-转向开关;9-左转向灯信号和指示灯;10-右转向信号灯和指示灯

它的主要功能元件是不锈钢翼片 6,翼片上固定有热胀条 1,热胀条上绕有电阻丝 2,电阻丝的一端与热胀条 5 相连,另一端与支架 7 相连,翼片 6 靠热胀条 1 绷紧成弓形。活动触点 4 固定在翼片 6 上,静触点 5 与接线柱 L 相连。闪光器不工作时,触点 4 和 5 处于分开状态。

当工程机械向左转弯时,接通转向开关 8,电流由蓄电池" + "→接线柱 B→支架 7→电阻丝 2→静触点 5→接线柱 L→转向开关 8→左转向信号灯和指示灯 9→搭铁→蓄电池" - ",形成回路。这时,信号灯虽然有电流通过,但由于电阻丝 2 的电阻较大,电路中电流较小,此时信号灯不亮。同时,热胀条受热伸长,翼片 6 依靠自身弹性使触点 4 与 5 闭合。电流则从蓄电池" + "→接线柱 B→支架 7→翼片 6→活动触点 4→静触点 5→接线柱 L→转向灯开关 8→左转向信号灯和指示灯 9→搭铁→蓄电池" - ",形成回路。此时由于电流不再通过电阻丝 2,电流增大,转向信号灯和指示灯发亮。同时,因触点 4 与 5 闭合,电阻丝被短路,热胀条 1 逐渐冷却收缩,拉紧翼片,使触点 4 与 5 再次分开,如此反复变化,使转向信号灯 9 一明一暗地闪烁,标示车辆行驶方向。

4.电子闪光器

电子闪光器的结构和线路繁多,常用的有全晶体管式无触点闪光器、由晶体管和小型继电器组成的有触点晶体管式闪光器以及由集成块和小型继电器组成的有触点集成电路闪光器。

1)全晶体管式(无触点)闪光器

图 4-20 所示为国产 SG131 型全晶体管式(无触点)闪光器的电路图。它是利用电容器充放电延时的特性,控制晶体管的导通和截止,来达到闪光的目的。

接通转向开关后,晶体管 VT_1 的基极电流由两路提供,一路经电阻 R_2,另一路经 R_1 和 C,使 VT_1 导通。VT_1 导通时,则 VT_2、VT_3 组成的复合管处于截止状态。由于 VT_1 的导通电流很小,仅 60mA 左右,故转向信号灯暗。与此同时,电源对电容器 C 充电,随着 C 的端电压升高,充电电流减小,VT_1 的基极电流减小,使 VT_1 由导通变为截止。这时 A 点电位升高,当其电位达到 1.4V 时,VT_2、VT_3 导通,于是转向信号灯亮。此时电容器 C 经过 R_1、R_2 放电,放电时间为灯亮时间。C 放完电,接着又充电,VT_1 再次导通,使 VT_2、VT_3 截止,转向信号灯又熄灭,C 的充电时间为灯灭的时间。如此反复,使转向信号灯闪烁。改变 R_1、R_2 的电阻值和 C 的大小以及 VT_1 的值,即可改变闪光频率。

2)带继电器的有触点晶体管式闪光器

带继电器的有触点晶体管式闪光器如图 4-21 所示。它由一个晶体管的开关电路和一个继电器所组成。

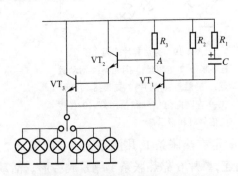

图 4-20　全晶体管式(无触点)闪光器

R_1-4.7kΩ; R_2-10kΩ; R_3-200kΩ; C-22μF/15V;

VT_1、VT_2-晶体管 3DG12; VT_3-3DD12

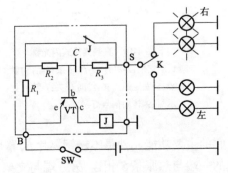

图 4-21　带继电器的有触点晶体管式闪光器

当工程机械向右转弯时,接通电源开关 SW 和转向开关 K,电流由蓄电池" + "→电源开关 SW→接线柱 B→电阻 R_1→继电器 J 的常闭触点→接线柱 S→转向开关 K→右转信号灯→搭铁→蓄电池" - ",右转向信号灯亮。当电流通过 R_1 时,在 R_1 上产生电压降,晶体管 VT 因正向偏压而导通,集电极电流 I 通过继电器 J 的线圈,使继电器常闭触头立即断开,右转向信号灯熄灭。

晶体管 VT 导通的同时,VT 的基极电流向电容器 C 充电。充电电路是:蓄电池" + "→电源开关 SW→接线柱 B→VT 的发射极 e→VT 的基极 b→电容器 C→电阻 R_3→接线柱 S→转向开关 K→右转向信号灯→搭铁→蓄电池" - "。在充电过程中,电容器两端的电压逐渐增高,充电电流逐渐减小,晶体管 VT 的集电极电流也随之减小,直至晶体管 VT 截止,继电器 J 的线圈断电,常闭触点 J 又重新闭合,转向信号灯再次发亮。这时电容器 C 通过电阻 R_2、继电器的常闭触点 J、电阻 R_3 放电。放电电流在 R_2 上产生的电压降为 VT 提供反向偏压,加速了 VT 的截止,使继电器 J 的常闭触点 J 迅速断开。当放电电流接近零时,R_1 上的电压降又为 VT 提供正向偏压使其导通。这样,电容器 C 不断地充电和放电,晶体管 VT 也就不断地导通与截止,控制继电器的触点反复地闭合、断开,使转向信号灯闪烁。

3)由集成块和小型继电器组成的有触点集成电路闪光器

U243B 是专为制造闪光器而设计制造的,标称电压为 12V,实际工作电压范围为 9 ~ 18V,

采用双列 8 脚直插塑料封装,其引脚及电路原理图如图 4-22 所示。内部电路由输入检测器 SR、电压检测器 D、振荡器 Z 及功率输出级 SC 四部分组成。其主要功能和特点为:当一个转向灯损坏时闪烁频率加倍,抗瞬时电压冲击为 ±125V,0.1ms,输出电流可达到 300mA。

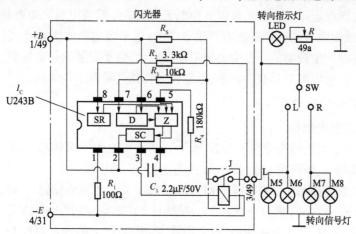

图 4-22　U243B 型集成电路式电子闪光器

SR-输入检测;D-电压检测;Z-振荡器;SC-功率输出级;R_S-取样电阻;J-继电器

输入检测器用来检测转向开关是否接通。振荡器由一个电压比较器和外接 R_4 及 C_1 构成。内部电路给比较器的一端提供了一个参考电压,其值的高低由电压检测器控制;比较器的另一端则由外接 R_4 及 C_1 提供一个变化的电压,从而形成电路的振荡。

振荡器工作时,输出级的矩形波便控制继电器线圈的电路,使继电器触点反复开、闭,于是转向信号灯及其指示灯便以 80 次/min 的频率闪烁。

如果一只转向信号灯烧坏,则流过取样电阻 R_S 的电流减小,其电压降随之减小,经电压检测器识别后便控制振荡器电压比较器的参考电压,从而改变振荡(即闪烁)频率,则转向指示灯的闪烁频率加快一倍,以提示操作人员转向信号灯线路出现故障,需要检修。

四、报警电路

制动系统低气压报警灯电路如图 4-23 所示。

气压制动的工程机械上,当制动系统气压过低时,安装在制动系贮气筒或制动阀压缩空气输入管路中的低气压报警传感器开关闭合,制动系统低气压报警电路接通,装在仪表板上红色报警灯发亮,引起工程机械驾驶员注意。

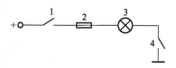

图 4-23　制动系统低气压报警电路
1-电源总开关;2-熔断丝;3-警告灯;
4-低气压报警传感器(开关)

其他报警电路与此类似,只是所用传感器类型和安装位置不同。

五、喇叭

1. 喇叭的分类

喇叭按发音动力有气喇叭和电喇叭之分;按外形有螺旋形、筒形、盆形之分;按音频有高音和低音之分;按接线方式有单线制和双线制之分。

气喇叭是利用气流使金属膜片振动产生音响,外形一般为筒形,多用在具有空气制动装置的重型载重工程机械上。电喇叭是利用电磁力使金属膜片振动产生音响,其声音悦耳,广泛使用于各种类型的工程机械上。

电喇叭按有无触点可分为普通电喇叭和电子电喇叭。普通电喇叭主要是靠触点的闭合和断开,控制电磁线圈激励膜片振动而产生音响的;电子电喇叭中无触点,它是利用晶体管电路激励膜片振动产生音响的。在中小型工程机械上,由于安装的位置限制,多采用螺旋形和盆形电喇叭。盆形电喇叭具有体积小、质量轻、指向好、噪声小等优点。

2. 普通电喇叭的构造与工作原理

1) 筒形、螺旋形电喇叭

筒形、螺旋形电喇叭的构造如图4-24所示。其主要由山字形铁芯5、线圈11、衔铁10、振动膜片3、共鸣板2、扬声筒1、触点16以及电容器17等组成。膜片3和共鸣板2由中心杆15与衔铁10、调整螺母13、锁紧螺母14联成一体。当按下喇叭按钮20时,电流由蓄电池"+"→接线柱19(左)→线圈11→触点16→接线柱19(右)→按钮20→搭铁→蓄电池"−"。当电流通过线圈11时,产生电磁吸力,吸下衔铁10,中心杆上的调整螺母13压下活动触点臂,使触点16分开而切断电路。此时线圈11电流中断,电磁吸力消失,在弹簧片9和膜片3的弹力作用下,衔铁又返回原位,触点闭合,电路重又接通。此后,上述过程反复进行,膜片不断振动,从而发出一定音调的音波,由扬声筒1加强后传出。共鸣板与膜片刚性连接,在振动时发出陪音,使声音更加悦耳。为了减小触点火花,保护触点,在触点16间并联了一个电容器(或消弧电阻)。

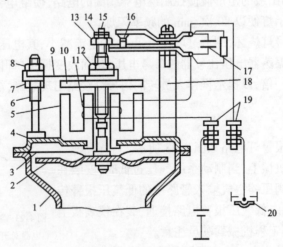

图4-24 筒形、螺旋形电喇叭

1-扬声筒;2-共鸣板;3-振动膜片;4-底板;5-山字形铁芯;6-螺栓;7-柱柱;8、12、14-锁紧螺母;9-弹簧片;10-衔铁;11-线圈;13-音量调整螺母;15-中心杆;16-触点;17-电容器;18-触点支架;19-接线柱;20-喇叭按钮

2) 盆形电喇叭

盆形电喇叭工作原理与上述相同,其结构特点如图4-25所示。

电磁铁采用螺管式结构,铁芯9上绕有线圈2,上、下铁芯间的气隙在线圈2中间,所以能产生较大的吸力。它无扬声筒,而是将上铁芯3、衔铁6、膜片4和共鸣板5固装在中心轴上。当按下喇叭按钮时,电喇叭电路通电,电流由蓄电池"＋"→线圈2→触点7→喇叭按钮10→搭铁→蓄电池"－",形成回路。当电流通过线圈2时,产生电磁力,吸引上铁芯3,带动膜片4中心下移,上铁芯3与下铁芯1相碰,同时带动衔铁6运动,压迫触点臂将触点7打开,触点7打开后线圈2电路被切断,磁力消失,上铁芯3及膜片4又在触点臂和膜片4自身弹力的作用下复位,触电7又闭合。触电7闭合后,线圈2又通电产生磁力,吸引上铁芯3下移与下铁芯1再次相碰,触点7再次打开,如此循环,触电以一定的频率打开、闭合,膜片不断振动发出声响,通过共鸣板产生共鸣,从而产生音量适中、和谐悦耳的声音。为了保护触点,在触点7之间同样也并联了一只电容器(或消弧电阻)。

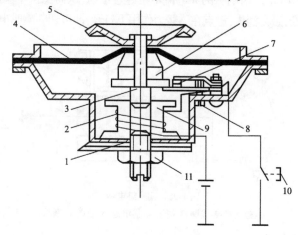

图4-25 盆形电喇叭

1-下铁芯;2-线圈;3-上铁芯;4-膜片;5-共鸣板;6-衔铁;7-触点;8-调整螺钉;9-铁芯;10-按钮;11-锁紧螺母

3. 电子电喇叭

电子电喇叭的结构如图4-26所示,图4-27是其原理电路图。

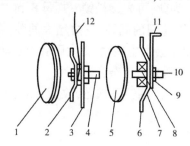

图4-26 电子电喇叭结构

1-罩盖;2-共鸣板;3-绝缘膜片;4-上衔铁;5-O形绝缘垫圈;6-喇叭体;7-线圈;8-下衔铁;9-锁紧螺母;10-调节螺钉;11-托架;12-导线

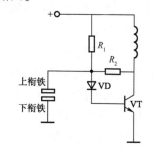

图4-27 电子电喇叭原理电路

R_1-100Ω;R_2-470Ω;VD-2CZ;VT-D478B

当喇叭电路接通电源后,由于晶体管VT加正向偏压而导通,线圈中便有电流通过,产生电磁力,吸引上衔铁,连同绝缘膜片和共鸣板一起动作,当上衔铁与下衔铁接触而直接搭铁时,晶体管VT失去偏压而截止,切断线圈中的电流,电磁力消失,膜片与共鸣板在弹力作用下复位,上、下衔铁又恢复为断开状态,晶体管VT重又导通,如此周而复始地动作,膜片不断振动便发出响声。

4. 喇叭继电器

为了得到更加悦耳的声音,在工程机械上常装有两个不同音调(高、低音)的喇叭。其中高音喇叭膜片厚,扬声简短,低音喇叭则相反。有时甚至用三个(高、中、低)不同音调的喇叭。

装用单只喇叭时,喇叭电流是直接由按钮控制的,按钮大多装在转向盘的中心。当工程机械装用双喇叭时,因为消耗电流较大(15~20A),用按钮直接控制时,按钮容易烧坏。为了避免这个问题,采用喇叭继电器,其构造和接线方法如图4-28所示。当按下按钮3时蓄电池电流便流经线圈2(因线圈电阻很大,所以通过线圈2及按钮3的电流不大),产生电磁吸力,吸下触点臂1,因而触点5闭合接通了喇叭电路。因喇叭的大电流不再经过按钮,从而保护了喇叭按钮。当松开按钮时,线圈2内电流被切断,磁力消失,触点在弹簧力作用下打开,即可切断喇叭电路,使喇叭停止发音。

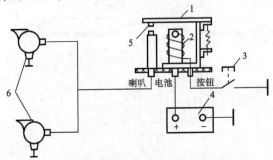

图4-28 喇叭继电器
1-触点臂;2-线圈;3-按钮;4-蓄电池;5-触点;6-喇叭

5. 电喇叭的调整

不同类型的电喇叭其构造不完全相同,所以调整方法也不一致。但其原理是基本相同的。喇叭的调整包括音调和音量的调整。

1) 喇叭音调的调整

减小衔铁与铁芯间的间隙,可以提高音调。为此,可先旋松锁紧螺母8和12(图4-24),再旋松调整螺母7,并转动衔铁10,减小衔铁与铁芯间的间隙;反之增大间隙,则音调降低。衔铁与铁芯的间隙,一般为0.5~1.5mm,间隙太小会发生碰撞,太大则会吸不动衔铁。调整时铁芯要平整,铁芯与衔铁四周的间隙要均匀,否则会产生杂音。

盆形电喇叭的调整方法是先松开锁紧螺母11,再旋转下铁芯,改变其上、下铁芯间间隙即可调整音调的高、低。

2) 喇叭音量的调整

电喇叭音量的大小与通过喇叭线圈中的电流大小有关。需增大音量时,可先松开锁紧螺母14,再旋松调整螺母13,使触点的压力增大。由于触点的接触电阻减小,触点闭合的时间增长,通过线圈的电流增大,所以音量也相应增大;反之喇叭音量就减小。

额定电压为12V时,通过触点的电流一般为7.5A(双管喇叭为15A)。

喇叭音量的调整是通过旋转调整螺钉8来改变触点7的接触压力,即可改变音量的大小。

此外,喇叭触点应保持清洁,其接触面积不应低于80%。如果有严重烧蚀应及时进行检修。

喇叭的固定方法对其发音影响极大。为了使喇叭的声音正常,喇叭不能做刚性的装接,而应固定在缓冲支架上,即在喇叭与固定支架之间装有片状弹簧或橡皮垫。

第四节　照明与信号系统故障诊断与排除

一、照明系统常见的故障及诊断排除

工程机械照明系统的故障常常表现为灯不亮、亮度不够等,进行故障诊断时应根据照明电路,首先检查那些极易引起故障的部位和原因,如搭铁不良、导线连接松动、熔断器烧断等,采用的方法为万用表测量法和试灯法。

1. 前照灯不亮

1)故障现象

打开照明开关,变换变光开关位置,前照灯的远光灯、近光灯都不亮。

2)故障原因

(1)前照灯开关接触不良。

(2)灯光继电器线圈断路或触点烧蚀。

(3)脚踏变光开关接触不良或插座脱落。

(4)远光灯、近光灯熔断丝均熔断。

(5)远光灯、近光灯丝均烧断。

(6)远光灯、近光灯搭铁不良。

(7)导线连接松动或接触不良。

3)诊断与排除方法

(1)检查照明开关。将照明开关拉至"Ⅱ"挡位置,用万用表检测照明开关接蓝线的接线柱有无电压。若无电压,则说明照明开关有故障,应予以修理或更换。若有电压,则应检查灯光继电器。

(2)检查灯光继电器。用普通导线将灯光继电器上"白色线"接线柱与"蓝色线"接线柱连接,如果能听到"咔嗒"声响,说明灯光继电器无故障,否则说明灯光继电器线圈有故障,此时应检查灯光继电器线圈是否断路。若接线柱的连接处断路,重新焊好即可。若线圈内部断路,则需要更换继电器。

(3)检查变光开关。先检查变光开关处的插座是否脱落,再检查变光开关内部接触是否可靠。可用万用表 R×1Ω 挡检查变光开关 B 端子与 L 端子、B 端子与 H 端子之间的电阻。电阻值应当一个为无穷大,另一个为零。变换变光开关一次,两者电阻值正好相反。若同为无穷大或零,则说明变光开关有故障,应予以更换。

(4)检查远光灯、近光灯的熔断丝。在熔断丝盒上找到前照灯远光灯的熔断丝(25A)、前照灯近光灯的熔断丝(15A)。若熔断丝烧断,应找出故障原因并排除,然后更换同型号的熔断丝。

(5)检查前照灯的灯泡。若烧毁,应找出故障原因并排除,然后换上同型号的灯泡。

(6)检查灯泡插座或前照灯插座的接触是否良好。若接触不良,则应重新接好。

2. 前照灯的远光灯或近光灯不亮

1)故障现象

打开照明开关,变换变光开关位置,前照灯的远光灯不亮或近光灯不亮。

2)故障原因

(1)变光开关接触不良。

(2)远光灯或近光灯的熔断丝烧断。

3)诊断与排除方法

(1)检查变光开关。变换变光开关,用万用表测量变光开关 B 与 L(或 B 与 H)端子间电阻。若连续变换两次变光开关,万用表指针始终指向无穷大,则说明变光开关接触不良。

(2)检查远光灯或近光灯的熔断丝。若熔断丝烧断,应查明原因并排除,然后换上同型号的熔断丝。

3. 雾灯不亮

1)故障现象

打开雾灯开关,两侧雾灯均不亮。

2)故障原因

(1)雾灯熔断丝烧断。

(2)雾灯开关接触不良。

(3)雾灯灯泡烧坏。

(4)雾灯灯座搭铁不良。

3)诊断与排除方法

检查雾灯熔断丝。从熔断丝盒内找到雾灯熔断丝,若已烧断应查出原因并排除,然后换上同型号的熔断丝。

检查雾灯开关。用万用表 R × 1Ω 挡检查雾灯开关接通时两端子间的电阻,若电阻值为零,说明正常;否则说明雾灯开关接触不良,应更换雾灯开关。

检查雾灯灯泡。若雾灯灯泡烧坏,应查出原因并予以排除,然后换上同型号新灯泡。检查雾灯的搭铁情况。若灯座触头锈蚀,可用砂纸打磨、清理干净后,重新接好。

二、信号系统常见的故障及诊断排除

1. 转向信号灯不亮

1)故障现象

接通转向开关,两侧转向信号灯均不亮。

2)故障原因

(1)连接导线断开。

(2)转向信号灯的熔断丝烧断。

(3)闪光继电器有故障。

(4)转向信号灯开关接触不良。

(5)转向信号灯灯泡烧坏。

(6)转向信号灯搭铁不良。

3)诊断与排除方法

(1)检查各导线连接有无松动、断路、搭铁等现象,若有此种情况应予以重新接好。

(2)检查转向信号灯的熔断丝是否烧断,若已烧断则应更换同型号的新熔断丝。

(3)检查闪光继电器。接通转向开关,将闪光继电器的两接线柱用导线短接,若转向信号灯发亮,则说明闪光继电器有故障。

(4)检查转向开关。用导线将接线柱 B 分别与接线柱 L、R 短接,若转向信号灯发亮,说明故障在转向开关;否则说明故障在转向信号灯及其灯座上。

(5)检查转向信号灯灯泡是否烧毁等。若已烧毁应更换同型号的新灯泡;若灯座锈蚀,可用砂纸打磨;若灯座松动,则应重新紧固。

2．一侧转向信号灯不亮

1)故障现象

接通转向开关,一侧转向信号灯正常,而另一侧转向信号灯不亮。

2)故障原因

(1)转向信号开关接触不良。

(2)连接导线松动或断路。

(3)灯泡烧毁。

(4)灯座搭铁不良。

3)诊断与排除方法

(1)检查转向开关。将转向开关的电源接线柱 B 与接线柱 L 或 R 短接,若灯发亮则说明故障在转向信号灯开关。此故障多为接触不良造成的,应修理或换上新件;若灯仍不亮,则说明故障在转向信号灯的灯座或灯泡上。

(2)检查灯泡是否烧毁。若已烧毁则应换上同型号的新灯泡。

(3)查看灯座触头是否有锈蚀。若有锈蚀,可用细砂纸打磨并清理干净。

3．转向信号灯闪烁频率过高

1)故障现象

接通转向开关,转向信号灯闪烁过快。

2)故障原因

(1)灯泡功率太大。

(2)闪光继电器发生故障。

3)诊断与排除方法

(1)首先检查转向信号灯的灯泡功率。若灯泡功率过大,换上规定型号的灯泡即可。

(2)闪光继电器发生故障时也会使闪光频率过高,此时应调整或更换闪光继电器。

4．转向信号灯闪光频率过低

1)故障现象

接通转向开关,转向信号灯闪烁过快。

2)故障原因

(1)灯泡功率太小。

(2)闪光继电器发生故障。

3)诊断与排除方法

(1)对装有电热式闪光继电器的转向信号灯,可用尖嘴钳扳动调节片,使触点间隙减小。

对装有其他类型闪光继电器的转向信号灯,则应更换闪光继电器。

(2)检查灯泡功率。若功率不符合标准,应换上符合规定的灯泡;若灯泡功率符合标准,则应检查灯座触头是否锈蚀,灯泡搭铁是否良好;上述正常时可进一步检查闪光继电器的搭铁极性是否正确,若不正确则应重新接线。

三、电喇叭常见的故障及诊断排除

1.喇叭不响

1)故障现象

接通电源开关,按下喇叭按钮,喇叭不响。

2)故障原因

(1)导线断路。

(2)喇叭继电器触点烧蚀、接触不良,继电器线圈断路。

(3)喇叭按钮烧蚀。

(4)喇叭触点烧蚀。

(5)喇叭熔断丝烧断。

3)诊断与排除方法

(1)检查喇叭熔断丝。若熔断丝烧断,应找出原因并予以排除,然后换上同型号的熔断丝。

(2)用万用表检查喇叭继电器的 B 接线柱是否有电。若没有电,则说明线路有故障,应沿线路查找断路处。

(3)继电器 B 端有电,用导线将继电器的 B 端与 H 端接通。若喇叭仍不响,说明喇叭有故障;若喇叭响,说明故障在继电器或喇叭按钮。

(4)当喇叭继电器有故障时,可先检查喇叭继电器的触点是否烧蚀。若已烧蚀,可用细砂纸打磨并清理干净,再用万用表检查继电器线圈的电阻(即 B、S 两端间的电阻)。若电阻为无穷大,则为线圈断路,应更换新件;若电阻正常,则为喇叭按钮烧蚀,可用细砂纸打磨并清理干净。

(5)检查喇叭触点是否烧蚀。若触点烧蚀,可用细砂纸打磨并清理干净。再检查喇叭线圈是否断路,若断路则应换上新件。

2.喇叭变调

1)故障现象

接通电源开关,按下喇叭按钮,喇叭变调。

2)故障原因

(1)喇叭膜片破裂。

(2)喇叭膜片及共鸣板固定螺母松动。

(3)喇叭安装松动。

3)诊断与排除方法

(1)首先检查喇叭安装是否可靠。若固定不紧,应重新紧固。注意喇叭的安装必须要用弹性支撑。

(2)检查喇叭膜片是否破裂。若已破裂,则应更换新件。

3.喇叭声响时断时续

1)故障现象

接通电源开关,按下喇叭按钮,喇叭声响时断时续。

2)故障原因

(1)导线连接处松动。

(2)喇叭继电器触点接触不良。

(3)喇叭按钮接触不良。

3)诊断与排除方法

(1)首先沿喇叭电路检查导线接线处有无松动。若有松动,应重新接好。

(2)检查喇叭继电器触点是否有烧蚀或接触不良的现象。若有,则要用细砂纸打磨并清理干净。

(3)检查喇叭按钮是否活动自如,再检查触点是否有脏污、烧蚀的现象。若有,则应清理干净。

4.喇叭响声不停

1)故障现象

接通电源开关,按下喇叭按钮,喇叭响,但松开按钮后,喇叭响声不停。

2)故障原因

(1)喇叭按钮卡死。

(2)喇叭继电器触点烧结。

3)诊断与排除方法

(1)检查喇叭按钮是否卡死。若卡死,应拆开修理。

(2)检查喇叭继电器触点是否烧结。若触点烧结应更换喇叭继电器。

实训一 灯具、闪光器、灯光开关的结构认知

一、目的和要求

(1)识别常见灯具的结构。

(2)识别闪光器的结构、线路,理解其工作原理。

(3)识别灯光开关的结构,理解其控制原理,并能用万用表检查其各挡位工作状态下各接线柱间的通、断电情况,判断有无故障。

二、器材和设备

各种灯具、闪光器、灯光开关、万用表等。

三、项目及步骤

1.灯具结构认识

观察各种灯具的结构、外部接线和调整位置,弄清其工作原理。

2.闪光器结构认识

(1)观察热丝式、电容式、翼片式和电子式等各种闪光器的结构、线路,能解释其工作原理。

(2)弄清楚各接线柱的外接线部位,并掌握其使用注意事项、使用原则,特别是电子式闪光器的接线,必须准确无误。

3. 照明开关

1)推拉式照明开关

(1)识别其安装位置和作用。推拉式照明开关安装在仪表板上,用来控制前照灯、前后位置灯和仪表灯等。

(2)观察结构。常用的推拉式照明开关如图4-29所示,有五个接线柱,并装有双金属电路继电器。对照图示,观察开关实物。

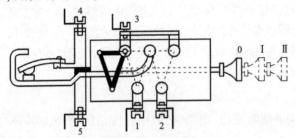

图 4-29 推拉式照明开关

1-接前示廓灯;2-接前照灯变光开关;3-接尾灯、仪表灯及顶灯;4-接电源;5-接制动信号灯开关

(3)理解其控制原理。照明开关在"0"挡(空挡)位置时各灯线路均不接通,各灯均不亮。

拉出至"Ⅰ"挡时,前后位置灯、示廓灯、仪表灯亮。

全部拉出至"Ⅱ"挡时,前照灯亮、示廓灯熄灭、其他灯仍亮。

制动信号灯接到接线柱5上,又受照明开关的控制,任何时候只要踩下制动踏板,制动信号灯立即发亮。

(4)用万用表检查开关。将万用表功能旋钮置于欧姆挡 $R \times 1\Omega$,使开关处于不同挡位,测量任意两接线柱间的电阻。若阻值为零,说明其导通;若阻值为无穷大,说明其断路。如果通断情况符合控制原理,说明该开关正常,否则该开关有故障。

2)旋转式照明开关

(1)观察结构。国产 K468B 型旋转式照明开关的外形及挡位通断情况如图4-30所示,其上有6个接线柱、3个工作挡位。接线柱1为前照灯前后示廓灯和仪表灯电源;接线柱4、5、6分别接仪表灯、前照灯和前后示廓灯;接线柱2为前侧灯电源;接线柱3接前侧灯。

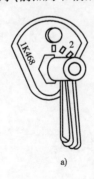

		通断情况					
接线柱 挡位	电源	示廓灯	前照灯	尾灯	电源	前侧灯
	1	6	5	4	2	3
0（关闭）	○					○
Ⅰ（示廓灯、尾灯）	○—○			○		
Ⅱ（前照灯、尾灯）	○		○—○	○		
Ⅲ（前照灯、尾灯、侧灯）	○		○—○	○	○—○	

a)   b)

图 4-30 旋转式照明开关

a)外形;b)挡位通断情况

(2)理解其控制原理。转柄在“0”挡时各灯线路均不接通、各灯均不亮;转柄在“Ⅰ”挡时前后位置灯、仪表灯均亮;转柄在“Ⅱ”挡时前照灯、前后示廓灯、仪表灯亮;转柄在“Ⅲ”挡时前照灯、前后示廓灯、仪表灯、前侧照灯亮。

接线时两电源线接线柱不能接反,否则不仅前侧灯不能正常工作,而且还会烧坏灯光保护继电器。

3)组合式照明开关

(1)观察结构,理解其控制原理。国产 JK320 型组合式照明开关及插接器焊片代号如图 4-31 所示,其工作挡位接线柱和通断情况见表 4-1。该照明开关具有变光开关、前侧灯开关、前后示廓灯开关、转向信号灯开关、刮水器开关、洗涤器开关、暖风机开关、尾灯开关及喇叭按钮等功能。

JK320 型组合式照明开关挡位通断情况 表 4-1

触点代号			50	51	52	58	60	59	30	56	68	N1	65	66	57	69	45	78	89	7	85	84	82	81	40
额定电流 (A)				10	10		20	20		10				8		8		8		5	10	10	10	10	1
开关挡位	转向	左向	○—	○																					
		关闭	○																						
		右向	○—	—	○																				
	超车	左向	○—	○																					
		右向	○—	—	○																				
	变光	会车				○—	○																		
		近光				○—	○																		
		远光				○—	—	○																	
	车灯	关闭							○																
		Ⅰ挡							○—	○															
		Ⅱ挡							○—	○	○—	○													
	前照灯	关闭											○												
		接通											○—	○											
	尾灯	关闭													○										
		接通													○—	○									
	暖风	关闭															○								
		接通															○—	○							
	刮水	关闭																				○—	—	○	
		间歇																		○—	○	○—	—	○	
		低速																		○—	—	—	—	○	
		高速																		○—	—	—	○		
	洗涤	关闭																		○					
		接通																	○—	○					
	喇叭																								○

国产 JK322A 型组合式照明开关如图 4-32 所示,其挡位通断情况见表 4-2。

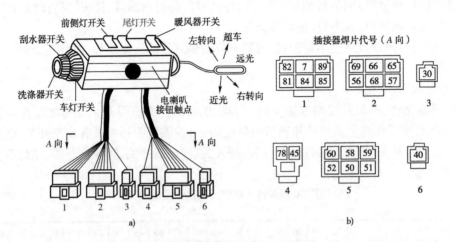

图 4-31　JK320 型组合式照明开关

a)组成;b)插接器焊片代号

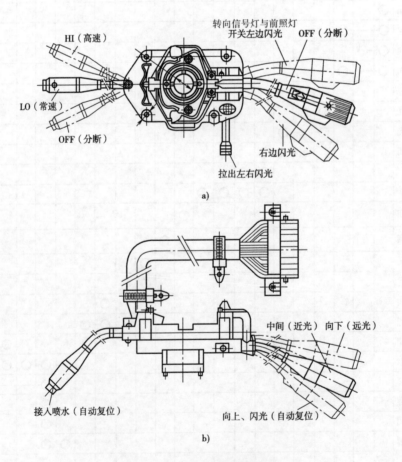

图 4-32　JK320 型组合式照明开关

a)组成;b)工作位置

JK322A 型组合式照明开关挡位通断情况　　　　表 4-2

开关名称	工作功率挡位	绿/黑	绿/白	绿/黄	绿/蓝	绿/红	绿/橙	绿	黄	红	白	红/黄	红/绿	红/白	白/黑	蓝(粗)	蓝/黑	蓝/橙	蓝/红	黑	蓝(细)	绿/红(细)
	功率(W)	60		60		60	60		24	24		120	96	60			60	60			24	60
转向灯开关	左	○	○		○	○																
	OFF				○	○																
	右			○	○	○																
警报开关	拉出	○	○	○			○	○														
灯光开关	OFF																					
	Ⅰ								○	─	○											
	Ⅱ									○	○											
变光开关	向上											○	─	○								
	中间												○	○								
	向下											○	─	○								
刮水开关	OFF														○	─	○					
	LO															○	─	○				
	HI																○	─	○			
喷水按钮	按入																			○	○	
喇叭电刷																						○

注:转向灯开关挡位在警报开关处于原始位置时检查。

（2）用万用表检查开关（方法同上）。

四、注意事项

（1）操作应在指导老师的指导下完成。

（2）一定要按正确的操作规程进行。

实训二　前照灯的检测与调整

一、目的和要求

（1）叙述前照灯检测的项目与要求。

（2）识别前照灯检测仪的结构，进行前照灯的检测。

（3）进行前照灯的调整。

二、器材和设备

轮胎式工程车辆、前照灯检测仪、螺丝刀、扳手等。

三、项目及步骤

1. 前照灯检测的项目与要求

(1)在检测前照灯的近光光束在照射位置时,车辆空载,允许乘一名操作人员。前照灯在距屏幕10m处,光束明暗截止线转角或中点的高度应为$0.65 \sim 0.8H$(H为前照灯中心高度),其水平方向位置向左、右偏均不得大于100mm。

(2)四灯制前照灯其远光单光束灯,其光束在10m处的屏幕上,要求光束中心离地高度为$0.85 \sim 0.9H$。水平位置要求左灯向左偏不得大于100mm,向右偏不得大于160mm。右灯向左或向右偏均不得大于160mm。

(3)对于安装两只前照灯的机动车,每只灯的发光强度≥1500cd(坎德拉),对于安装了四只前照灯的机动车,每只灯的发光强度≥1200cd。

(4)前照灯的配光性能应符合《汽车前照灯配光性能》(GB 4599)的要求。

2. 前照灯检测仪和前照灯的检测

前照灯的检测可采用屏幕检测或检测仪器检测。屏幕检测法简单易行,但只能检测前照灯光束的照射方向,而无法检测其发光强度。前照灯检测仪既能检测前照灯光束的照射位置又能检测其发光强度。

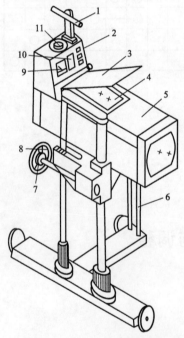

图4-33 国产QD-2型前照灯检测仪
1-对正器;2-光度选择按键;3-观察窗盖;4-观察窗;5-仪器箱;6-仪器移动手柄;7-仪器箱升降手轮;8-仪器箱高度指示标;9-光度计;10-光束照射方向参考表;11-光束照射方向选择指示旋钮

国产QD-2型前照灯检测仪主要用于非对称炫目前照灯车辆检测,也可兼作对称式前照灯车辆的检测。

(1)国产QD-2型前照灯检测仪的主要参数。该仪器的仪器箱升降高度的调节范围为50～130cm。能够检测车辆前照灯照射方向光束偏移范围为(0～50cm)/10m。能够检验车辆前照灯的最大发光强度为0～40000cd。

(2)国产QD-2型前照灯检验仪的结构。总体结构如图4-33所示,检验仪由车架、行走部分、仪器箱部分、仪器升降调节装置和对正器等部分组成。行走部分装有三个固定的车轮,它可以沿水平地面直线行驶,以便在检测完其中一只前照灯后,平移到另一只前照灯前。仪器箱是该仪器的主要检验部分,其上装有前照灯光束照射方向选择指示旋钮和屏幕,前端装有透镜,前照灯光束通过透镜投影到屏幕上成像,再通过仪器箱上方的观察窗口,目视其在屏幕上的光束照射方向是否符合检测要求。转动仪器的升降手轮,可在50～130cm范围内任意调节仪器箱的中心高度,由副立柱上的刻线读数和高度指示标指示其高度值。检测仪器箱的中心高度值应与被检车辆前照灯的安装中心高度保持一致。在仪器箱的后端顶盖上装有对正器,用以观察仪器与被检车辆的相对正确位置。

(3)前照灯的检测。

①将检测仪移至被检车辆前方,使仪器的透镜镜面距前照灯配光镜面(30±5)cm,并使仪器轴高度与前照灯中心离地高度一致。仪器应对正车辆的纵轴线,然后将仪器移至任意一只前照灯前开始检验。

②接通被检测前照灯的近光灯,光束则通过仪器箱的透镜照到仪器箱内的屏幕上,从观察窗口目视,并旋光束照射方向指示旋钮,使光的明暗截止线左半部水平线段与屏幕上的实线重合。此时,光束照射方向选择指示旋钮上的读数,即为前照灯照射到距离为10m的屏幕上的光束下倾值,应调整近光光束的下倾值,使其符合要求。

③近光光束照射方向检测后,按下光度选择按键的近光Ⅲ按键5(图4-34),检测近光光束暗区的光度,观察光度表,光度应在合格区(绿色区域)。

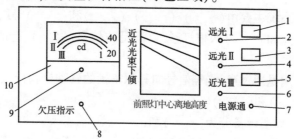

图4-34　光度指示装置

1-远光Ⅰ按键;2-远光Ⅰ调零旋钮;3-远光Ⅱ按键;4-远光Ⅱ调零旋钮;5-近光Ⅲ按键;6-近光Ⅲ调零旋钮;7-电源开关;8-电源电压指示灯;9-光度表调零按钮;10-光度表

④检验远光光束。接通前照灯的远光灯,远光光束照射到屏幕上的最亮部分,应当落在以屏幕上的圆孔为中心的区域,说明远光光束照射方向符合要求,如有上、下或左、右偏移,均应调整。

⑤检验远光灯的发光强度。按下远光Ⅰ按键,观察光度表,若亮度不超过20000cd,应按下远光Ⅱ按键,检测远光灯最小亮度是否符合规定。亮度超过15000cd为绿色区域,即为合格区域;在红色区域说明亮度低于15000cd,则不合格。亮度大于20000cd时,光度表以远光Ⅰ读数为准;亮度低于20000cd时,以远光Ⅱ计数为准。然后以同样方法检查另一只前照灯。

3. 前照灯的调整

当前照灯光束照射方向偏斜时,应根据前照灯的安装形式进行调整。可用工具转动前照灯上下、左右的调整螺钉,调节前照灯的光束位置。半封闭式前照灯的调整方法,如图4-35所示,调整前应先拆下前照灯罩板,然后拧转正上方螺钉1,可调整光束的上、下位置,拧转侧面螺钉2,可调整光束的左、右位置。

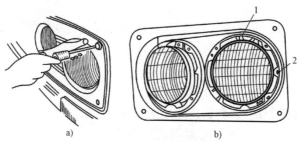

图4-35　半封闭前照灯调整

a)拆下前照灯罩;b)前照灯调整部位

1-上下方向调整螺钉;2-左右方向调整螺钉

四、注意事项

（1）操作应在指导老师的指导下完成。

（2）一定要按正确的操作规程进行。

复习思考题

一、填空题

1.工程机械照明系统主要由（　　）、（　　）、（　　）和（　　）等组成。

2.前照灯内有远光和（　　）两根灯丝，以满足防炫目（　　），有的还在灯丝的下端设置（　　）。

3.信号系统的作用是通过声、光等信号向其他车辆的驾驶员和行人发出（　　），以引起（　　），确保车辆（　　）和（　　）安全。

4.根据安装位置，照明设备分为（　　）和（　　）。

5.前照灯的光学系统包括（　　）、（　　）和（　　）三部分。

二、判断题（对的画"√"，错的画"×"）

（　　）1.全封闭式前照灯，其特点是将配光镜与反射镜制成一体，灯丝直接焊在反射镜上。

（　　）2.普通双丝灯泡中的远光灯丝位于反射镜旋转抛物面的焦点，而近光灯丝位于焦点的下方。

（　　）3.黄色灯光在雾中有较强的穿透力，故雾灯多采用黄色灯泡或黄色散光玻璃，专用于雾天行车照明。

（　　）4.前照灯检验的技术指标为光束照射位置、发光强度和配光特性。

（　　）5.在调整光束位置时，对具有双丝灯泡的前照灯，应该以调整近光光束为主。

（　　）6.氙灯由弧光灯组件、升压器和电子控制器组成，没有传统的钨丝。

（　　）7.信号系统的主要信号设备有示廓灯、转向信号灯、尾灯、制动灯和倒车灯等。

三、选择题

1.能将光束折射，以扩大光线照射的范围，使前照灯有良好的照明效果的是（　　）。

    A.反射镜　　　　　　　　　B.配光镜　　　　　　　　　C.灯泡

2.控制转向灯闪光频率的是（　　）。

    A.转向开关　　　　　　　　B.点火开关　　　　　　　　C.闪光器

3.功率低、发光强度最高、寿命长且无灯丝的前照灯是（　　）。

    A.投射式前照灯　　　　　　B.封闭式前照灯　　　　　　C.氙灯

4.前照灯灯泡中的近光灯丝应安装在（　　）。

    A.反射镜的焦点处　　　　　B.反射镜的焦点上方　　　　C.反光镜的焦点下方

四、简答题

1. 简述前照灯应满足的要求。
2. 简述前照灯反射镜的作用。
3. 简述前照灯配光镜的作用。
4. 前照灯是如何进行防炫的？
5. 简述转向信号灯的作用。
6. 工程机械转向信号的闪光继电器有哪些种类？简述其中一种的工作原理。
7. 工程机械转向信号系统有哪些常见故障？

第五章　仪表及传感器

知识目标

1. 能描述各种仪表的功用、结构及工作原理。
2. 能描述各种传感器的功用、工作原理。
3. 能描述仪表常见的故障现象。
4. 能描述仪表常见故障的排除方法。

能力目标

1. 能就车识别工程机械中的各种仪表。
2. 能正确判断冷却水温度表、油压表、燃油表、电压表、小时表等元件的好坏。
3. 能读懂工程机械仪表电路图。
4. 能正确分析判断仪表常见故障。

第一节　常规仪表

为了能使驾驶员随时了解工程机械主要部件的工作情况，以便及时发现和排除可能出现的故障，工程机械上装有各种仪表，如电流表、机油压力表、水温表、燃油表、车速里程表等。这些仪表显示工程机械运行的主要常规参数。仪表大部分都集中安装在驾驶室内转向盘正前方的专用仪表板上，它们的安装布局随各制造厂和工程机械类型不同而有所差别。

一、电流表

1. 作用

电流表串接在发电机和蓄电池之间，用来指示蓄电池充电或放电的电流值。通常把它做成双向工作方式，表盘的中间刻度为"0"、一边为 + 20（或 30）A，另一边为 – 20（或 30）A。发电机向蓄电池充电时，指示值为" + "，蓄电池向用电设备放电时，指示值为" – "。

2. 结构及线路连接

电流表按结构分为电磁式和动磁式两种。

下面介绍动磁式电流表的结构及线路连接，如图 5-1 所示。黄铜导电板 2 固定在绝缘底板上，两端与接线柱 1 和 3 相连，中间装有磁轭 6，指针 5 和永久磁铁转子 4 通过针轴安装在导电板 2 上。电流表的" + "接线柱与蓄电池组的" + "极相接，电流表的" – "接线柱与发电机的输出接线柱(B、A、" + ")相接。

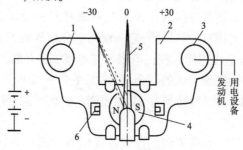

图 5-1　动磁式电流表

1-电流表" – "接线柱;2-导电板;3-电流表" + "接线柱; 4-永久磁铁转子;5-指针;6-磁轭

3.工作原理

当没有电流通过电流表时,永久磁铁转子 4 通过磁轭 6 构成磁回路,使指针保持在中间"0"的位置。当蓄电池处于放电状态时,电流由接线柱 1 经导电板 2 流向接线柱 3,此时导电板周围产生磁场,使安装在针轴上的永磁转子带动指针向" – "方向偏转一定角度,指示出放电电流读数。电流越大,偏转角度越大,则读数越大。当蓄电池处于充电状态时,由于电流方向相反,指针偏向" + "方向,指示出充电电流的大小。

二、机油压力表

1.作用

机油压力表是用来指示发动机运转过程中润滑系统的机油压力大小及发动机润滑系统工作是否正常。

2.组成及线路连接

机油压力表由装在发动机主油道上的油压传感器和仪表板上的机油压力指示表组成,如图 5-2 所示。

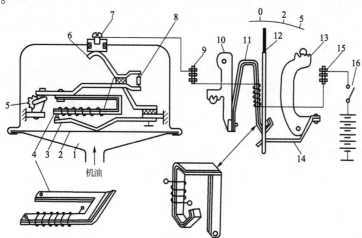

图 5-2　电热式机油压力表

1-油腔;2-膜片;3、14-弹簧片;4-传感器双金属片;5-调节齿轮;6-接触片;7-传感器接线螺钉;8-校正电阻;9、15-指示表接线柱;10、13-调节齿扇;11-指示表双金属片;12-指针;16-点火开关

油压传感器为一个圆盒形,其内装有金属膜片2,膜片下方为油腔1,与润滑系统的主油道相通。中膜片上方的中心顶着弯曲的弹簧片3,弹簧片的一端焊有触点,另一端固定在外壳上并搭铁。双金属片4上绕有加热线圈,它一端与双金属片的触点相连,另一端则通过接触片6、接线柱7与油压指示表相连。校正电阻8与加热线圈并联。

油压指示表内装有一个特殊形状的双金属片11,它的一端固定在调节齿扇10上,另一端弯成钩状,并钩在指针12上。双金属片11上还绕有加热线圈,线圈的两端分别接在指示表的接线柱9和15上。

双金属片是由两种热膨胀系数不同的金属做成(如锌和钢),加热后由于膨胀系数不同,双金属片产生弯曲变形。

3. 工作原理

当电源开关接通时,油压指示表及油压传感器中有电流通过,电流由蓄电池"+"→点火开关16→接线柱15→双金属片11上的加热线圈→接线柱9→传感器接线螺钉7→接触片6→双金属片4上的加热线圈→双金属片4和弹簧片3之间的触点→弹簧片3→搭铁→蓄电池"-"。由于电流通过双金属片4和11上的加热线圈,使双金属片受热变形。

当油压很低时,传感器膜片几乎不变形,这时作用在触点上的压力甚小,加热线圈中虽只有小电流通过,但只要温度略有上升双金属片4稍有弯曲就会使触点分开,切断电路。经过一段时间后,双金属片冷却伸直,触点又闭合,电路又被接通。如此反复循环,触点每分钟约开闭5~20次。因为在油压甚低时,只要有较小的电流通过加热线圈,温度略有升高,双金属片4稍有弯曲触点就会分开。故触点打开的时间长,闭合时间短,变化频率也低,通过加热线圈平均电流值很小。所以油压指示表内双金属片11变形不大,指针只略微向右摆动,指示低油压。

当油压升高时,膜片2向上拱曲,触点之间的压力增大,使双金属片4向上弯曲程度增大。只有加热线圈通过较长时间的电流,双金属片4才有较大的变形使触点分开,而且触点分开不久,双金属片稍一冷却触点就会很快闭合。故触点分开的时间短,闭合的时间长,变化频率增大,通过油压指示表加热线圈的平均电流增大,机油压力表内双金属片11变形大,指针向右偏转的角度大,指示较高的油压。

为使油压的指示值不受外界温度的影响,双金属片4制成H形,其上绕有加热线圈的一边称为工作臂;另一边称为补偿臂。当外界温度变化时,工作臂的附加变形被补偿臂的相应变形所补偿,使指示值保持不变。在安装传感器时,必须使传感器壳上的箭头向上,不应偏出±30°位置,使工作臂产生的热气上升时,不至于对补偿臂产生影响,造成误差。

机油压力表的正常压力指示范围:200~400kPa;发动机低速运转时,压力最低不小于150kPa;发动机高速运转时,压力最高不大于500kPa。

三、水温表

1. 作用与组成

水温表用来指示发动机冷却水的工作温度。它由装在汽缸盖上的温度传感器和装在仪表板上的水温表组成。水温表主要类型有双金属片式和电磁式。

2. 双金属片式水温表

1）结构和线路连接

双金属片式水温表结构和线路连接如图 5-3 所示。其指示表的构造和工作原理与油压指示表相同,只是刻度值不一样。水温传感器是一个密封的铜套筒,内装有条形双金属片 2,其上绕有加热线圈。线圈的一端与活动触点相接,另一端通过接触片 3、接线柱 4 与水温指示表加热线圈串联。固定触点通过铜套筒搭铁,双金属片对触点有一定的预压力,其受热后向上弯曲时触点压力减小或分开。

2）工作原理

当水温很低时,双金属片 2 经加热变形向上弯曲,触点分开,由于水温较低,很快冷却,触点又重新闭合,如此反复。故触点闭合时间长,分开时间短,流经加热线圈的平均电流大,水温指示表中双金属片 7 变形大,指针指向低温。

当水温增高时,传感器密封套筒内温度也增高,因此,双金属片受热变形后,冷却的速度变慢,所以触点分开时间变长,触点闭合时间缩短,流经加热线圈的平均电流减小,双金属片 7 变形减小,指针偏转角度减小,指示较高温度。

3. 电磁式水温表

1）结构和线路连接

电磁式水温表的结构和线路连接如图 5-4 所示。电磁式水温指示表内有左、右两个铁芯,并分别绕有左、右线圈 1、2,其中的左线圈与电源并联,右线圈与传感器串联。两个线圈的中间置有软钢转子 3,其上连有指针 4。接线柱 B 与蓄电池的正极连接,接线柱 A 与负温度系数热敏电阻式传感器正极连接。

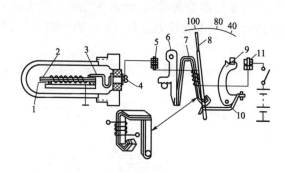

图 5-3 双金属片式水温表

1-触点;2、7-双金属片;3-接触片;4、5、11-接线柱;6、9-调
节齿扇;8-指针;10-弹簧片

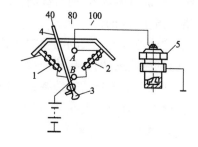

图 5-4 电磁式水温表

1-左线圈;2-右线圈;3-软钢转子;4-指针;
5-负温度系数热敏电阻式传感器

2）工作原理

电源电压稳定时通过左线圈的电流不变,因而它所形成的磁场强度是一定值,而通过右线圈的电流大小则取决于与它串联的传感器热敏电阻的电阻值。热敏电阻为负温度系数,发动机冷却水温较低时,热敏电阻值大,右线圈电流小、磁场弱,合成磁场主要取决于左线圈,使指针指示低温;反之,指针指示高温。

四、燃油表

1. 作用与组成

燃油表的作用是用来指示燃油箱内储存燃油量的多少。它由传感器和指示表组成。传感器均为可变电阻式,但指示表有电磁式和双金属片式两种。

2. 电磁式燃油表

1)结构和线路连接

电磁式燃油表结构和线路连接如图5-5所示。燃油指示表内有左、右两个铁芯,并分别绕

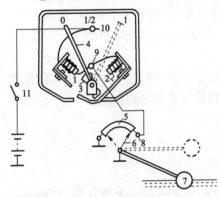

图5-5 电磁式燃油表

1-左线圈;2-右线圈;3-转子;4-指针;5-可变电阻;
6-滑片;7-浮子;8、9、10-接线柱;11-点火开关

有左、右线圈1、2,两个线圈的中间置有转子3,其上连有指针4。右线圈与可变电阻并联,然后与左线圈、点火开关11、蓄电池串联。传感器由可变电阻5和浮子7组成,浮子随油面沉浮并带动可变电阻变化。

2)工作原理

燃油箱内无油时浮子下沉到最低处,可变电阻和右线圈均被短路,此时左线圈1在全部电源电压的作用下通过的电流达最大值,产生最强的电磁吸力,吸引转子使指针停在最左边的"0"位置上。

随着燃油箱中油量的增加,浮子上浮并带动滑片6向左移动,可变电阻部分接入,此时左线圈1的电流相应减小,使左线圈电磁吸力减弱,而右线圈2的电流增大,产生电磁吸力增强,在合成磁场的作用下转子带动指针向右偏转,使燃油量指示值增大。

当燃油箱内盛满油时,浮子上升到最高处,可变电阻全部接入,此时左线圈1的电流最小,产生最弱的电磁吸力,而右线圈2的电流最大,产生电磁吸力最强,转子带动指针转到最右边,指针指在"1"的位置上。

装有副油箱时,在主、副油箱中各装一个传感器,在传感器与燃油指示表之间装有转换开关,可分别测量主、副油箱的油量。

传感器的可变电阻的末端搭铁,可避免滑片6与可变电阻接触不良时产生火花、引起火灾的危险。

3. 双金属片式燃油表

1)结构和线路连接

带稳压器的双金属片式燃油表的结构和线路连接如图5-6所示。双金属式燃油表的传感器与电磁式相同,指示表用双金属片式。燃油表一端通过双金属片式稳压器与蓄电池正极相连;另一端与可变电阻连接。

2)工作原理

通过液面高低的变化可改变可变电阻值的大小,从而改变与之串联的加热线圈电流,使双金属片变形

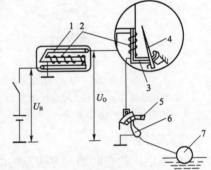

图5-6 双金属片式燃油表

1-稳压电阻;2-加热线圈;3-双金属片;4-指针;
5-可变电阻;6-滑片;7-浮子

推动指针,指示相应的燃油液面高度。

由于流经加热线圈2的电流,除与可变电阻值有关外,还与供电电压有关。工程机械的电源是蓄电池与发电机并联,两者的电位差一般为2V左右,且发电机的端电压,虽然经调节器调整,但受负载电流的影响也较大。因此,电源电压变化必然影响双金属片式仪表的测量精度。故用双金属片做指示仪表时需加装稳压器。当电源电压提高时,稳压器中加热线圈的电流增大,双金属片温度升高,使触点间接触压力减小,闭合时间缩短,分开时间延长,从而使加热线圈中的电流减小,端电压下降。当电源电压下降时,稳压器中加热线圈的电流减小,双金属片温度降低,触点闭合时间延长,打开时间缩短,线圈中平均电流增大,端电压提高。这样,就使指示仪表始终在一个比较稳定的电压下工作,减少了电源电压对仪表的影响。

五、工程机械车速里程表

1. 作用

工程机械车速里程表用来指示工程机械行驶速度和累计行驶里程数。有机械式与电子式两种。

2. 机械式车速里程表的结构

如图5-7所示为工程机械机械式车速里程表。它的主动轴由变速器传动蜗杆经软轴驱动,传动路线如图5-8所示。车速表是由与主动轴紧固在一起的永久磁铁1,带有轴与指针6的铝罩2、罩壳3和紧固在车速里程表外壳上的刻度盘5等组成。

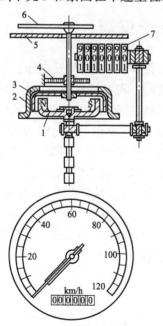

图5-7　机械式车速里程表
1-永久磁铁;2-铝罩;3-罩壳;4-游丝;5-刻度盘;6-指针;7-十进制里程表

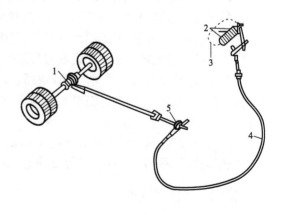

图5-8　车速里程表传动路线
1-差速器传动路线;2-里程表数字轮表;3-刻度盘;4-传动轮轴;5-变速器第二轴传动蜗轮蜗杆

3.机械式车速里程表的工作原理

不工作时,铝罩2在游丝4的作用下,使指针位于刻度盘的零位。当工程机械行驶时,主动轴带着永久磁铁1旋转,永久磁铁的磁力线在铝罩2上引起涡流,这涡流产生一个磁场。旋转的永久磁铁磁场与铝罩磁场相互作用产生转矩,克服游丝的弹力,使铝罩2朝永久磁铁1转动的方向旋转,与游丝相平衡。于是铝罩带动指针转过一个与主动轴转速大小成比例的角度,指针便在刻度盘上指示出相应的速度。

工程机械速度越高,永久磁铁1旋转越快,铝罩2上的涡流也就越大,因而转矩越大,使铝罩带着指针偏转的角度越大,因此指针在刻度盘上指示的速度也就越高。

里程记录部分由三对蜗轮蜗杆、中间齿轮、单程里程计数轮、总里程计数轮及复零机构等组成。工程机械的蜗轮蜗杆与软轴的传动比为1:45。

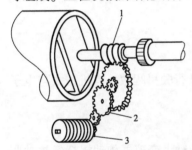

图5-9 里程表的减速轮系和计数轮
1-车速表蜗杆;2-减数齿轮;3-计数轮

工程机械行驶时,软轴带动主动轴,并由主动轴经三对蜗轮蜗杆驱动里程表最右边的第一数字轮。第一数字轮上所刻的数字为1/10km。每两个相邻的数字轮之间,又通过本身的内齿和进位数字轮传动齿轮,形成1/10的传动比。即当第一数字轮转动一周,数字由9翻转到0时,便使相邻的左面第二数字轮转动1/10周,成十进位递增。这样,工程机械行驶时,就可累计出其行驶里程数。图5-9为里程表的减速轮系和计数轮。工程机械速度表上还有单程里程表复位杆,只要按一下复位杆,单程里程表的4个数字均复位为零。

第二节　工程机械电子仪表

工程机械仪表是驾驶员与车辆进行信息交流的重要接口和界面,对安全作业起着重要作用。常规仪表信息量少、准确率低、体积较大、可靠性较差、视觉特性不好,显示的是传感器检测值的平均值,难以满足工作需求。工程机械电子仪表比通常的机械式模拟仪表更精确,电子仪表刷新速度较快,显示的是即时值,并能一表多用,驾驶员可通过按钮选择仪表显示的内容。有些工程机械电子仪表还具有自诊断功能,每当打开电源开关时,电子仪表板便进行一次自检,也有的仪表板采用诊断仪或通过按钮进行自检。自检时,通常整个仪表板发亮,同时各显示器都发亮。自检完成时,所有仪表均显示出当前的检测值。如有故障,便以警告灯或给出故障码提醒驾驶员。

电子仪表一般由传感器、信号处理电路和显示装置三部分组成。电子仪表与常规仪表使用的传感器相同,不同之处在于信号处理电路和显示装置。

一、常用电子显示装置

常用电子显示装置主要有:真空荧光管(VFD)、发光二极管(LED)、液晶显示器件(LCD)、阴极射线管(CRT)、等离子显示器件(PDP)等。一般情况下采用真空荧光管(VFD)、发光二极管(LED)和液晶显示器件(LCD),它们的性能和显示效果都比较好。作为信息终端显示来说,用阴极射线管(CRT)更好,但因其体积太大而使用较少。

1. 真空荧光管(VFD)

1)结构与线路连接

真空荧光管实际上是一种低压真空管,它是最常用的数字显示器,如图 5-10 所示,其由钨丝、栅极和涂有磷光物质的屏幕构成,它们被封闭在抽真空后充以氩气或氖气的玻璃壳内。负极是一组细钨丝制成的灯丝,钨丝表面涂有一层特殊材料,受热时释放出电子。正极为多个涂有荧光材料的数字板片,栅极夹在正极与负极之间用于控制电子流。正极接电源正极,每块数字板片接有导线,导线铺设在玻璃板上,导线上覆盖绝缘层,数字板片在绝缘层上面。

2)发光原理

VFD 发光原理与晶体三极管载流子运动原理相似,如图 5-11 所示。当其上施加正向电压时,即灯丝与电源负极相接,屏幕与电源正极相接时,电流通过灯丝并将灯丝加热至 600℃左右,从而导致灯丝释放出电子,数字板片会吸引负极灯丝放出的电子。当电子撞击数字板片上的荧光材料时,使数字板发光,通过正面玻璃板的滤色镜显示出数字。因此,若要使某一块板片发光就需在它上面施加正向电压,否则该板片就不会发光。

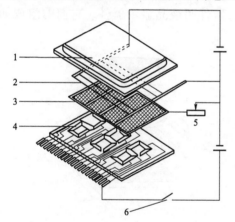

图 5-10　真空荧光管(VFD)结构与连线
1-前玻璃罩;2-灯丝(阴极);3-栅极;4-笔画小段(阳极);5-电位器(亮度调节);6-微机控制电子开关(屏幕笔画段受激发光)

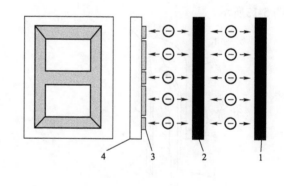

图 5-11　真空荧光管(VFD)发光原理
1-灯丝(阴极);2-栅极;3-笔画小段(阳极);4-面板

栅极处于比负极高的正电位。它的每一部分都可等量地吸引负极灯丝放出的电子,确保电子能均匀地撞击正极,使发光均匀。

3)VFD 的优缺点

与其他显示设备相比,VFD 具有较高的可靠性和抵抗恶劣环境的能力,且只需要较低的操作电压,真空荧光管色彩鲜艳、可见度高、立体感强。真空荧光管的缺点:由于是真空管,为保持一定强度,必须采用一定厚度的玻璃外壳,故体积和质量较大。

2. 发光二极管(LED)

1)结构

发光二极管的结构如图 5-12 所示,它是一种把电能转换成光能的固态发光器件。发光二极管一般都是用半导体材料,如砷化镓、磷化镓、磷砷化镓和砷铝化镓等制成。它是应用最广泛的低压显示器件。

2）工作原理

当在正、负极引线间加上适当正向电压后,二极管导通,半导体晶片便发光,通过透明或半透明的塑料外壳显示出来。发光的强度与通过管芯的电流成正比。在半导体材料中掺入不同的杂质,可使发光二极管发出不同颜色,通常分为红、绿、黄、橙等不同颜色。外壳起透镜作用,也可利用它来改变发光二极管外形和光的颜色,以适应不同的用途。

当反向电压加到二极管上,二极管截止,无电流通过,不再发光。

3）发光二极管的特点

发光二极管可单独使用,也可用于组成数字、字母或光条图。发光二极管响应速度较快、工作稳定、可靠性高、体积小、重量轻、耐振动、寿命长,因此工程机械电子仪表中常用发光二极管作为工程机械仪表板上的指示灯,数字符号段或不太复杂的图符显示。

3. 液晶显示器件(LCD)

在两层装有镶嵌电极或交叉电极的玻璃板之间夹一层液晶材料,当板上各点加有不同电场时,各相应点上的液晶材料即随外加电场的大小而改变晶体特殊分子结构,从而改变这些特殊分子光学特性。利用这一原理制成的显示器件叫液晶显示器件。它们的组成如图5-13所示。

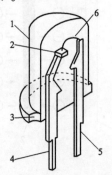

图 5-12　发光二极管的结构
1-塑料外壳;2-二极管芯片;3-阴极缺口标记;
4-阴极端子;5-阳极端子;6-导线

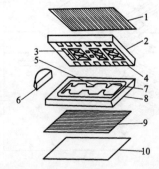

图 5-13　液晶显示器件(LCD)的组成
1-前偏振片;2-前玻璃片;3-笔画电极;4-接线端;5-背板;6-前端密封件;7-密封面;8-玻璃背板;9-后偏振片;10-反射镜

液晶是有机化合物,由长形杆状分子构成。在一定的温度范围和条件下,它具有普通液体的流动性质,也具有固体的结晶性质。液晶显示器件有两块厚约 1mm 的玻璃基板,后玻璃基板的内面均涂有透明的导电材料作为电极,前玻璃基板的内面的图形电极供显示用,两基极间注入一层约 $10\mu m$(微米)厚的液晶,四周密封,两块玻璃基板的外侧分别贴有偏振片,它们的偏振轴互呈 90° 夹角。与偏振轴平行的光波可通过偏光板,与偏振轴垂直的光波则不能透过偏光板。当入射光线经过前偏光板时,仅有平行于偏振轴的光线透过,当此入射光经过液晶时,液晶使该入射光线旋转 90° 后射向后偏光板,由于后偏光板偏振轴恰好与前偏光板偏振轴垂直,所以该入射光可透过后偏光板并经反射镜反射,顺原路径返回(图5-13)。此时液晶显示板形成一个背景发亮的整块图形。

当以一定电压对两个透明导体面电极通电时,位于通电电极范围内(即要显示的数字、符号及图形)的液晶分子重新排列,失去使偏振入射光旋转 90° 的功能,这样的入射光便不能通过后偏光板,因而也不能经反射镜反射形成反射光。这样,通电部分电极就形成了在发亮背景下的黑色字符或图形(图 5-14)。

由于液晶显示器件为非发光型显示器件,所以只有在光亮的环境中才能观察液晶显示器的内容,由于在较暗的环境中难于观察液晶显示器的内容,因此在工程机械上所用的液晶显示器通常采用白炽灯作为背景照明光源。

液晶显示的优点很多,如:工作电压低(3V 左右),功耗非常小;显示面积大、示值清晰,通过滤光镜可显示不同颜色;电极图形设计灵活,设计成任意显示图形的工艺都很简单。因此在工程机械上得到广泛应用。缺点是液晶为非发光型物质,白天靠日光显示,夜间必须使用照明光源。低温条件下灵敏度较低,有时甚至不能正常工作。工程机械的使用工作环境变化较大,在零下十几摄氏度、几十摄氏度的环境下使用也是常事。为了克服液晶显示器的这一缺陷,现在往往在液晶显示器件上附加加热电路,驱动方式也进行了改进,扩大了它在工程机械电子仪表上的应用。

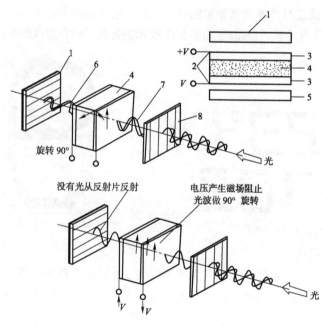

图 5-14　液晶显示器件(LCD)的工作原理

1-反射偏振片;2-透明导板;3-玻璃基片;4-液晶;5-偏振片;6-反射光;7-旋转 90°后的反射光;8-偏振片轴

4. 工程机械电子仪表的常见显示方法

发光二极管、液晶显示器件、真空荧光显示器均可用以下显示方法显示信息。

1)字符段显示法

字符段显示法通常是一种利用七段、十四段或十六小线段进行数字或字符显示的方法。用七段小线段可以组成数字 0 ~ 9,用十四(或十六)段小线段可以组成数字 0 ~ 9 与字母 A ~ Z,每段可以单独点亮或成组点亮,以便组成任何一个数字、字符或一组数字、字符。每段都有一个独立的控制荧屏,由作用于荧屏的电压来控制每段的照明。为显示特定的数位,电子电路选择出代表该数位的各段,并进行照明。当用发光二极管进行显示时,也是用电子电路来控制每段发光二极管,方法与真空荧光显示器相同。图 5-15 所示为用 7 只发光二极管组成的数字显示板。图 5-16 为七段字符显示的数字。

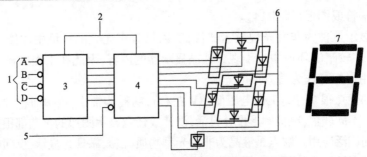

图 5-15　用七只发光二极管组成的数字显示板

1-二、十进制编码输入;2-逻辑电路;3-译码器;4-恒流源;5-小数点;6-发光二极管电源;7-8 字形

2)点阵显示法

点阵是一组成行和成列排列的元件,有 7 行 5 列、9 行 7 列等。点阵元素可为独立发光的二极管或液晶显示,或是真空荧光管显示的独立荧屏。电子电路供电照明各点阵元素,数字 0 ~ 9 和字母 A ~ Z 可由各种元素组合而成,如图 5-17 所示为发光二极管组成的 5×7 点阵显示板。

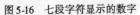

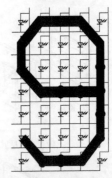

图 5-16　七段字符显示的数字　　　　图 5-17　发光二极管组成的 5×7 点阵显示

3)特殊符号显示法

真空荧光管与液晶显示器还可取代数字与字母,显示特殊符号。图 5-18 为电子仪表显示板显示的 ISO(国际标准化组织)符号和电子仪表显示板显示的特殊符号。

远光	近光	转向	危急	雨刷	清洗
雨刷与清洗	风扇	停车灯	前盖	后盖	阻风
喇叭	油量	水温	蓄电池充电	机油	安全带
点烟器	后窗刮水器	后窗清洗	驻车制动	制动故障	除霜、除雾

图 5-18　电子仪表显示板显示的 ISO 符号和特殊符号

4）图形显示法

图形显示法是以图形方式显示信息,用图形显示提醒驾驶员注意前照灯、示廓灯与制动灯的故障以及清洗液与油量多少。图形显示警告器上显示出工程机械俯视外观图形。在所需警告显示的部位上均装有发光二极管显示装置,当这个部位上出现故障时,传感器即向电子组件提供信息,控制加在发光二极管上的电压,使发光二极管闪光,以提醒驾驶员注意。

如图5-19所示是一种用杆图进行油量等显示的方法。用32条亮杆代表油量,当油箱装满时,所有的杆都亮;当油量降至3条亮杆时,油量符号开始闪烁,提醒驾驶员该加油了。也有的厂商用光条图进行油量等显示。

二、工程机械电子仪表电路

1.数字车速里程表电子电路

数字车速里程表主要由车速传感器、电子电路、车速表和里程表四部分组成。

电子电路是将工程机械速度传感器送来的具有一定频率的电信号,经整型、触发、输出一个与工程机械行驶速度成正比的电流信号。如图5-20所示,该电子电路主要包括稳压电路、单稳态触发电路、恒流源驱动电路、64分频电路和功率放大电路。

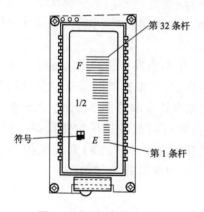

图5-19　杆图油量等显示法

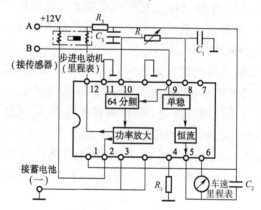

图5-20　数字车速里程表的电子电路

工程机械车速表实际上是一个磁电式电流表,当工程机械以不同速度行驶时,从电子电路接线端6输出的与工程机械行驶速度成正比的电流信号便驱动车速表指针偏转,即可指示相应的工程机械行驶速度。工程机械车速表刻度盘上50~130km/h的区域用红色标志,表示经济速度区域。

里程表由一个步进电动机及六位数字的十进位齿轮计数器组成。步进电动机是一种利用电磁铁的作用原理将脉冲信号转换为线位移或角位移的电动机。工程机械速度传感器输出的频率信号,经64分频后,再经功率放大器放大到具有足够的功率,驱动步进电动机,带动六位数字的十进位齿轮计数器工作,从而积累行驶的里程。

2.电子转速表电路

为了检查和调整发动机,并监视发动机的工作状况,更好地掌握换挡时机,大多数工程机械都安装发动机转速表。转速表的电路类型很多,现主要介绍下面两种。

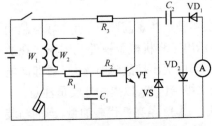

图 5-21 电容充放电脉冲式转速表电路图

1) 电容充放电式转速表

图 5-21 是利用电容器充放电脉冲式电子转速表。其工作原理如下：

当触点闭合时，晶体管 VT 无偏压而处于截止状态，电容 C_2 被充电。其充电电路为：蓄电池" + "→ R_3 → C_2 → VD_2 →蓄电池" − "构成回路。

当触点分开时，晶体管的基极得正电位而导通，此时 C_2 便通过导通的三极管 VT、电流表Ⓐ和 VD_1 构成放电回路，从而驱动电流表。

发动机工作时，分电器触点不断开闭，其开闭次数与发动机转速成正比。所以当触点不断开闭时，对电容 C_2 不断进行充放电，其放电电流平均值与发动机转速成正比，于是将电流表刻度值经过标定刻成发动机转速即可。稳压管 VS 起稳压作用，使 C_2 再次充电电压不变，以提高测量精度。

2) 微机控制的发动机转速表

目前，在工程机械电子仪表中，多数由微机控制的发动机转速表的系统构成如图 5-22 所示。以柱状图形来表示发动机转速的大小，同样通过发动机点火系分电器中的断电器触点断开时产生的脉冲信号作为电路触发脉冲信号来测量(脉冲信号的频率正比于发动机的转速)，这种前沿脉冲信号通过中断口输入微机。为减小计算误差，脉冲的周期通常采用四个周期的平均值来计算。

车速表系统构成如图 5-23 所示。车载微机随时接收车速表传感器送出的电压脉冲信号，并计算在单位时间里车速传感器发出的脉冲信号次数，再根据计时器提供的时间参考值，经计算处理可得到工程机械行驶速度，并通过微机指令让显示器显示出来。无论前进还是倒退，工程机械的速度都能显示出来。速度单位通常可由驾驶员用按钮选择，即显示 km/h 或 mph(英里/时)。车速信号还可传送到制动防抱死系统(ABS)和巡航控制系统(CCS)的电子控制单元中。当车速超过某极限值时，还可向驾驶员发出警报。

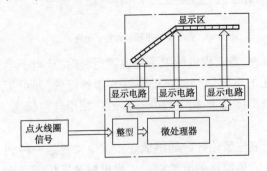

图 5-22 微机控制的发动机转速表的系统构成

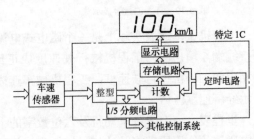

图 5-23 车速表系统构成

3. 电子电压显示电路

电压显示器在于指示工程机械电源的电压，即指示蓄电池充、放电电量的大小以及充、放电的情况。传统的采用电流表或充电指示灯的方法不能比较准确地指示出电源电压。在实际使用中，往往因发电机电压失调，而发生蓄电池过充电和用电器过电压造成损坏。

LM3914 电压显示电路如图 5-24 所示。该显示器主要由 LM3914 集成电路构成柱形/点状带发光二极管的显示电路,它采用 $LED_1 \sim LED_{10}$ 10 只发光二极管,电压显示范围是 10.5 ~ 15V,每个发光二极管代表 0.5V 的电压升降变化。电路的微调电位器 R_5 将 7.5V 电压加到分压器一侧,电阻 R_7、二极管 $VD_2 \sim VD_5$ 是将各发光二极管的电压控制在 3V 左右,L_1 和 C_2 所构成的低通滤波器,用来防止电压波动干扰,二极管 D_1 的作用是防止万一电源接反时保护显示器不致损坏。为了提高工程机械电源电压的指示精度,可用两个以上的 LM3914 集成块组成 20 级以上的电压显示器,用以提高工程机械电子仪表板刻度的分辨率。

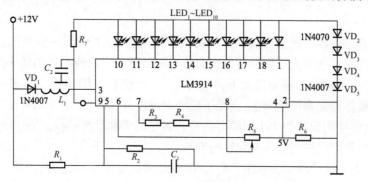

图 5-24　LM3914 电压显示电路

4. 水温表、机油压力表

为了解和掌握工程机械发动机的工作情况、及时发现和排除可能出现的故障,工程机械上均装有工程机械发动机水温表和机油压力表。如图 5-25 所示电路具有显示发动机水温和机油压力两种功能。

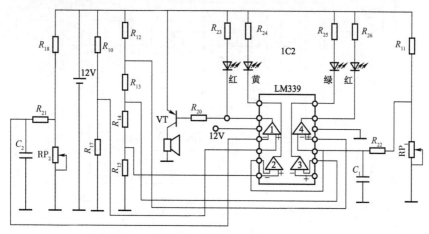

图 5-25　显示发动机冷却液温度和机油压力两种功能电路

它主要由水温传感器 RP_1(热敏电阻型)、机油压力传感器 RP_2(双金属片电阻型)、LM339 集成电路和红、黄、绿发光二极管显示器等组成。水温传感器装在发动机水套内,它与电阻 R_{11} 组成水温测量电路。机油压力传感器装在发动机主油道上,与电阻 R_{18} 组成机油压力测量电路。

当水温低于 40℃时,黄色发光二极管发黄色光显示;当水温在正常工作温度(约 85℃)

时,绿色发光二极管发绿色光显示;当水温超过95℃时,发动机有过热危险,以红色发光二极管发光报警,同时由三极管 VT 控制的蜂鸣器也发出报警声响信号。

当机油压力过低(低于 68.6kPa)时,双金属片式机油压力传感器产生的脉冲信号频率最低,此时红色发光二极管发光显示,并由蜂鸣器发出声响报警信号;当发动机机油压力正常时,绿色发光二极管发光显示,表示发动机润滑系统工作正常;而在油压过高时,机油压力传感器产生的脉冲信号频率较高,黄色发光二极管发光显示,以引起驾驶员的注意,防止润滑系统故障,尤其是注意防止润滑系各部的垫圈被冲破和润滑装置损坏。

5. 电子燃油表

电子燃油表可以随时测量并显示工程机械油箱内的燃油情况,一般采用柱状或其他图形方式来提醒驾驶员油箱内可用的剩余燃油量。电子燃油表的传感器仍然采用浮子式滑线电阻器结构,由一个随燃油液面高度升降的浮子、一个带有电阻器的机体和一个浮动臂组成。传感器由机体固定在油箱壁上,当浮子随液面高度升降时,带动浮动臂使接触片在电阻器上滑动,从而使检测回路产生不同的电信号。当在整个电阻外部接上固定电压时,液面高度就可根据接触片对搭铁的电压变化进行判断。

如图 5-26 为一电子燃油表电路。R_x 是浮子式滑线电阻器传感器,两块 LM324 及相应的电路和 $D_1 \sim D_7$ 发光二极管作为显示器件组成。由 R_{15} 和二极管 VD_8 组成的串联稳压电路,为各运算放大器提供稳定的基准电压,输入集成电路 IC_1 和 IC_2 组成的电压比较器反向输入端,为了消除工程机械行驶时油箱中燃油晃动的影响,Rx 输出端 A 点的电位通过 R_{16} 及 C_{47} 组成的延时电路加到 IC_1 和 IC_2 的同向输入端,并与基准电压进行比较并加以放大。

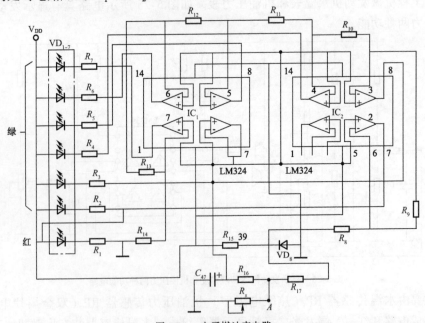

图 5-26　电子燃油表电路

当油箱中燃油加满时,传感器 Rx 的阻值最小,A 点电位最低,由 IC_1 和 IC_2 电压比较器输出为低电平,此时,6 只绿色发光二极管都点亮;而红色发光二极管 D_1 熄灭,表示油箱中的燃油已满。

当油箱中燃油量逐渐减少,显示器中绿色发光二极管按 D_7、D_6、D_5…次序依次熄灭。油量越少,绿色发光二极管亮的个数越少。

当油箱中燃油量达到下限,R_x 的阻值最大,A 点电位最高,集成块 IC_2 的第 5 脚电位高于第 6 脚的基准电位,6 只绿色发光二极管全部熄火,红色发光二极管 D_1 点亮,提醒驾驶员补充燃油。

图 5-27 为微机控制的燃油表系统。微机给燃油传感器施加固定的 +5V 电压,燃油传感器输出的电压通过 A/D 转换后送至微机进行处理,控制显示电路以条形图方式显示处理结果。为了在系统第一次通电时加快显示,通常 A/D 转换不到 1s 进行一次。在一般的运行环境下,为防止因工程机械行驶时油箱中燃油晃动对浮子的影响等因素造成的突然摆动而导致显示不稳定,微处理器将 A/D 转换的结果每隔一定时间平均一次。另外,鉴于仅靠平均办法还不足以使显示完全平稳下来,系统控制显示器只允许在更新数据时每次仅升降一段,并且显示结果经数次确认后才显示出来。微机接收到油量信息时,立即将其转换为操作显示器的电压信号,显示器上有 32 条或 16 条杆(图 5-19),发亮杆愈多,表示油量愈多。发亮杆旁有国际标准油量符号(即 ISO 油量符号),发亮杆分 4 部分,每部分代表 1/4 油位,ISO 符号上下有空(E)与满(F)符号。当油量逐渐减少时,亮杆自上向下逐渐熄灭,当油量减至危险值时,ISO 符号即闪烁,提醒驾驶员补充燃油。

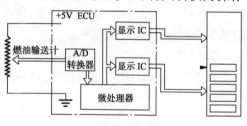

图 5-27 微机控制的燃油表系统

三、工程机械电子组合仪表

上述分装式工程机械仪表具有各自独立的电路,具有良好的磁屏蔽和热隔离,相互间影响较小,具有较好的可维修性。缺点是不便采用先进的结构工艺,所有仪表加在一起后,体积过大,安装不方便。有些工程机械采用组合仪表,其结构紧凑,便于安装和接线,缺点是各仪表间磁效应和热效应相互影响,易引起附加误差,为此要采取一定的磁屏蔽和热隔离措施,同时还要进行相应的补偿。

1. ED-02 型电子组合仪表

图 5-28 为 ED-02 电子组合仪表。

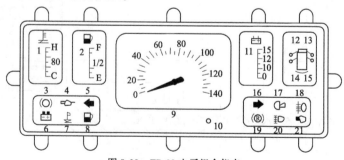

图 5-28 ED-02 电子组合仪表

1)主要功能

(1)车速测量范围为 0 ~ 140km/h,仍采用模拟显示。

(2)水温表采用具有正温度系数的 RJ-1 型热敏电阻为传感器,显示器采用发光二极管杆图显示,其中最小刻度 C 为 40℃,最大刻度 H 为 100℃。从 40℃起,水温每增加 10℃,一个发光二极管点亮。

（3）电压表采用发光二极管杆图显示，最小刻度电压为0V，最大刻度电压为15V。该表能较好地指示蓄电池的电压情况，包括工程机械起动时的蓄电池电压降、蓄电池充电和放电情况等。

（4）燃油表也采用发光二极管杆图显示，刻度为 E、1/2、F。当油箱内的燃油约为油箱的一半时，1/2 指示灯点亮。加满油时，F 指示段点亮。

（5）当有工程机械车门未关好时，相应的车门状态指示灯发光报警。

（6）当燃油低于下限时，报警灯点亮。

（7）当水温到达上限时，报警灯点亮。

（8）当机油压力过低时，报警灯点亮。

（9）当制动系统出现问题时，报警灯点亮。

（10）设置有左右转向、灯光远近、倒车、雾灯、驻车制动、充电等状态信号指示灯。指示灯均为蓝色，报警灯均为红色。

2）电路

图 5-29 为 ED-02 电子组合仪表电路。额定电压为 12V，负极搭铁，采用插接器连接。

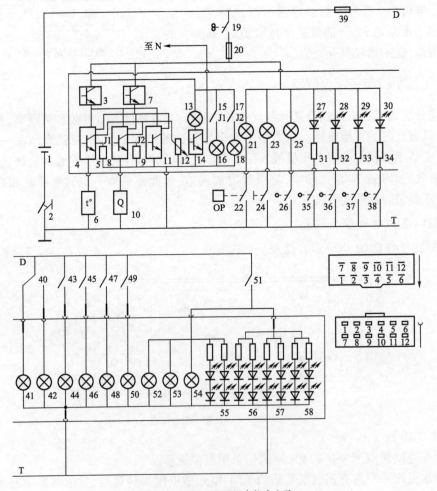

图 5-29　ED-02 电子组合仪表电路

2. 工程机械智能组合仪表

图 5-30 为单片机控制的工程机械智能组合仪表基本组成,它由工程机械工况信息采集、单片机控制及信号处理、显示器等系统组成。

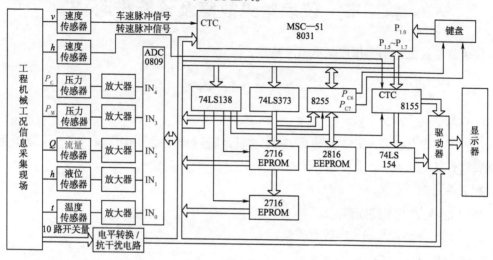

图 5-30　单片机控制的工程机械智能组合仪表基本组成

1) 信息采集

工程机械工况信息通常分为模拟量、频率量和开关量三类。

(1) 模拟量。工程机械工况信息中的发动机水温、油箱燃油量、机油压力等,经过各自的传感器转换成模拟电压量,经放大处理后,再由 A/D 转换器转换成单片能够处理的二进制数字量,输入单片机进行处理。

(2) 频率量。工程机械工况信息中的发动机转速和工程机械行驶速度等,经过各自的传感器转换成脉冲信号,再经单片机相应接口输入单片机进行处理。

(3) 开关量。工程机械工况信息中的由开关控制的工程机械左转、右转、制动、倒车,以及各种灯光控制、各车门开关情况等,经电平转换和抗干扰处理后,根据需要,一部分输入单片机进行处理,另一部分直接输送至显示器进行显示。

2) 信息处理

工程机械工况信息经采集系统采集并转换后,按各自的显示要求输入单片机进行处理。如工程机械速度信号除了要由车速显示器显示外,还要根据里程显示的要求处理后输出里程量的显示。车速信息在单片机系统中按一定算法处理后,送 2816A 存储器累计并存储。工程机械其他工况信息,都可以用相应的配置和软件来处理。

3) 信息显示

信息显示可采用指针指示、数字显示、声光或图形辅助显示等多种显示方式中的一种或几种方式显示。

除了显示装置以外,工程机械仪表系统还设有功能选择键盘,微机与工程机械电气系统的接头和显示装置连接。当点火开关接通时,输入信号有蓄电池电压、燃油箱传感器、温度传感器、行驶里程传感器、喷油脉冲以及键盘的信号,微机即按相应工程机械动态方式进行计算与处理,除了发出时间脉冲以外,尚可用程序按钮选择显示出瞬时燃油消耗、平均燃油消耗、平均车速、单程里程、行程时间(秒表)和外界温度等各种信息。

第三节　仪表常见故障及诊断排除

仪表常见故障有不工作或指示不准确等。

一、仪表不工作

1. 现象

仪表不工作是指点火开关接通后,在发动机运转过程中指针式仪表的指针不动或数字式仪表没有显示及显示一直不变。

2. 主要原因

(1)熔断装置及线路断路。

(2)仪表、传感器及稳压电源有故障。

3. 诊断与排除方法

(1)如果所有仪表都不工作,通常是由于熔断装置、稳压电源有故障,或仪表电源线路、搭铁线路断路引起的。可以先检查熔断装置是否正常,然后检查线头有无脱落、松动,电源线路及搭铁线路是否正常,最后检查、修理稳压电源。

(2)如果个别仪表不工作,一般是由于仪表、传感器有故障,或对应线路断路等引起的。以水温表为例,对于传统仪表,可以按照图5-31所示步骤进行诊断。

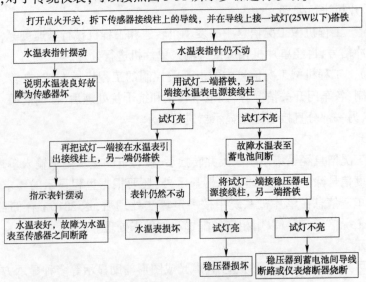

图 5-31　水温表指针不动故障判断步骤

(3)电子仪表用试灯模拟传感器进行检查。如果连接传感器的导线通过试灯搭铁后仪表恢复指示,则说明传感器损坏,应予以更换;如果仍没有指示,应检查传感器和仪表之间的线路连接情况。若线路正常,则说明仪表有关显示部分有故障,应予以检修或更换。

二、仪表指示不准确

1. 现象

仪表指示值不能准确地反映实际值的大小,则称仪表指示不准确。

当发动机正常运转时,冷却水温度应在 80～95℃;机油压力表读数:怠速时应不低于 0.15MPa,正常压力应为 0.2～0.4MPa,最高压力应不超过 0.5MPa。

2. 主要原因

仪表、传感器及稳压电源等有故障。

3. 诊断与排除方法

(1)多数仪表指示不准确,通常是由于稳压电源有故障或仪表搭铁线路不良等原因引起的,应分别予以检修。

(2)个别仪表指示不准确,一般是由于仪表或传感器的故障引起。此时可参照有关车型技术规范,用标准的传感器对仪表进行校准检查,或用标准的仪表检校传感器,发现异常时,则应用同型号的传感器或仪表予以更换。

第四节　常用传感器及应用

随着电子控制装置在现代工程机械中应用的普及,电子控制技术已经深入到工程机械的许多领域,各种传感器的使用也是必不可少的。工程机械常用传感器按照被测量分类有温度传感器、转速传感器、压力传感器和位置传感器。

一、温度传感器

工程机械常用的温度传感器有热电偶、红外测温仪、热敏电阻和双金属片等。在沥青混凝土拌和设备中,常用热电偶或红外测温仪来测量热集料、成品料及沥青的温度;在沥青混凝土摊铺机中,常用热电偶来测量熨平板的加热温度。热敏电阻在工程机械中广泛用于测量发动机冷却水温度、液压油温度及驾驶室内温度等。

1. 热电偶传感器

热电偶传感器简称热电偶,是目前应用最广泛的一种接触式温度传感器,其在混凝土拌和设备中应用较多。

1)工作原理

热电偶测温基于热电效应。如图 5-32 所示,将两种不同的导体(或半导体)组成一个闭合回路,当两接点的温度不同时,回路中就会产生电动势,这种现象称为热电效应,该电动势称为热电势。这两种不同的导体或半导体组成的闭合回路称为热电偶。导体 A 和 B 称为热电偶的热电极或热偶丝。

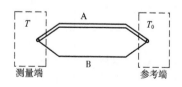

图 5-32　热电偶原理

热电偶的两个接点,一个测温时置于被测介质中,称为工作端或测量端;另一端为自由端,也叫参考端或冷端。

热电偶温度传感器是通过测定热电势来测温度的。如果 A、B 的材质均匀,热电势的大小与热电极长度上温度的分布无关,仅取决于两端的温度差。

2)热电极材料

基于测温精度的要求,作为热电极的材料,应具有如下特点:高温下有稳定的物理化学性能、不易氧化和腐蚀变质、热电极间不易相互渗透和污染、材料的电阻系数要小、熔点要高、电导率要高和热容量要小等。表 5-1 是可用作热电偶材料的物理性质,根据表 5-1 中的热电极材料可以配成多种热电偶。表 5-2 给出标准化热电偶的技术数据。标准化热电偶是指国家标准规定了其热电势与温度的关系和允许误差,并有统一的标准分度表。

几种热电极材料的物理性质 表 5-1

材料名称	符号及成分	以铂作负极时的热电势 $E(100,0)$ (mV)	适用温度(℃)		熔点 (℃)	$0 \sim 100℃$ 电阻温度系数 ($\times 10^{-3}$)
			长期	短期		
镍铝	95% Ni + 5% (Al,Si,Mn)	$-1.38 \sim -1.02$	1000	1250	1450	1.0
钨	W	$+0.79$	2000	2500	3422	$4.21 \sim 4.64$
化学纯铁	Fe	$+1.8$	600	800	1528	$6.25 \sim 6.57$
康铜	60% Cu + 40% Ni	-3.5	600	800	1220	-0.04
考铜	56% Cu + 44% Ni	-4.0	600	800	1250	-0.1
钼	Mo	$+1.31$	2000	2500	2623	4.35
化学纯铜	Cu	$+0.76$	350	500	1084.5	4.33
镍铬	90.5% Ni + 9.5% Cr	$+2.71 \sim +3.13$	1000	1250	1429	0.41
镍	Ni	$-1.54 \sim -1.49$	1000	1100	1455	$6.21 \sim 6.34$
铂	Pt	0.0	1300	1600	1769	$3.92 \sim 3.98$
铂铑	90% Pt + 10% Rh	$+0.64$	1300	1600	1847	1.67
银	Ag	$+0.72$	300	700	961.93	4.1

标准化热电偶的技术数据 表 5-2

热电偶名称	分度号	代号	热电极材料		
			极性	识别	化学成分
铜铑$_{10}$ - 铂	S (LB-3)	S (WRP)	正	较硬	90% Pt,10% Rh
			负	较软	100% Pt
铜铑$_{30}$ - 铜铑$_6$	B (LL-2)	B (WRR)	正	较硬	70% Pt,30% Rh
			负	稍软	94% Pt,6% Rh
镍铬 - 镍硅	K (EU-2)	K (WRN)	正	不亲磁	9% ~10% Cr, 0.4% Si,其余 Ni
			负	稍亲磁	2.5% ~3% Si, Cr~0.6% ,其余 Ni
镍铬-考铜	EA-2	WRK	正	色较暗	9% ~10% Cr, 0.4% Si,其余 Ni
			负	银白色	56% Cu,44% Ni

续上表

热电偶名称	分度号	代号	热电极材料		
			极性	识别	化学成分
铜－康铜	T（CK）	T（WRC）	正	红色	100% Cu
			负	银白色	60% Cu,40% Ni

热电偶名称	20℃电阻率（Ω·mm²/m²）	E(100,0)（mV）	测温范围(℃)		允许误差(℃)	
			长期	短期	温度	允许误差
铜铑₁₀－铂	0.24	0.645	0~1300	0~1600	≤600	±1.5(Ⅱ级)
	0.16				>600	(±3.0) ±0.5%t
铜铑₃₀－铜铑₆	0.245	0.033	0~1600	0~1800	≤800	±4(Ⅲ级)
	0.215				>800	±0.5%t
镍铬－镍硅	0.68	4.10	-200~1000	-200~1300	≤400	±3.0(Ⅲ级)
	0.25~0.33				>400	±0.75%t
镍铬－考铜	0.68	6.95	-50~600	-50~800	≤300	±3.0
	0.47				>300	±1%t
铜－康铜	0.017	4.28	-200~200	-200~400	(-200~-50)	(±1.5%t)
	0.49				(-50~300)	(±0.75%t)

注：t 为测量温度(℃)。

3）工业热电偶

工业热电偶按照结构形式的不同可分为普通型热电偶、铠装热电偶和薄膜热电偶等。

普通热电偶的结构如图 5-33 所示,其由热电偶、热电极绝缘子、保护套管和接线盒四部分组成。热电偶是测温的敏感元件,其测量端用两根不同的电热极丝(或电偶丝)焊接而成。热电偶绝缘子的作用是避免两根热电极之间以及和保护套之间的短路,它多由陶瓷材料制成。保护套管的作用是避免热电偶和被测介质直接接触而受到腐蚀、沾污或机械损伤。当温度在 1000℃ 以下时,多用金属保护套管;温度在 1000℃ 以上时,多用陶瓷保护套管。接线盒是将热电偶参考端引出供接线用,同时有密封、保护接线端子等作用。

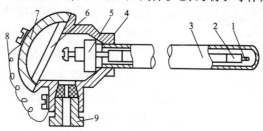

图 5-33　普通热电偶

1-电偶测量端;2-热电极绝缘子;3-保护套管;4-接线盒;5-接线座;6-密封圈;7-盖;8-链环;9-出线孔螺母

铠装式热电偶是由热电极、绝缘材料和金属保护套管三者组成的特殊结构热电偶。其可以制得很细、很长,并可以弯曲,因此又称为套管式热电偶或缆式热电偶。铠装热电偶是拉制而成的,管套外径一般为 1~8mm,最细可达到 0.25mm,内部热电极常为 0.2~0.8mm或更细,热电极周围用氧化镁或氧化铝填充,并采用密封防潮。

铠装热电偶与普通热电偶相比,具有体积小、精度高、响应速度快、可靠性及强度好、耐振动和冲击、柔软、可绕性好、便于安装等优点。因此,在工业生产和实验中应用广泛,但在拌和设备中应用很少。

2.热敏电阻传感器

1)工作原理及特点

热敏电阻是用陶瓷半导体材料制成的敏感元件,工作原理是热电阻效应。物质的电阻率随温度变化而变化的物理现象称为热电阻效应。

热敏电阻特点表现为电阻温度系数大、灵敏度高、热惯性小、体积小、结构简单、反应速度快、使用方便、寿命长、易于实现远距离测量,但它的互换型较差。

2)分类

按照电阻值随温度变化的特点,热敏电阻可以分为以下三类。在工作温度范围内,电阻值随着温度的升高而增加的热敏电阻,称为正温度系数热敏电阻(PTC);电阻值随着温度的升高而减小的热敏电阻,称为负温度系数热敏电阻(NTC);在临界温度时,阻值发生锐减的称为临界温度热敏电阻(CTR)。PTC和CTR热敏电阻随温度变化的特性属巨变型,适合在某一较窄温度范围内作为温度控制开关或供检测使用。NTC热敏电阻随温度变化的特性属缓变型,适合在较宽温度范围内作为温度测量用,是工程机械中主要使用的热敏电阻。

按照氧化物比例的不同及烧结温度的差别,热敏电阻可以分为以下三类。工作温度在300℃以下的低温热敏电阻;300~600℃的中低温热敏电阻和工作温度较高的高温热敏电阻。

3)应用

以热敏电阻作为传感器可以用来测量冷却水的温度,其结构可见本章第一节。

热敏电阻也常用于燃油油量报警电路。它由热敏电阻式燃油油量报警传感器和报警灯组成,当燃油箱内燃油减少到某一规定值时,报警灯亮以警告驾驶员注意,如图5-34所示。

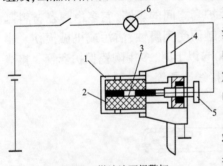

图5-34 燃油油面报警灯
1-外壳;2-金属网丝;3-热敏电阻;4-油箱外壳;
5-接线柱;6-报警灯

当燃油箱内燃油量多时,负温度系数的热敏电阻3浸没在燃油中散热快,其温度较低,电阻值大所以电路中电流很小,报警灯处于熄灭状态。当燃油减少到规定值以下时热敏电阻3露出油面,散热慢,温度升高,电阻值减少,电流增大,则报警灯发亮。

热敏电阻式温度传感器可用于空调控制系统。将负温度系数的热敏电阻传感器安装在空调的蒸发器壳体或者蒸发器片上,用来检测蒸发器表面温度的变化,以此来控制压缩机的工作状况。当蒸发器周围温度发生变化时,传感器的阻值也相应地发生变化。

将热敏电阻式温度传感器安装在汽车排气用催化剂的转换器上,可以检测转换器内排放气体的温度。

3.双金属片式温度传感器

1)结构和工作原理

双金属片式温度传感器的敏感元件就是双金属片,它是由热膨胀系数不同的两种金属板黏合而成。温度较低时,双金属片保持原来的状态,随着温度的升高,双金属片向膨胀系数小的一侧弯曲,促使执行器动作,指示被测体的温度。

2)应用

双金属片式气体温度传感器用于检测发动机进气的温度,并通过真空膜片控制冷空气和热空气的混合比例。当发动机进气温度较低时,双金属片保持原来状态,阀门关闭;当温度升高时,双金属片弯曲,阀门打开。

在某些工程机械上,使用双金属片式温度传感器测量冷却水的温度。

双金属片水温传感器,也常用于水温报警电路,如图5-35所示。在传感器的密封套筒1内装有条形双金属片2,双金属片2自由端焊有动触点,而静触点4直接搭铁。当温度升高到95~98℃时,双金属片2向静触点方向弯曲,使两触点接触,红色报警灯便接通发亮。

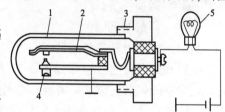

图5-35　水温报警电路

1-报警传感器套筒;2-双金属片;3-螺纹接头;4-静触点;5-水温警告灯

二、转速传感器

转速传感器用以检测旋转体的转速。由于工程机械的行驶速度与驱动轮或其传动机构的转速成正比,测得转速便可知车速,因此转速传感器广泛用来作为车速传感器使用。目前工程机械中常用的转速传感器有变磁阻式转速传感器、光电式转速传感器、霍尔式转速传感器等。

1. 变磁阻式转速传感器

图5-36为变磁阻式转速传感器的结构原理图。它由感应线圈1、软磁铁芯2、永久磁铁4、外壳5等组成。整个传感器固定不动,传感器与齿轮(由导磁性材料制成)的磁峰之间保持一定的间隙δ。

当齿轮转动时,齿峰与齿谷交替地通过传感器软磁铁芯,空气隙的大小发生周期性变化,使穿过铁芯的磁通也随之发生周期性地变化,于是在感应线圈中感应出交变电动势。该交变电动势的频率与铁芯中磁通变化的频率成正比,也就与通过铁芯端面的飞轮齿数成正比,即 $f = nZ/60$ Hz。其中 n 为齿轮转速,Z 为齿轮齿数。将传感器输出信号经过放大、整形后,送到计数器或微机处理器中处理,就可以得出转速。

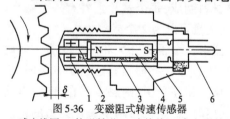

图5-36　变磁阻式转速传感器

1-感应线圈;2-软磁铁芯;3-连接线;4-永久磁铁;5-外壳;6-接线片

变磁阻式转速传感器具有结构简单、输出阻抗低、工作可靠、价格便宜等优点,在工程机械中应用广泛。

2. 光电式转速传感器

光电式转速传感器分为直射式和反射式两种。

1)直射式光电转速传感器

直射式光电转速传感器是由装在被测轴(或与被测轴相连接的输入轴)上的开孔圆盘、光源、光电器件组成,如图5-37所示。光源发生的光通过开孔圆盘上的小孔照射到光电器件上。当开孔圆盘随被测轴转动时,由于圆盘上的小孔间距相同,因此圆盘每转一周,光电器件输出与圆盘上的小孔数相等的电脉冲,根据测量时间 t 内的脉冲数 N,则可测出转速为:

$$n = \frac{60N}{Zt}$$

式中:Z——圆盘上的小孔数;

  n——转速,r/min;

  t——测量时间,s。

2)反射式光电转速传感器

反射式光电转速传感器如图 5-38 所示,它由红外发射管、红外接收管、光学系统等构成。光学系统包括透镜和半透镜。红外发射管由直流电源供电,如能保证所需要的工作电流,发射管就可以发射出不可见的红外光。半透镜使发射出的红外光射向转动的物体,同时使从转动体反射回来的红外光穿过而射向红外接收管。在进行转速测量时,要在被测体上粘贴小块红外反射纸。当被测物体旋转时,反射纸与其一起旋转,红外接收管随感受到的反射光的强弱产生相应变化的电信号,该信号经过处理,可以直接显示出被测转速。

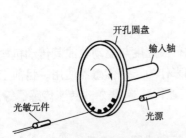

图 5-37 直射式光电转速传感器

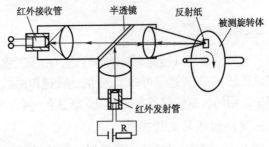

图 5-38 反射式光电转速传感器

3.舌簧开关式转速传感器

舌簧开关是由装在小玻璃管内的两个簧片和触点组成的,玻璃管内的空气被抽出并充入惰性气体。簧片由导磁材料制成,每个簧片上各有一个触点,触点平时处于打开状态,其数量可以为 2 个或多个。

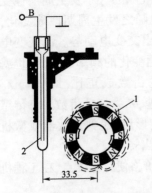

图 5-39 舌簧开关式转速传感器

1-转子;2-舌簧开关

舌簧开关式转速传感器由一个舌簧开关和一个含有 4 对磁极的转子组成,结构如图 5-39 所示。当磁极移近舌簧开关时,舌簧开关的两个簧片便被磁化而相互吸引,则触点闭合,此时电路接通而产生脉冲;当磁极远离时,触点又在两个簧片弹力的作用下打开,使电路断开。这样,转子每转一周,舌簧开关中的触点闭合 8 次,产生 8 个脉冲信号。根据一定时间内舌簧开关通断的次数或输出脉冲的多少,便可以测得转速。

4.磁性电阻式车速传感器

磁性电阻式车速传感器安装在变速器或分动器上,由输出轴的主动齿轮驱动。该传感器由带内置磁性电阻元件 MRE 的混合集成电路 IC 和多级电磁铁组成,如图 5-40 所示。

集成电路上磁性电阻元件的工作原理如图 5-41 所示,当电流方向和磁力线方向平行时,磁性电阻元件上的电阻最大。相反,当电流方向与磁力线方向垂直时,磁性电阻元件上的电阻最小。

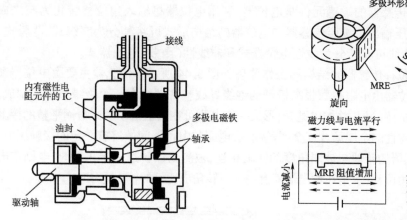

图 5-40 磁性电阻式车速传感器

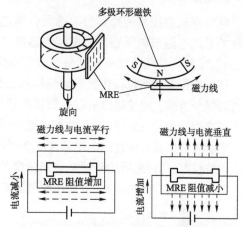

图 5-41 磁性电阻元件的工作原理

如图 5-42 为一种带有磁性电阻元件的车速传感器电路图,该传感器采用一个多极(通常为 20 极或 4 极)磁铁附加在驱动轴上,当传动齿轮带动驱动轴旋转时,磁铁随之旋转而使磁力线发生变化。磁性电阻元件中的电阻值随着磁力线方向的变化而交替变化,电阻的变化导致电桥中输出电压的周期性变化,经过比较器后,产生出每转 20 个或 4 个脉冲信号。

5. 霍尔式转速传感器

霍尔式转速传感器采用触发叶片的结构形式,如图 5-43 所示。霍尔转速传感器由永久磁铁、导磁板、霍尔元件及霍尔集成电路等组成。在信号轮转动过程中,每当叶片进入永久磁铁与霍尔元件之间的气隙中时,霍尔元件中的磁场即被触发叶片所旁路(或称隔磁),这时不产生霍尔电压;当触发叶片离开气隙时,则产生霍尔电压。将霍尔元件间歇产生的霍尔电压信号经霍尔集成电路整形、放大和反向后,即得输送至微机控制装置的电压脉冲信号。

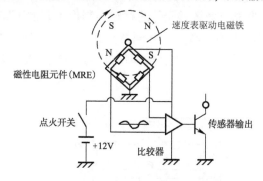

图 5-42 带磁性电阻元件的车速传感器电路

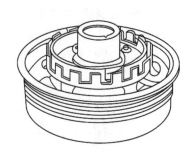

图 5-43 霍尔式转速传感器

三、角位移传感器

工程机械中最常用的角位移传感器是料位传感器和调平传感器,它们在推土机、平地机、沥青混合摊铺机、水泥混凝土摊铺机等设备的供料电控系统和自动找平电控系统中是必不可少的检测元件。常用的角位移传感器有电位器式、磁敏电阻式、差动变压器式等。

1. 电位器式

电位器式角位移传感器的敏感元件是电位器,利用电位器将输入角位移转化为与之成函数关系的电阻或电压输出。按照传感器中电位器的结构形式可将其分为绕线式、薄膜式、光电式;按照其特性曲线可将其分为线性电位器式和非线性(函数)电位器式。

绕线电位器式角位移传感器的结构和工作原理如图 5-44 所示。传感器主要由电位器和电刷两部分组成。电位器由电阻系数很高极细的绝缘导线整齐地绕在一个绝缘骨架上制成,去掉与电刷接触部分的绝缘层,并加以抛光,形成一个电刷可在其上滑动的光滑而平整的接触道。电刷通常由具有弹性的金属薄片或金属丝制成,电刷与电位器间始终有一定的接触压力。检测角位移时,将传感器的转轴与被测角度的转轴相连,被测物体转过一定角度时,电刷在电位器上有一个对应的角位移,于是在输出端就有一个与转角成比例的输出电压 U_o。

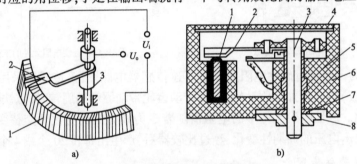

图 5-44 绕线电位器式角位移传感器

1-电阻元件;2-电刷;3-转轴;4-端盖;5-衬套;6-外壳;7-垫片;8-锁止片

绕线电位器式传感器的优点是性能稳定,容易达到较高的线性度和实现各种非线性特性。缺点是存在阶梯误差、分辨率低、耐磨性差、寿命较短。非绕线式电位器(薄膜式)在某些方面的性能优于绕线式电位器,因此在很多场合取代了绕线式电位器。

非绕线式电位器式角位移传感器的结构和工作原理如图 5-45 所示。传感器主要由电位器、电刷、导电片、转轴和壳体组成。根据电位器敏感元件的材料和制作工艺的不同,电位器可分为合成膜、金属膜、导电塑料、金属陶瓷等类型。其共同特点是在绝缘基座上制成各种电阻薄膜元件,因此分辨率比线绕式电位器高得多,并且耐磨性好、寿命长,导电塑料电位器的使用寿命可高达上千万次。

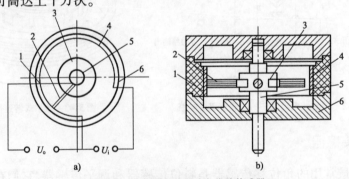

图 5-45 非绕线电位器式角位移传感器

a)工作原理;b)结构

1、4-电阻元件;2-电刷;3-固定座;5-转轴;6-端盖

光电电位器在工程机械中应用较少,它是一种非接触式、非绕线式电位器,其特点是以光束代替了常规的电刷。

2. 磁敏电阻式

磁敏电阻式角位移传感器的主要元件是磁敏电阻和永久磁铁。磁敏电阻通常由半导体材料 InSb 或 InAs 制成,这种材料的电阻值随着外加磁场强弱的变化而变化,这种现象称为磁阻效应。

传感器工作时,将磁铁固定在轴上,当被测物体带动传感器轴转动时,磁铁与磁敏电阻间的距离发生变化,通过磁敏电阻的磁通量也变化,使得传感器的输出电阻或电压产生相应的变化。

InSb 磁敏电阻的灵敏度较高,在 1T(特斯拉)磁场中,电阻值可增加 10 ~ 15 倍。在强磁场范围内,线性较好,但受温度影响较大,需要采取温度补偿措施。

3. 差动变压器式

差动变压器式角位移传感器工作时将角位移转换成线圈互感的变化,其主要由一个初级线圈、两个次级线圈及铁磁转子组成,其电路如图 5-46 所示。初级线圈由交流电源励磁,交流电的频率称为励磁频率或载波频率。两个次级线圈接成差动式,即反向串接,输出电压 ΔU 是两个次级线圈感应电压的差值。当转子处于图示位置时,两个次级线圈的磁阻相等,由于互感作用,两个次级线圈感应的电压大小相等、相位相反,所以没有输出电压。当转子向一侧转动时,一个次级线圈的磁阻减小,使其与初级线圈耦合的互感系数增加,于是该次级线圈的感应电压增大;另一个次级线圈的感应电压减少,使得传感器有电压输出。输出电压的大小在一定范围内与转子的角位移呈线性关系。

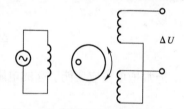

图 5-46 差动变压器式角位移传感器电路

由于传感器输出的电压是交流信号,所以不能直接表示转子的转向。要想确定转子的转向,需要将输出信号放大和进行相位解调,从而得到正、负极性的直流输出电压。

四、称重传感器

称重传感器主要用于拌和设备的电子秤中,用来称量集料、粉料及沥青等的重量。根据工作原理的不同,称重传感器有电阻应变式、压电式、电感式、电容式等。其中,电阻应变式称重传感器在工程机械中应用最为广泛。它具有体积小、测量精度高、灵敏度高、性能稳定、使用简单等优点。

1. 电阻应变效应

电阻应变式称重传感器的工作原理是基于导体的电阻应变效应,即导体在外力的作用下发生变形时,其电阻值也会相应发生变化。

图 5-47 金属电阻丝应变效应

如图 5-47 所示为一根金属电阻丝受力前后的情况。在其未受力时,原始电阻值为 $R = \rho L / S$,式中 L 表示电阻丝的长度,S 表示电阻丝的截面积,ρ 表示电阻丝的电阻率。

当电阻丝受到拉力 F 作用时,将伸长 ΔL,截面积相应减少 ΔS,电阻率将因晶格发生变形等因素而改变 $\Delta\rho$,故引起电阻值相对变化量为:

$$\frac{\Delta R}{R} = \frac{\Delta L}{L} - \frac{\Delta S}{S} + \frac{\Delta\rho}{\rho}$$

式中:$\Delta L/L$——长度相对变化量,用应变 ε 表示:

$$\varepsilon = \frac{\Delta L}{L}$$

$\Delta S/S$——圆形电阻丝的截面积相对变化量,即:

$$\frac{\Delta S}{S} = \frac{2\Delta r}{r}$$

由材料力学可知,在弹性范围内,金属丝受拉力时,沿轴向伸长,沿径向缩短,那么轴向应变和径向应变的关系可表示为:

$$\frac{\Delta r}{r} = -\mu \frac{\Delta L}{L} = -\mu\varepsilon$$

式中:μ——电阻丝材料的泊松比,负号表示应变方向相反。

整理各式,可得:

$$\frac{\Delta R}{R} = (1 + 2\mu)\varepsilon + \frac{\Delta\rho}{\rho}$$

或

$$\frac{\Delta R/R}{\varepsilon} = (1 + 2\mu) + \frac{\Delta\rho/\rho}{\varepsilon}$$

通常把单位应变能引起的电阻值变化称为电阻丝的灵敏度系数,其表达式为:

$$K = 1 + 2\mu + \frac{\Delta\rho/\rho}{\varepsilon}$$

灵敏度系数受两个因素影响:一个是受力后材料几何尺寸的变化,即 $1 + 2\mu$;另一个是受力后材料的电阻率发生的变化,即 $(\Delta\rho/\rho)/\varepsilon$。对金属材料电阻丝来说,灵敏度系数表达式中 $1 + 2\mu$ 的值要比 $(\Delta\rho/\rho)/\varepsilon$ 大得多,而半导体材料的 $(\Delta\rho/\rho)/\varepsilon$ 的值比 $1 + 2\mu$ 大得多。大量实验证明,在电阻丝拉伸极限内,电阻的相对变化与应变成正比,即 K 为常数。

2. 电阻应变片

电阻应变片品种繁多,形式多样。但常用的应变片可分为两类:金属电阻应变片和半导体电阻应变片。金属应变片由敏感栅、基底、覆盖层和引线等部分引线覆盖层基片组成,如图 5-48 所示。

敏感栅是应变片的核心部分,用以感受应变的变化。金属电阻应变片的敏感栅有丝式、箔式和薄膜式三种。丝式敏感栅用直径为 $0.012 \sim 0.05\text{mm}$(以 0.025mm 左右为最常用)的高电阻率的金属丝(康铜或镍铬合金等)绕成栅形,黏结在基底上,基底除能固定

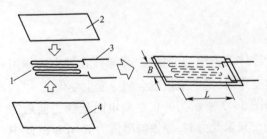

图 5-48 金属电阻应变片的结构
1-敏感栅;2-覆盖层;3-引出线;4-基底

敏感栅外,还有绝缘作用,其厚度一般在 0.03mm 左右,粘贴性能好,能保证有效地传递变形。敏感栅上面粘贴有覆盖层,敏感栅电阻丝两端焊接引出线,引线多用 0.15～0.30mm 直径的镀锡或镀银铜线。

箔式应变片是利用光刻、腐蚀等工艺制成一种很薄的金属箔栅,其厚度一般在 0.003～0.01mm。其优点是散热条件好,允许通过的电流较大,可制成各种所需的形状,便于批量生产。

薄膜应变片是采用真空蒸发或真空沉淀等方法在薄的绝缘基片上形成金属电阻薄膜的敏感栅,最后再加上保护层。它的优点是应变灵敏度系数大,允许电流密度大,工作范围广。

3. 传感器的结构和工作原理

电阻应变式称重传感器由弹性元件、应变片和测量电桥组成。测试时弹性元件受拉力或压力的作用产生应变,使贴在其表面的应变片将弹性元件的应变转化成为电阻的变化,然后经电桥电路转变成电压信号输出。根据弹性元件结构的不同,应变片式称重传感器可分为柱式、梁式、环式等几种,其中柱式在拌和设备中用得最多。这种传感器的弹性元件结构简单且紧凑,承载能力较大。

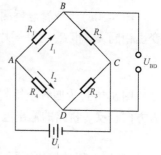

图 5-49 直流电桥

目前,称重传感器普遍采用直流电源供电的直流电桥。如图 5-49 所示为基本直流电桥的电路。通过推导,可以得到桥路的输出电压为:

$$U_{BD} = U_{BC} - U_{DC} = \left(\frac{R_2}{R_1 + R_2} - \frac{R_3}{R_3 + R_4} \right) U_i = \frac{R_2 R_4 - R_1 R_3}{(R_1 + R_2)(R_3 + R_4)} U_i$$

可见,要使输出为零,即电桥平衡,应满足 $R_1 R_3 = R_2 R_4$。这说明,通过适当的选择各桥臂的电阻值,可使桥路的输出电压只与被测量引起的电阻变化有关。

在测试过程中,根据工作中电阻值参与变化的桥臂数,可分为半桥式与全桥式连接,如图 5-50 所示。图中的温度补偿片粘贴在不受力的试件上,补偿片和测量片随温度变化而产生的电阻的变化大小相等,从而用来消除温度变化对测量精度的影响。

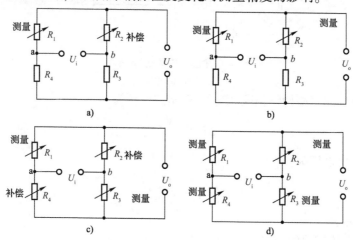

图 5-50 基本测量电路

a) 单臂半桥;b) 双臂半桥;c) 双壁全桥;d) 四臂全桥

图 5-50a) 为单臂半桥测量电路,R_1 为测量片,R_2 为补偿片,R_3 和 R_4 为固定电阻。桥路的输出电压为:

$$U_o = \frac{1}{4}K\varepsilon_1 U_i$$

式中:K——应变片的灵敏系数;

ε_1——测量电路上感受的应变。

图 5-50b) 为双臂半桥测量电路,R_1 和 R_2 为测量片,互为补偿片,测量时,分别受到拉、压应力,所以其上的应变也相反,R_3 和 R_4 为固定电阻。桥路的输出电压为:

$$U_o = \frac{1}{2}K\varepsilon_1 U_i$$

图 5-50c) 为双臂全桥测量电路,R_1 和 R_3 为测量片,两片同时受拉或压应力,其上的应变也相同,R_2 和 R_4 为补偿片。桥路的输出电压为:

$$U_o = \frac{1}{2}K\varepsilon_1 U_i$$

图 5-50d) 为四臂全桥测量电路,四个电阻均为测量片,且互为补偿片,相邻的两桥臂受力方向相反。桥路的输出电压为:

$$U_o = K\varepsilon_1 U_i$$

可见,电桥的接法不同,输出的电压也不同,四臂全桥接法可以获得最大的输出。在拌和设备中,通常将多个(3~4 个)称重传感器组合在一起使用,组合的方法有串联和并联两种形式,如图 5-51 所示。

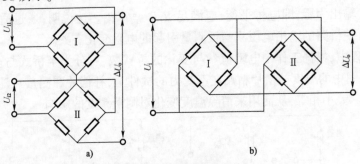

图 5-51 称重传感器的连接方式

a)串联;b)并联

如果各传感器的规格性能相同,串联后输出的电压为:

$$\Delta U_o = \frac{W_g}{W_d}U_o$$

并联时的输出电压为:

$$\Delta U_o = \frac{W_g}{W_d N}U_o$$

式中:W_g——荷重,N;

W_d——单个传感器的额定负荷,N;

U_o——单个传感器的额定输出电压,V;

N——传感器的个数。

实训一　仪表的认识及使用

一、目的和要求

(1)认识常见仪表,学会正确读数。

(2)识别常见仪表的结构、线路,理解其工作原理。

二、器材和设备

典型常规仪表盘、典型电子仪表盘、螺丝刀等手工工具。

三、项目及步骤

1.仪表盘的认识

1)常规仪表盘的认识

通过指导教师的讲解,认识常规仪表盘上的各种仪表及其符号标志,学会正确读数,并能通过仪表判断工程机械运行是否正常。

2)电子仪表盘的认识

通过指导教师的讲解,认识电子仪表盘上的各种仪表及其符号标志,学会正确读数,并能通过仪表判断工程机械运行是否正常。

2.观察仪表的结构、连线

打开仪表盘的安装螺钉,取出仪表盘,观察各仪表的连线及其内部结构,进一步理解其工作原理。

四、注意事项

(1)操作应在指导老师的指导下完成。

(2)一定要按正确的操作规程进行。

(3)电子仪表比较精密、价格高,防止静电损坏电子仪表。

实训二　仪表的检测及调整

一、目的和要求

(1)进行仪表的检验。

(2)进行仪表的调整。

二、器材和设备

各种标准传感器和标准指示表、毫安表、电炉、加热槽、水银温度计、万用表、手动油压机等。

三、项目及步骤

1. 电流表的检验与调整

1) 电流表的检验

将被测试电流表、标准直流电流表(−30A~0~30A)、可变电阻(0~50Ω)和蓄电池组串联在一起构成回路。逐渐减小可变电阻值,比较两个电流表的读数。若读数差不超过20%,则可认为被测试电流表工作正常。

2) 电流表的调整

如被测试电流表读数偏高,可用充磁方法进行调整,其方法有:

(1)永久磁铁法。用一个磁力较强的永久磁铁的磁极与电流表永久磁铁的异性磁极接触一段时间,以增强其磁性。

(2)电磁铁法。用一个"门"字形电磁线圈通以交流电,然后和电流表永久磁铁的异性磁极接触3~4s,以增强其磁性。

调整时,若读数偏低,可使用同性磁极相斥一段时间,使其退磁。

2. 燃油表的检验与调整

(1)测量传感器和指示仪表的电阻,看是否符合规定。

若电阻值小于规定值,则表示内部有短路;若电阻值很大,则表示内部断路或接触不良。

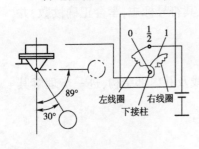

图5-52　燃油表的检

(2)指示仪表的检查与调整。首先将被测试指示仪表与标准传感器按图5-52所示接线。然后,将浮子臂分别摆到规定位置(如307型为30°和89°)。

这时仪表的指针应相应地指在"0"和"1"的位置,且误差不应超过10%,否则应予以调整。若电磁式指示仪表不能指到"0"时,可上、下移动左铁芯的位置进行调整;若不能指到"1"时,可上、下移动右铁芯的位置进行调整。若双金属式指示仪表不能指到"0"或"1"时,可转动调整齿扇进行调整。

(3)传感器的检验与调整。检验时接线方法仍按图5-52所示,但指示仪表应是标准的。检查方法同上,当指针指到"0"和"1"时,浮子臂若不在规定的位置时,可改变滑片与电阻的相互位置进行调整。

3. 温度表的检验与调整

1) 指示表与传感器电阻的检验

测量指示表与传感器的电阻值,看是否符合规定(表5-3)。若电阻值小于规定值,则表示内部有短路;若较大,则表示内部断路或接触不良。

温度表电阻的检验数据　　　　　　　　　　表5-3

名　称	加热线圈		电阻(Ω)
	材料	直径(mm)	
指示表	双丝包康铜线	$\phi 0.12-0.01$	35.5+1
传感器	双丝包康铜钱	$\phi 0.12\pm0.01$	7~8.5

2）温度指示表指针偏斜度的检验与调整

（1）检验。将被测试指示表接在如图 5-53 所示电路中。然后接通开关，调节可变电阻，当毫安（mA）表指在规定值如 80mA、160mA、240mA 时，指示表相应指在 100℃、80℃、40℃ 的位置上。其误差不应超过 20%。

（2）调整。指示表指针的偏斜度与规定电流不符时，应予调整。其方法是，若指针在"100℃"时不准，可拨动齿扇 1 进行调整；若指针在"40℃"不准时，可拨动齿扇 4 进行调整。刻度的中间各点可不必进行调整。

3）传感器的检验与调整

检查传感器时，将传感器和水银温度表装在正在加热的水槽中，并与标准的水温指示表连接，如图 5-54 所示。

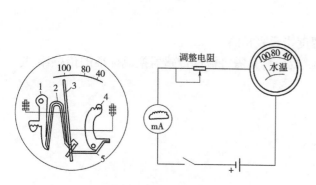

图 5-53 指示表的检查
1、4-调节齿扇;2-双金属片;3-指针;5-弹簧片

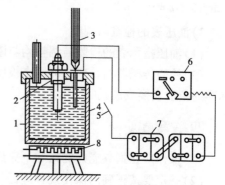

图 5-54 检验温度表传感器装置
1-加热槽;2-被试传感器;3-水银温度计;4-热水;
5-开关;6-标准水温指示表;7-蓄电池;8-加热电炉

当水加热到 40~100℃ 时，观察两个温度表的指示值，若指示值一致或在允许的误差范围内，则说明传感器正常工作，否则应更换。

4. 油压表的检验与调整

1）指示表与传感器电阻的检验

测量指示表和传感器的电阻值，看是否符合规定。若电阻值小于规定值，则表示有短路；若电阻值很大，则表示内部断路或接触不良。

2）传感器（感压盒）的检验与调整

（1）检验。将被试传感器装在小型手摇油压机上，并与标准指示表连接，如图 5-55 所示。按通开关 6，摇转手柄，改变油压。

当标准油压指示表 4 的指示压力与油压机自身的标准油压表 2 的相应指示压力相同时，则证明被测试传感器工作正常，否则应予调整。

（2）调整。在传感器与指示表之间串入电流表，若油压指示"0"压力时，传感器输出电流过大或过小，应打开被测试传感器的调整孔，拨动图 5-56 中齿扇 5，进行适当调整。

若油压为高压时，输出电流较规定值偏低，应更换传感器的校正电阻（调整范围一般在 30~360Ω 内）。若在任何压力下，输出电流均超过规定值，而调整齿扇又无效时，则应更换传感器。

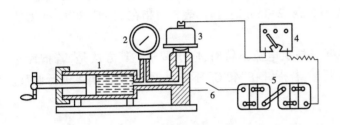

图 5-55　传感器的检验

1-油压机;2-油压机自身标准油压表;3-被测试传感器;4-标准油压
指示表;5-蓄电池;6-开关

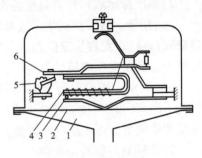

图 5-56　传感器的调整

1-油腔;2-膜片;3-弹簧片;4-双金属片;
5-调整齿扇;6-接触片

3)油压表的检查与调整

(1)油压指示表的检验与调整均与温度指示表相同。

(2)检验传感器的装置也可用来检验指示表,只需将被试传感器换成标准的传感器,将标准的指示表换成被试的指示表。

四、注意事项

(1)操作应在指导老师的指导下完成。

(2)一定要按正确的操作规程进行。

复习思考题

一、填空题

1.电流表串接在(　　)和(　　)之间,用来指示蓄电池(　　)或(　　)的电流值。

2.发电机向蓄电池充电时,指示值为(　　),蓄电池向用电设备放电时,指示值为(　　)。

3.电流表按结构分为(　　)式和(　　)式两种。

4.机油压力表由装在发动机(　　)上的油压传感器和(　　)上的机油压力指示表组成。

5.水温表用来指示(　　)的工作温度。它由装在汽缸盖上的(　　)和装在仪表板上的(　　)组成。水温表主要类型有(　　)式和(　　)式。

6.工程机械车速里程表用来指示(　　)和(　　)。

7.电子仪表一般由(　　)、(　　)和(　　)三部分组成。

8.工程机械常用的温度传感器有(　　)、(　　)、(　　)和(　　)等。

9.常用的角位移传感器有(　　)式、(　　)式、(　　)式等。

10.根据工作原理的不同,称重传感器有(　　)式、(　　)式、(　　)式、(　　)式等,其中(　　)式在工程机械中应用最为广泛。

二、判断题(对的打"√",错的打"×")

( )1.为了使机油压力表指示准确,通常在其电路中安装稳压器。

( )2.电热式水温表传感器在短路后,水温表将指向高温。

( )3.机油压力传感器在机油压力越高时,所通过的平均电流就越大。

( )4.电子仪表中的车速信号一般来自点火脉冲信号。

( )5.电子仪表中的燃油传感器的参考电压为12V。

( )6.当发动机的冷却水温度高于80℃时,水温警告灯亮。

三、选择题

1.对于电热式的机油压力表,传感器的平均电流大,其表指示的( )。

　　A.压力大　　　　　　　B.压力小　　　　　　　C.压力可能大也可能小

2.若稳压器工作不良,则( )。

　　A.只是电热式水温表和双金属式机油压力表示值不准

　　B.只是电热式燃油表和双金属式机油压力表示值不准

　　C.只是电热式水温表和电热式燃油表示值不准

3.若将负温度系数热敏电阻的水温传感器电源线直接搭铁,则水温表( )。

　　A.指示值最大　　　　　B.指示值最小　　　　　C.没有指示

4.如果通向燃油传感器的线路短路,则燃油表的指示值( )。

　　A.为零　　　　　　　　B.为1　　　　　　　　C.跳动

5.低燃油油位警告灯所使用的电阻是( )。

　　A.正温度系数热敏电阻　B.普通电阻　　　　　　C.负温度系数热敏电阻

四、简答题

1.简述机油压力表及传感器的工作原理。

2.简述稳压器的工作原理和作用。

3.简述电磁式燃油表的工作原理。

4.简述数字显示组合仪表的优点。

5.说出常见的几种警报指示灯。

6.简述工程机械电子仪表的常见显示方法。

第六章　空调系统

 知识目标

1. 能描述空调系统的作用、组成和分类。
2. 能描述制冷系统中各装置的功用、结构及工作原理。
3. 能描述暖风系统的作用及工作原理。
4. 能描述空调控制系统的结构及工作原理。
5. 能描述自动空调系统的组成和主要部件的结构及工作原理。
6. 能描述制冷剂的回收及加注的工作过程。
7. 能描述空调系统的正确使用与维护。
8. 能描述制冷系统常见的故障现象。
9. 能描述制冷系统常见故障的诊断与排除方法。

 能力目标

1. 能就车识别空调制冷系统中的各制冷装置、控制元件。
2. 会正确使用检测仪器及仪表。
3. 能读懂制冷系统控制电路图。
4. 能正确检测空调制冷电路的常见故障。
5. 能检查制冷剂是否泄漏。
6. 能正确回收和加注制冷剂。
7. 能正确维护空调系统。
8. 会写维修记录。

第一节　概　述

一、空调系统的作用

对于工程机械车辆来说,空调的基本功能是改善驾驶员的工作条件,提高舒适性,从而提高工作效率和机械的安全性。

二、空调系统的组成

空调系统主要由制冷系统、暖风系统、通风换气系统和控制系统等组成。制冷系统的作用是夏季对驾驶室内的空气进行冷却降温与除湿;暖风系统的作用是冬季对驾驶室内的空气进行加热,达到取暖、除霜的目的;通风换气系统则可对驾驶室内进行强制性换气,保证室内空气循环流动,保持空气新鲜、清洁;控制系统的作用是通过控制驾驶室内的空气流速、方向和温度达到舒适操作的目的,完善空调的各项功能。

三、空调系统的分类

(1)按空调压缩机形式分为独立式和非独立式空调。独立式空调采用一台专用空调发动机来驱动空调压缩机,制冷量大,工作稳定;非独立式空调的制冷压缩机由本车发动机驱动,空调的制冷性能受发动机工况的影响。

(2)按空调功能分为单一功能型和冷暖一体型两种。单一功能型是将制冷、采暖、通风等各自独立安装,独立操作;冷暖一体型是制冷、采暖、通风等共用一台鼓风机,共用一套送风口,冷风、暖风和通风在同一控制板上控制。

第二节　空调制冷系统

一、空调制冷系统的组成

车用空调制冷系统现在都采用以 R134a 为制冷剂的蒸发压缩式循环系统。该制冷系统主要由压缩机、冷凝器、储液干燥器(或集液器)、膨胀阀(或膨胀管)、蒸发器等部件组成,各部件由耐压金属管或专用软管依次连接而成。如图 6-1 所示为空调制冷系统的组成。

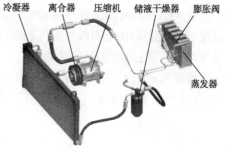

二、制冷原理

在制冷过程中,为了实现制冷效果,必须采用一种可使周围气温下降的物质,该物质称为制冷剂。液态的制冷剂如果在一定的温度下降低压力,就会

图 6-1　空调制冷系统组成结构图

蒸发成气体,在此汽化过程中需要从周围的空气中吸取一定的热量,使周围的气温下降而实现制冷效果。提高气态制冷剂的压强可以使制冷剂的冷凝点升高,使其更加容易转化为液体而放出热量。为了实现持续制冷,必须形成一定的循环。制冷循环过程如图 6-2 所示。

制冷循环包括以下四个变化过程。

1. 压缩过程

发动机经带轮传动带动压缩机旋转,将蒸发器中的低温(5℃)低压(约为 0.15MPa)的气态制冷剂吸入压缩机,并将其压缩为高温(70～90℃)高压(1.3～1.5MPa)的制冷剂气体排出,然后经高压管路送入冷凝器。

2. 冷凝过程

进入冷凝器的高温高压制冷剂气体受到冷凝器冷却及风扇的强制冷却,释放部分热量,使高温高压制冷剂气体冷凝为 50℃ 左右,压力仍为 1.3～1.5MPa 的中温高压制冷剂液体,然后经高压管路送入储液干燥器。

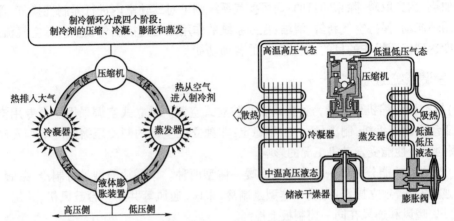

图 6-2 制冷剂循环工作原理图

3. 膨胀过程

进入储液干燥器的中温高压制冷剂液体,除去水分和杂质后,经高压液管送至膨胀阀。由于膨胀阀的节流作用,使得中温高压的液态制冷剂经膨胀阀喷入蒸发器后,迅速膨胀为低温(-5℃)低压(0.15MPa)的雾状液态制冷剂。

4. 蒸发过程

进入蒸发器的低温低压雾状液态制冷剂,通过蒸发器不断吸收热量而迅速沸腾汽化为低温(5℃)低压(0.15MPa) 的气态制冷剂。当鼓风机将附近空气吹过蒸发器表面时,空气被冷却为凉气,使周围温度降低。

如果压缩机不停的运转,蒸发器出口的气态制冷剂再次被吸入压缩机,参与下一轮循环,制冷剂被重复利用,上述过程将不断循环,即可对周围空气进行持续制冷降温。

三、制冷剂

制冷剂是制冷循环当中传热的载体,通过状态变化吸收和放出热量,因此要求制冷剂在常温下很容易汽化,加压后很容易液化,同时在状态变化时要尽可能多的吸收或放出热量(较大的汽化或液化潜热)。同时,制冷剂还应具备以下的性质:

(1)不易燃易爆。

(2)无毒。

(3)无腐蚀性。

(4)对环境无害。

(5)与冷冻机油接触时,具有化学、物理稳定性。

制冷剂的英文名称为 Refrigerant,所以常用其第一个字母 R 来代表制冷剂,后面表示制冷剂名称,如 R12、R22、R134a 等。

过去常用的制冷剂是 R12(又称为氟立昂)。这种制冷剂各方面的性能都很好,但是有一个致命的缺点,就是会破坏大气中的臭氧层,使太阳的紫外线直接照射到地球,对植物和动物造成伤害。我国目前已停止生产用 R12 作为制冷剂的空调系统。

目前广泛采用 R134a 来替代 R12。R134a 在大气压力下的沸腾点为 -26.9℃,在 98kPa 的压力下沸腾点为 -10.6℃(图 6-3)。在常温常压的情况下,如果将其释放,R134a 便会立即吸收热量开始沸腾并转化为气体,对 R134a 加压后,它也很容易转化为液体。R134a 的特性见图 6-4。该曲线上方为气态,下方为液态,如果要使 R134a 从气态转变为液态,可以降低温度,也可以提高压力,反之亦然。

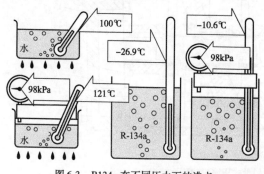

图 6-3 R134a 在不同压力下的沸点

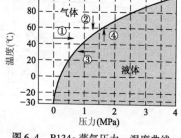

图 6-4 R134a 蒸气压力—温度曲线

R134a 与 R12 具有不同的物理特征和化学性质,两者不能混装或互换。R134a 空调制冷系统与 R12 空调制冷系统使用不同的干燥剂、机油、软管、O 形圈、密封圈以及其他零件,这些零件与 R12 空调系统的某些零件外形相似,甚至功能相同,但这两种系统是在不同压力下运行的,所以这些零件不可互换。制造厂家在压缩机、冷凝器、蒸发器、橡胶管和灌充设备上均有说明,以防误用。

四、压缩机

压缩机是空调制冷系统的心脏,其功能为将低温低压的制冷剂气体压缩成高温高压的气体,为空调制冷系统的制冷剂提供循环动力,保证制冷循环的正常进行。现代空调压缩机有数百种型号和结构,比较常用的有斜盘式压缩机、摇板式压缩机、旋叶式压缩机、涡旋式压缩机和曲柄轴连杆式压缩机等。此外,压缩机还可分为定排量和变排量两种形式,变排量压缩机可根据空调系统的制冷负荷自动改变排量,使空调系统运行更加经济。

1. 旋转斜盘式压缩机

1)结构

旋转斜盘式压缩机的立体结构如图 6-5 所示,剖面结构如图 6-6 所示,主要由主轴、斜盘、双头活塞、前阀板、后阀板、前缸盖、后缸盖及缸体等组成。斜盘通过半圆键与主轴连接,并且二者保持固定的倾斜角。双头活塞通过滑靴、钢球与斜盘配合,活塞两头分别位于同一轴线的前、后缸体中。气缸轴线与主轴轴线平行,六缸机圆周上的各气缸互呈 120°夹角,十缸机的各气缸互呈 72°夹角均匀地分布。前、后缸盖与缸体之间有前、后阀板,其上有与气缸数目相等的进、排气阀,它们均由进、排气弹簧阀片控制。缸体中设有通气道,使前、后缸盖的进、排气室分别与进、排气管相通。主轴的凸出部分安装电磁离合器,用来驱动主轴旋转。

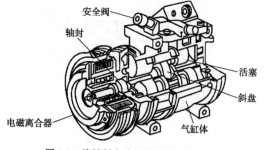

图 6-5 旋转斜盘式压缩机的立体结构

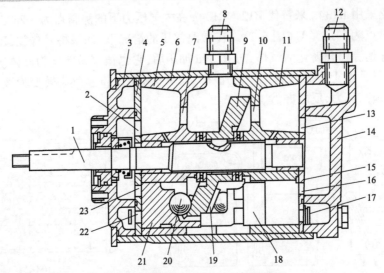

图6-6　旋转斜盘式压缩机的剖面结构

1-主轴;2、13、16、23-进气阀孔;3-前缸盖;4-前阀板;5-前缸体;6-壳体;7、10-通气道;8-进气管接头;9-斜盘;11-后缸体;12-排气管接头;14-后缸盖;15-后阀板;17、22-排气阀;18、21-活塞(18、21为一体);19-滑靴;20-钢球

　　旋转斜盘式压缩机的主轴旋转时斜盘通过滑靴、钢球使活塞做往复运动,双头活塞中一端为压缩行程时另一端则为吸气行程。

　　2)工作原理

　　活塞右移时[图6-7a)]右边气缸为压缩冲程,其容积逐渐减小,气缸压力逐渐增大,进气阀关闭、排气阀打开,高压制冷剂气体被压出,经排气室、通气道、排气管接头、高压管路进入冷凝器;左边气缸为吸气冲程,其容积逐渐增大而形成负压,进气阀开启、排气阀关闭,低压制冷剂气体吸入气缸。反之,活塞左移时[图6-7b)]右边气缸容积开始增大而形成负压,则进气阀开启、排气阀关闭,处于吸气状态,为保证充足的进气量,进气阀为较软的舌簧片;左边气缸容积减小,为保证气体具有一定压力,排气阀片弹力较大,只有在一定的气缸压力时排气阀才能打开。图6-7c)为左边气缸压力达到一定数值后排气阀打开的状态,排气阀的后面装有限位板,以防阀片开启太大而损坏。

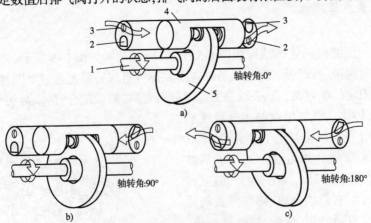

图6-7　旋转斜盘式压缩机的工作原理

a)转角为0°;b)转角为90°;c)转角为180°

1-主轴;2-排气阀;3-吸气阀;4-活塞;5-斜盘

2. 旋叶式压缩机

1）结构

旋叶式压缩机的结构如图6-8所示。主要由电磁离合器1、转子7、限位板8、排气阀9、叶片10、气缸11和机壳14等组成。

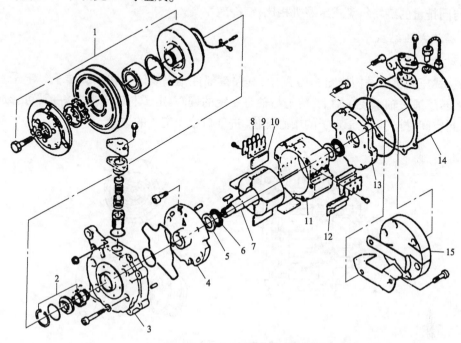

图6-8 旋叶式压缩机结构

1-电磁离合器；2、12-密封元件；3-气缸盖；4-前盖板；5、6-止推轴承；7-转子；8-限位板；9-排气阀；10-叶片；11-气缸；13-后盖板；14-机壳；15-分离区

旋叶式压缩机有圆形气缸式（2或4片叶片）和椭圆形气缸式（4或5片叶片）两种型式。

2）工作原理

圆形气缸4片叶片式压缩机工作原理如图6-9所示，压缩机主轴旋转时带动开有滑槽的转子旋转，叶片在滑槽中滑动。转子在气缸中偏心安装，转动时在离心力和油压作用下叶片向外滑出，压靠在气缸壁上，将内腔分成四个气室。气室空间变大时产生负压，吸入制冷剂气体（吸气口不设吸气阀）；气室空间变小时制冷剂气体压力升高，经排气阀排出。

叶片的向外甩出是靠转子转动时离心力和叶片背后油压的作用，其油压的形成是在润滑系的帮助下实现的。旋叶式压缩机通常是采用喷油润滑方式，冷冻机油集于压缩机后箱底部，转子旋转时此处受压缩机排气压力的作用（属高压侧），利用压力差使油进入通往叶片背后空间的管道（属低压侧），油将叶片压出。与此同时，油液流入前、后盖板的间隙中进行润滑和密封，流进主轴承、油封中进行冷却、润滑和密

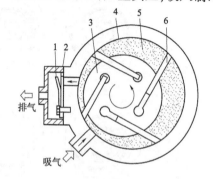

图6-9 旋叶式压缩机工作原理
1-限位板；2-排气阀；3-转子；4-气缸；5-制冷；6-叶片

封。润滑、冷却后的机油由于处于低压侧,所以与制冷剂气体混合进入气缸、压缩后排出。经安装在压缩机后箱内的油气分离器分离出的油液和制冷剂气体,分别进入压缩机后箱和冷凝器。冷冻机油将如此循环使用。

旋叶式压缩机的特点是:旋转部分转动惯量小,工作转速高,无噪声,振动小;尺寸小,质量轻;与同排量的旋转斜盘式压缩机相比,制冷效率高。

3. 涡旋式压缩机

1)结构

涡旋式压缩机的结构如图 6-10 所示,其关键部件是涡旋定子和涡旋转子。定子安装在机体上,转子通过轴承装在轴上,转子与轴有一定的偏心,定子与转子安装好后,可形成月牙形的密封空间,排气口位于定子的中心部位,进气口位于定子的边缘。

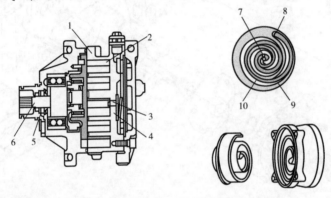

图 6-10　涡旋式压缩机的结构

1-固定涡旋;2-旋转涡旋;3-排气口;4-排气阀;5-轴封;6-轴;7-排气口;8-吸气口;9-固定涡旋;10-旋转涡旋

2)工作过程

涡旋式压缩机的工作过程如图 6-11 所示。当压缩机旋转时,转子相对于定子运动,使两者之间的月牙形空间的体积和位置都在发生变化,体积在外部进气口处大,在中心排气口处小,进气口体积增大使制冷剂吸入。当到达中心排气口部位时,体积缩小,制冷剂被压缩排出。

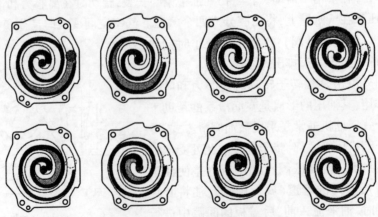

图 6-11　涡旋式压缩机的工作过程

4. 摇板式压缩机

1)结构

这种压缩机是一种变排量的压缩机,其结构如图 6-12 所示,它的结构与旋转斜盘式压缩机类似,通过斜盘驱动沿圆周方向分布的活塞,只是将双向活塞变为单向活塞,并可通过改变斜盘的角度改变活塞的行程,从而改变压缩机的排量。压缩机旋转时,压缩机轴驱动与其连接的凸缘盘,凸缘盘上的导向销钉再带动斜盘转动,斜盘最后驱动活塞往复运动。

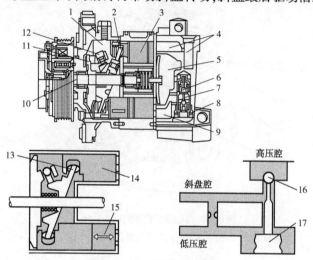

图 6-12 摇板式压缩机的结构

1-斜盘腔;2-斜盘;3-活塞;4-低压腔;5-高压腔;6-阀;7-控制阀;8-波纹管;9-低压腔;10-轴;11-凸缘盘;12-导向销钉;13-斜盘;14-活塞;15-活塞行程;16-阀;17-波纹管

2)工作过程

压缩制冷的工作过程此处不再重复,这里主要介绍变排量的原理,如图 6-13 所示。

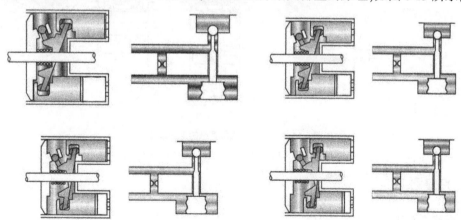

图 6-13 摇板式压缩机变排量的工作过程

这种压缩机可以根据制冷负荷的大小改变排量,制冷负荷减小时,可以使斜盘的角度减小,缩短活塞的行程,使排量降低;负荷增大时则相反。下面以负荷减小为例来说明压缩机排量如何减小,制冷负荷的减小会使压缩机低压腔压力降低,低压腔压力降低可使波纹管膨胀而打开控制阀,高压腔的制冷剂便会通过控制阀进入斜盘腔,使斜盘腔的压力升高。斜盘右侧的压力低于左侧压力,斜盘向右移动,使活塞行程减小。

5.曲轴连杆式压缩机

1)结构

这种压缩机的体积较大,结构与发动机相似,由曲轴连杆驱动活塞往复运动,一般采用双缸结构,每缸上方装有进排气阀片,压缩机的具体结构见图6-14。

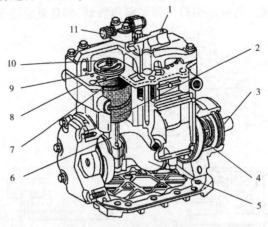

图6-14 曲轴连杆式压缩机的结构
1-排气维修阀;2-活塞;3-密封盘;4-轴封;5-曲轴;6-连杆;7-进气阀;8-阀座;9-排气阀;10-气门止动片;11-进气维修阀

2)工作过程

曲轴连杆式压缩机的工作过程见图6-15,整个工作过程由吸气、压缩和排气三个过程组成。活塞下行时进气阀开启,制冷剂进入气缸;活塞上行时,连杆制冷剂被压缩,当达到一定压力时,排气阀打开,制冷剂排出。

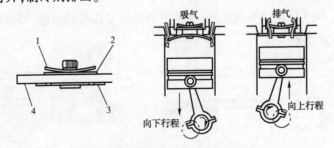

图6-15 曲轴连杆式压缩机的工作过程
1-气门止动片;2-排出阀;3-吸气阀;4-配流盘

五、冷凝器

1.冷凝器的作用

将压缩机排出的高温、高压制冷剂气体,转变为中温高压制冷剂液体,同时将制冷剂从蒸发器吸收的能量和压缩机做功的能量散发到大气中。

2.冷凝器的分类

冷凝器按结构形式分为管片式、管带式和平行流式,如图6-16所示。管片式冷凝器因结构简单、加工方便而使用广泛;管带式比管片式传热效率高,而平行流冷凝器是为适应 R134a 制冷剂而研制的新型冷凝器,突破了前两者的局限性,传热效率更高。

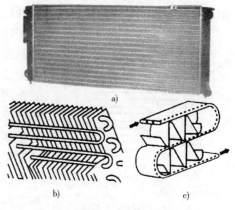

3.冷凝器的结构

冷凝器通常是用钢、铜或铝等材料制成带有翅片的排管,翅片一方面增大了冷凝器的散热面积,另一方面起到支撑排管作用。整个冷凝器的结构和发动机的冷却系统的散热器十分相似。在正常的使用情况下,不易损坏。

图6-16 管片式、管带式冷凝器
a)冷凝器;b)管片式;c)管带式

4.冷凝器的安装

为了保证冷凝器散热良好,一般将其布置在车前面或车身两侧等通风良好的位置,并且用高速冷凝器风扇扇动空气以提高散热效果。安装冷凝器时,注意从压缩机排出的制冷剂必须进入冷凝器的上端入口,而出口必须在下方,否则会使制冷系统压力升高,导致冷凝器爆裂。冷凝器比较容易被脏污覆盖,而引起排管和翅片腐蚀,影响其散热,应经常清洗。

六、膨胀阀和膨胀管

1.膨胀阀

1)膨胀阀的作用

主要作用是节流降压和调节制冷剂流量。

2)膨胀阀的分类

按结构不同,膨胀阀可分为外平衡式膨胀阀、内平衡式膨胀阀和 H 形膨胀阀三种。

3)结构与工作原理

(1)外平衡式膨胀阀。外平衡式膨胀阀如图 6-17 所示。膨胀阀的入口接储液干燥器,出口接蒸发器。膨胀阀的上部有一个膜片,膜片上方通过一条细管接一个感温包。感温包安装在蒸发器出口的管路上,内部充满制冷剂气体,蒸发器出口处的温度发生变化时,感温包内气体体积也会发生变化,进而产生压力变化,这个压力变化就作用在膜片的上方。膜片下方的腔室还有一根平衡管通蒸发器出口,蒸发器出口的制冷剂压力通过这根平衡管作用在膜片的下方。膨胀阀的中部有一个阀门,阀门控制制冷剂的流量,阀门的下方有一个调整弹簧,弹簧的弹力试图使阀门关闭,弹簧的弹力通过阀门上方的杆作用在膜片的下方。可以看出,膜片共受到三个力的作用,一个是感温包中制冷剂气体向下的压力,另一个是弹簧向上的推力,还有一个是蒸发器出口制冷剂向上的支撑力,阀的开度由这三个力共同决定。

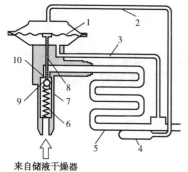

来自储液干燥器

图6-17 外平衡式膨胀阀
1-膜片;2-毛细管;3-外平衡管道;4-感温包;5-蒸发器;6-弹簧;7-阀体;8-阀杆;9-球阀;10-针阀

当制冷负荷发生变化时,膨胀阀可根据制冷负荷的变

化自动调节制冷剂的流量,确保蒸发器出口处的制冷剂全部转化为气体并有一定的过热度。

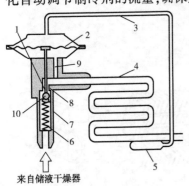

图6-18 内平衡式膨胀阀
1-针孔;2-膜片;3-毛细管;4-蒸发器;5-感温包;6-弹簧;7-阀体;8-阀杆;9-内平衡管道;10-球阀

当制冷负荷减小时,蒸发器出口处的温度就会降低,感温包的温度也会降低,其中的制冷剂气体便会收缩,使膨胀阀膜片上方的压力减小,阀门就会在弹簧和膜片下方气体压力的作用下向上移动,减小阀门的开度,从而减小制冷剂的流量。反之,制冷负荷增大时,阀门的开度会增大,制冷剂的流量增加。当制冷负荷与制冷剂的流量相适应时,阀门的开度保持不变,维持一定的制冷强度。

(2)内平衡式膨胀阀。其结构与外平衡式膨胀阀的结构大同小异,如图6-18所示。不同之处在于内平衡式膨胀阀没有平衡管,膜片下方的气体压力直接来自于蒸发器的入口。内平衡式膨胀阀的工作过程与外平衡式膨胀阀的工作过程完全相同。

(3)H形膨胀阀。采用内外平衡式膨胀阀的制冷系统,其蒸发器的出口和入口不在一起,因此需要在出口处安装感温包和平衡管路,结构比较复杂。如果将蒸发器的出口和入口做在一起,就可以将感温包和平衡管路均去掉,这就形成了所谓的H形膨胀阀,如图6-19所示。

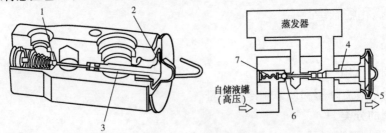

图6-19 H形膨胀阀
1-针阀;2-膜片;3-热敏杆;4-热敏杆;5-膜片;6-针阀;7-压力弹簧

H形膨胀阀中也有一个膜片,膜片的左方有一个热敏杆,热敏杆的周围是蒸发器出口处的制冷剂,制冷剂温度的变化(制冷负荷变化)可通过热敏杆使膜片右方气体的压力发生变化,从而使阀门的开度变化,调节制冷剂的流量以适应制冷负荷的变化。H形膨胀阀具有结构简单、工作可靠的特点,应用越来越广。

2. 膨胀管

膨胀管与膨胀阀的作用基本相同,只是将调节制冷剂流量的功能取消了,其结构见图6-20。膨胀管的节流孔径是固定的,入口和出口都有滤网。由于节流管没有运动部件,具有结构简单、成本低、可靠性高、节能等优点。

七、蒸发器

1. 蒸发器的作用

使喷入蒸发器的低压、低温雾状液态制冷剂吸收车厢内的热量而迅速蒸发为气态,从而降低车内空气温度。在降温的同时,空气中的水分也会因温度降低而凝结出来并排出车外,起到除湿的作用。

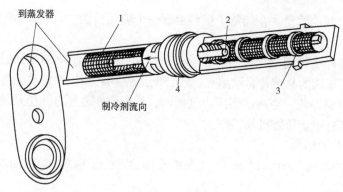

图6-20　膨胀管

1-制冷剂原子滤网;2-定直径孔管;3-灰尘滤网;4-O形密封圈(将高压与低压侧隔开)

2. 蒸发器的分类

按结构可分为:管片式蒸发器、管带式蒸发器和层叠式蒸发器。

管片式蒸发器由套有铝翅片的铜质或铝质圆管组成,如图6-21所示。其结构简单、制造方便,但热交换效率低。

管带式蒸发器由双面复合铝材以及多孔扁管材料制成,热交换效率比管片式高。

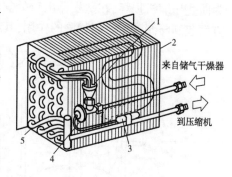

层叠式蒸发器由夹带散热铝带的两片铝板叠加而成,其结构紧凑、热交换效率更高,采用R134a制冷剂的空调普遍采用这种类型的蒸发器。

蒸发器不是易损件,但容易发生冰堵现象,冰堵现象是指制冷系统内的残留水分过多,制冷剂循环过程中,水分被冻结在温度很低的毛细管出口处,逐渐形成"冰塞",使制冷剂不能循环流动,所以应注意对制冷系统的维护。

图6-21　管片式蒸发器

1-分配器;2-散热器;3-感温包;4-膨胀阀;5-圆管

八、储液干燥器和集液器

1. 储液干燥器

储液干燥器用于膨胀阀式的制冷循环系统,安装在冷凝器出口和膨胀阀之间。

1)储液干燥器的作用

(1)存储制冷剂。当制冷装置中制冷剂数量随热负荷而变化时,随时向制冷装置的循环系统提供所需要的制冷剂,同时补充循环系统的微量渗漏。

(2)去除制冷剂中的水分。如果制冷剂中有水分,制冷剂由膨胀阀喷入蒸发器时压力与温度降低,可能造成水分在系统中结冰,阻止制冷剂的循环,造成冰堵故障。R134a制冷剂使用沸石作为干燥剂,R12制冷剂使用硅胶作为干燥剂,因此使用R134a制冷剂的制冷系统的储液干燥器不能与使用R12的储液干燥器互换。

(3)过滤制冷剂中的杂质。由于膨胀阀口很小,如果制冷剂中有杂质,可能造成系统堵塞,使系统不能制冷。

（4）检查制冷剂的数量。在储液干燥器上有一个玻璃目镜，可观察压缩机工作时制冷剂的流动情况，依此判断制冷剂的数量。

（5）具有高压保护作用。储液干燥器设有高压阀，高压侧制冷剂压力、温度过高时容易引起爆炸，这时高压阀的易熔片自动熔化，放出部分制冷剂，保护系统重要部件不被破坏。

（6）过低压自动停机。当高压侧压力过低时，储液干燥罐上的低压开关自动断开，切断压缩机的供电电路，中止压缩机的工作。

2）储液干燥器的结构

储液干燥器的结构如图6-22所示，主要由壳体、滤网、干燥剂、入口、出口、低压开关、高压阀和目镜等组成。

储液干燥器的干燥剂失效，滤网或过滤器堵塞，一般无法维修，只能更换整个储液干燥器，而且只要空调系统中的主要部件（如冷凝器、蒸发器等）更换或维修，就必须更换储液干燥器。

2. 集液器

集液器用于膨胀管式的制冷系统中，安装在蒸发器出口和压缩机进口之间。因为膨胀管无法调节制冷剂的流量，所以蒸发器出来的制冷剂不一定全部是气体，可能有部分液体。为防止压缩机损坏，在蒸发器出口处安装一个集液器，一方面将制冷剂进行气液分离，另一方面起到与储液干燥器相同的作用，其结构如图6-23所示。

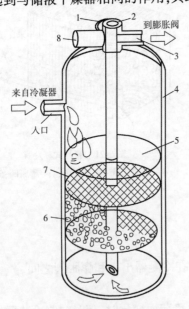

图6-22　储液干燥器的结构

1-低压开关；2-目镜；3-出口；4-壳体；5-液态制冷剂；6-干燥剂；7-滤网；8-高压阀

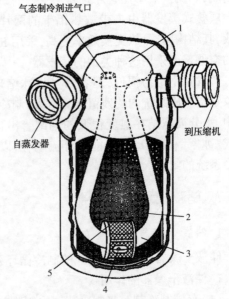

图6-23　集液器结构

1-塑料盖；2-干燥剂；3-U形管；4-制冷剂孔；5-过滤器

制冷剂进入集液器后，液体部分沉在集液器底部，气体部分从上面的管路出去进入压缩机。

九、冷冻机油

冷冻机油的作用是对压缩机进行润滑、冷却、密封和消除噪声。

压缩机的运动部件在运转过程中必须对运动零件进行润滑以免磨损，冷冻机油就用于润滑这些部件及整个系统密封件和垫圈。在空调制冷系统工作的过程中会有少量的机油被制冷剂带到系统中循环,这样会有利于膨胀阀处于良好的工作条件。

国产冷冻机油按其50℃时运动黏度分为13号、18号、25号、30号、40号5个牌号。选用何种等级和型号的冷冻机油取决于压缩机制造商的规定和系统内制冷剂的类型。在更换机油的同时还应更换储液干燥器或集液器。因制冷剂泄漏而造成冷冻机油的损耗可采用一次性灌装有压机油来补充。冷冻机油容器外观如图6-24所示。

a)   b)

图6-24　冷冻机油容器外观

a)冷冻机油;b)一次性灌装有压冷冻机油

第三节　空调暖风系统

一、暖风系统的作用和分类

暖风系统的作用是向车内供热和除霜。

根据供热热源的不同可以分为非独立式和独立式两种。

二、暖风系统的工作原理

工程机械因驾驶室较小而多采用非独立式,也称作余热水暖式。它是利用发动机工作时从缸体出来的冷却水的余热为车内提供暖气的。冷却水通过一个热交换器和离心风机组成的暖风机来加热经过暖风机的空气,使周围环境温度上升。这种装置的结构简单、成本低、不耗能,但制热量较小,采暖量受到发动机运转工况的影响。余热水暖式暖风系统的工作原理如图6-25所示。

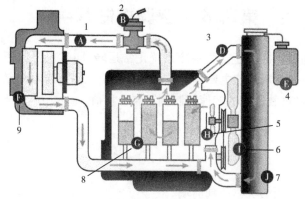

图6-25　余热水暖式暖风系统的工作原理

1-加热器软管;2-热水阀;3-散热器软管;4-膨胀水箱;5-水泵;6-风扇;7-散热器;8-发动机;9-加热器芯

三、暖风机的结构

1.热水阀

热水阀又称冷却液控制阀,装在发动机冷却水通往加热器的前面,用来控制进入加热器芯的发动机冷却水流量。热水阀如图6-26所示。

热水阀即可由缆线操纵,也可由真空阀操纵。热水阀的主要损坏形式是渗漏、阀门失效等形式。更换热水阀时应注意检查软管接头,如有损坏一起更换。

2.加热器和鼓风机

加热器和鼓风机组成一体,称为暖风机,如图6-27所示。

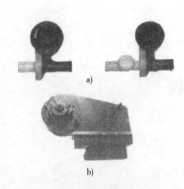

图6-26　热水阀
a)手动空调用;b)自动空调用

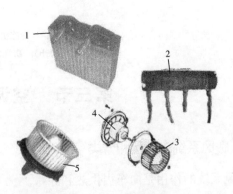

图6-27　加热器和鼓风机
1-加热器芯;2-电阻器;3-风扇;4-鼓风机电机;5-鼓风机

加热器芯用来加热通过它周围的空气,加热器芯结构类似蒸发器,也可分为管翅式和管带式两种,有管子和散热片等组成,其材料一般采用铜质和铝质。加热器芯一般不易损坏,其最常见的故障是泄漏。

鼓风机用于吸入外界新鲜空气或车内再循环空气,由电动机和风扇组成。有些电机是可逆的,但大多数电机是不可逆的。更换电机时,转向必须与原电机相同。

第四节　空调控制系统

空调控制系统的功能是保证空调制冷系统正常运转,同时也要保证空调系统工作时发动机的正常运转。空调控制系统主要是通过控制压缩机电磁离合器的结合与分离实现温度控制与系统保护,通过对鼓风机的转速控制调节制冷负荷。

一、电磁离合器

1.安装位置及作用

电磁离合器安装在压缩机驱动轴前端。

其作用是通过电磁线圈的通断电控制发动机与压缩机之间的动力传递。

2. 电磁离合器的结构

电磁离合器的结构如图6-28所示。由电磁线圈、带轮、压盘、轴承等元件组成。电磁线圈固定在压缩机前端的带轮的凹槽内部。压盘通过弹簧与压盘毂相连,压盘轮毂与压缩机输入轴通过平键相连。

3. 电磁离合器的工作原理

当电磁线圈不通电时,在弹簧张力的作用下,压盘与压缩机带轮之间保留一定的空隙,带轮通过轴承空转。当电磁线圈通电时,电磁线圈产生的强大吸引力克服弹簧的张力,将压盘紧紧地吸合在带轮的端面上,带轮通过压盘带动压缩机输入轴一起转动,使压缩机工作。

二、制冷循环的压力控制

如果空调制冷循环系统出现压力异常,将会造成系统的损坏。为防止空调制冷循环系统出现压力异常,通常在系统的高压管路中安装压力开关。常见的压力开关有高压开关、低压开关和高低压组合开关三种,如图6-29所示。压力开关的安装位置和控制电路如图6-30所示。

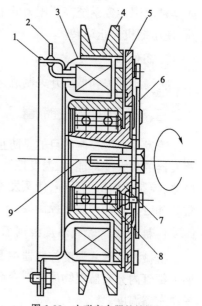

图6-28 电磁离合器的结构
1-前端盖;2-电磁线圈引线;3-电磁线圈;4-带轮;5-压盘;6-片簧;7-压盘轮毂;8-轴承;9-压缩机轴

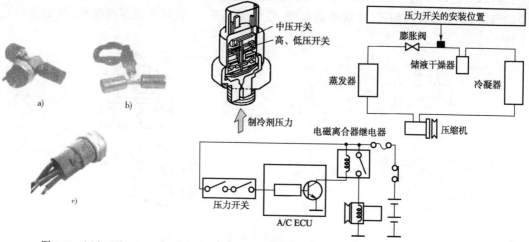

图6-29 压力开关
a)低压开关;b)高压开关;c)高低压组合开关

图6-30 压力开关的安装位置和控制电路

1. 高压开关

用于检测制冷剂的最高工作压力。当压力约为1.6MPa时,接通冷凝器风扇高速挡,增强冷却强度,使压力降低;当压力高于额定最高安全值3.2MPa时,高压开关立即切断电磁离合器电路,使压缩机停止运转。

2. 低压开关

低压开关也称制冷剂泄漏检测开关,用于限制系统高压的最低值。当制冷剂严重泄漏或某种原因导致系统高压压力低于额定最低值0.2MPa时,低压开关立即切断电磁离合器电路,使压缩机停止运转。

3. 高低压组合开关

将高压开关和低压开关制成一体,具有高压开关和低压开关的双重功能。

三、蒸发器的温度控制器

蒸发器温度控制的目的是防止蒸发器结霜而引起制冷效果大幅度降低。为了充分发挥蒸发器的最大冷却能力,温度控制器根据蒸发器表面温度的高低接通或断开电磁离合器的电路,控制压缩机的开停,使蒸发器表面温度保持在1~4℃。常用的温度控制器有机械波纹管式和电子式两种温度控制器。

1. 机械波纹管式温度控制器

机械波纹管式温度控制器主要由波纹管、感温毛细管、触点、弹簧、调整螺钉等组成。感温毛细管内充有感温物质（制冷剂或CO_2）。感温毛细管一般放在蒸发器冷风出口,用以感受蒸发器温度。

机械波纹管式温度控制器的电路和工作原理如图6-31所示。它是利用波纹管的伸长或缩短来接通或断开触点,从而切断制冷装置压缩机的动力源。当蒸发器温度升高时,毛细管中的感温物质膨胀,对应的波纹管伸长并压缩弹簧,待蒸发器冷风出口温度达到设定值时,触点闭合,电磁离合器线圈通电,压缩机旋转,制冷装置循环制冷。如果车内温度降到设定的温度以下,波纹管缩短,弹簧帮助复位,使触点脱开,电磁离合器线圈断电,压缩机停止工作。

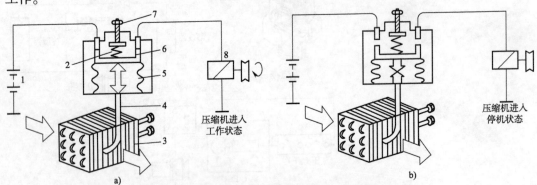

图6-31 机械波纹管式温度控制器的电路和工作原理

a)触点闭合,压缩机工作;b)触点分开,压缩机停止工作

1-蓄电池;2-弹簧;3-蒸发器;4-感温管;5-波纹管;6-触点;7-调节螺钉;8-压缩机

2. 电子式温度控制器

电子式温度控制器电路如图6-32所示。电子式温度控制器一般采用负温度系数的热敏电阻作为感温元件,装在蒸发器的表面,用以检测蒸发器表面温度。当蒸发器表面温度低于某一设定值(1℃)时,热敏电阻的阻值变化转换为电压变化,给空调ECU输入低温信号,空调ECU控制继电器切断电磁离合器电路,使压缩机停止工作,使蒸发器温度不低于1℃。当蒸发器表面温度高于某一设定值(4℃)时,热敏电阻的阻值变化转换为电压变化,给空调ECU输入高温

信号,空调 ECU 控制继电器接通电磁离合器电路,使压缩机运转,使蒸发器温度不高于4℃。

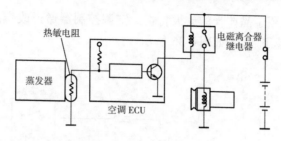

图6-32 电子式温度控制器电路

四、冷凝器风扇控制

为了使压缩机排出的高温高压制冷剂快速冷却液化,一般在冷凝器前或后增设风扇。风扇转速的控制有两种,一种是通过改变与风扇电动机串联电阻阻值的方法(单个电机)来改变风扇电动机的转速,另一种是通过改变两个风扇的连接方式(串联、并联)来改变风扇电动机的转速,如图6-33 所示。

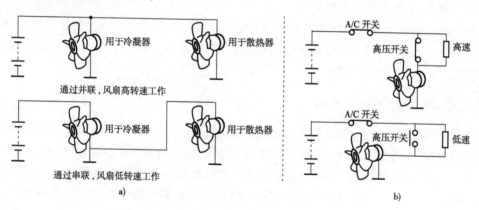

图6-33 风扇电动机的两种控制方式

五、鼓风机控制

鼓风机的作用是强迫空气流过蒸发器,提高热交换效率。鼓风机工作时,电动机驱动一个笼式风扇,推动空气通过蒸发器,如图6-34 所示。目前车用空调中均是通过外接鼓风机电阻或功率晶体管的方式来控制电机转速。

1. 外接鼓风机电阻控制方式

鼓风机电阻串联在鼓风机开关与鼓风机电动机之间,其电压降被用于改变电动机的端电压,控制电动机转速和调节空气流量。

当电动机运转时,变阻器会变热,需要冷

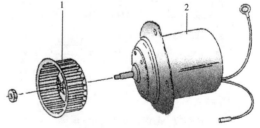

图6-34 笼式鼓风机
1-风扇;2-电动机

却,因此,被安装在鼓风机电动机前、蒸发箱内使之通风良好,如图6-35 所示。

2. 外接功率晶体管控制方式

这种控制方式,利用了晶体管的放大特性。空调控制器通过改变晶体管基极电流的大小使鼓风机在不同转速下工作,如图6-36所示。

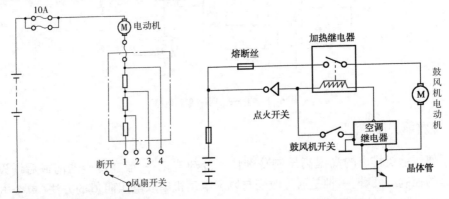

图6-35 外接鼓风机电阻控制电路   图6-36 晶体管控制方式

3. 晶体管与鼓风机电阻组合型

鼓风机控制开关有自动挡和不同转速的选择模式,如图6-37所示,当鼓风机转速控制开关处于自动挡时,鼓风机的转速由空调电脑控制,一旦人为操纵开关选择不同转速后,便自动取消空调电脑的控制功能。

六、发动机的怠速提升控制

对于非独立的车用空调系统,压缩机工作时要消耗一定的发动机功率。当发动机转速较低时(低速行驶或处于怠速运转状态时),发动机的输出功率较小,此时如果开启空调制冷系统,将加大发动机的负荷,可能会造成发动机的过热或停机,同时空调系统也因压缩机转速低而制冷量不足。为防止这种情况的发生,在空调的控制系统中采用了怠速提升装置,如图6-38所示。

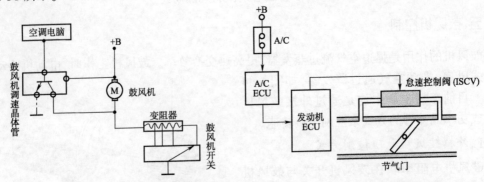

图6-37 晶体管与电阻组合控制方式   图6-38 发动机的怠速提升控制

当接通空调制冷开关(A/C)后,发动机的控制单元(ECU)便可接收到空调开启的信号,控制单元便控制怠速控制阀将怠速旁通气道的通路增大,使进气量增加,提高怠速。如果是节气门直动式怠速控制机构,控制单元便控制电动机将节气门开大,提高怠速。

第五节 自动空调控制系统

自动空调系统是指根据设置在车内外的各种温度传感器(车内温度、大气温度、日照强度、空调蒸发器温度、发动机冷却水温度等)的输入信号,由电子控制电路中的微电脑进行平衡温度的运算,并通过各种执行器对鼓风机转速、出风温度、送风方式及压缩机工作状况进行自动控制,按照驾驶员的要求,使车厢内的温度、湿度等小气候保持在最适当或最佳状态。自动空调系统如图6-39所示。

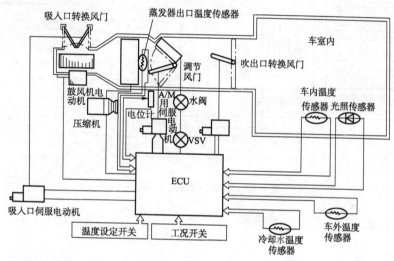

图6-39 自动空调系统

一、自动空调控制系统的组成

自动空调主要由冷气、热风、送风、操作和控制等部分组成。其中冷气系统中有压缩机、冷凝器、蒸发器;热风系统有加热器、水阀等;送风系统有鼓风机、风道、吸入与吹出风门;操作系统有温度设定与选择开关;控制系统有传感器、ECU、各种转换阀门、执行元件等。自动空调控制系统的组成可用图6-40的方框图来表示,它主要由三个部分构成,即各种输入信号电路、微电脑构成的电子控制系统、各种执行机构。

1. 输入信号

(1)车室内温度传感器、车外环境温度传感器、阳光辐射温度传感器等各种传感器传来的信号。

(2)驾驶员设定的温度信号、选择功能信号。

(3)由电位计检测出空气混合风门的位置信号。

2. 输出信号

输出信号有三种:

(1)为驱动各种风门,必须向真空开关阀(VSV)和复式真空阀(DVV)或伺服电机输送的信号。

（2）为了调节风量,必须向风机电动机输送调节电压信号。

（3）向压缩机输送的开停信号。

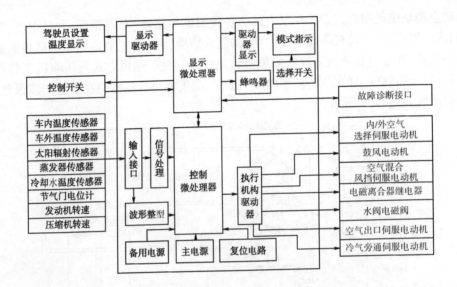

图6-40　自动空调控制系统的组成

二、自动空调控制系统的主要部件

1.传感器

1)驾驶室内温度传感器

驾驶室内温度传感器一般安装在仪表板下端,它是具有负温度系数的热敏电阻,其结构和安装位置如图6-41和图6-42所示。该传感器可检测驾驶室空气的温度,并将温度信号输入ECU。在吸入驾驶室内空气时,利用暖风装置的气流与专用抽气机。当驾驶室内温度发生变化时,热敏电阻的阻值改变,从而向空调ECU输送驾驶室内温度信号。

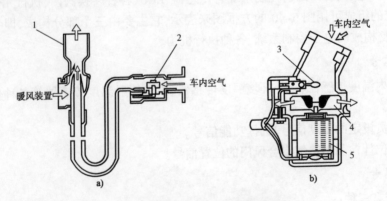

图6-41　驾驶室内温度传感器的结构

a)吸气器型;b)电动机型

1-吸气器;2-热敏电阻;3-热敏电阻;4-风扇;5-电动机

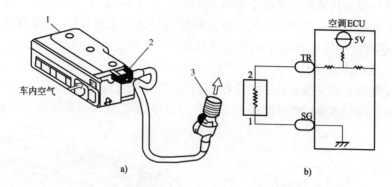

图6-42 驾驶室内温度传感器的安装位置和电路
1-暖风装置控制板;2-传感器;3-吸气器

2)驾驶室外温度传感器

驾驶室外温度传感器及其安装位置如图6-43所示。该传感器采用热敏电阻检测驾驶室外空气温度,并将温度信号输入 ECU。

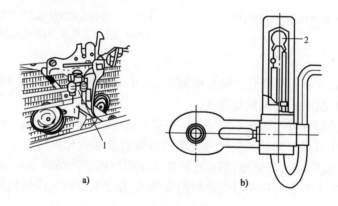

图6-43 驾驶室外温度传感器的安装位置和结构
a)安装位置;b)结构
1-驾驶室外温度传感器;2-热敏电阻

3)空调器温度开关

空调器温度开关的结构如图6-44所示,由热敏电阻、簧片开关和永久磁铁等组成。利用热敏电阻超过设定值后磁通量急速降低的特性,实现簧片开关闭合与断开的转换。主要用于使用温度检测开关的可变容量压缩机系统。它根据驾驶室冷气的状况控制压缩机是否工作,从而提高压缩机的工作效率。

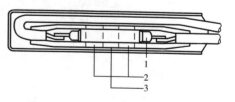

图6-44 空调器温度开关的结构
1-簧片开关;2-永久磁铁;3-铁氧体

4)蒸发器出口温度传感器

蒸发器出口温度传感器安装在蒸发器片上,用来检测蒸发器表面温度变化,由此控制压缩机的工作状态。当温度升高时,传感器的电阻值减小;当温度降低时,传感器的电阻值增加。利用传感器的这一特性来检测温度。传感器的工作环境温度为 −20~60℃。

工程机械电气设备(第2版)

蒸发器出口温度传感器主要用于空调温度控制,其电路如图6-45所示。ECU对温度检测用热敏电阻的信号与温度调整用控制电位器的信号进行比较,确定对电磁离合器供电或断电。此外,还利用热敏电阻的信号,控制蒸发器避免结冰。

5)冷却水温度传感器

冷却水温度传感器直接安装在加热器芯底部的水道上,如图6-46所示,用于检测冷却水温度。产生的冷却水温度信号输送给空调ECU,对低温时鼓风机的转速进行控制。

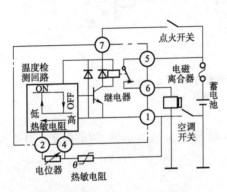

图6-45 蒸发器出口温度传感器

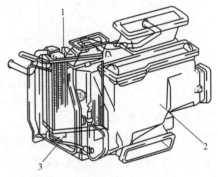

图6-46 冷却水温度传感器的安装位置
1-加热器芯;2-暖风装置;3-冷却水温度传感器

6)日光传感器

日光传感器将日光照射量变化转换为电流变化,并将此信号输入空调ECU。ECU根据此信号调整车用鼓风机吹出的风量与温度。

日光传感器的结构及特性如图6-47所示,主要由壳体、滤光片及光电二极管组成,通过光电二极管可检测出日光照射量的变化。光电二极管对日照变化反应敏感,而自身不受温度的影响,它把日照变化转换成电流,根据电流的大小即可确定准确的日照量。日光传感器安装在驾驶室仪表板上方容易接受日光照射的位置处,并能通过抽气机从该处吸入空气。

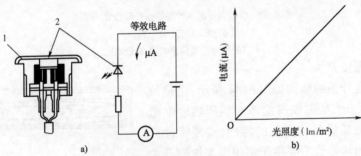

图6-47 日光传感器的结构及特性
a)结构;b)工作特性
1-滤波器;2-光电二极管

7)压缩机锁止传感器

压缩机锁止传感器是一种磁电式传感器,安装在压缩机内,用于检测压缩机转速。压缩机每转一转,该传感器线圈产生四个脉冲信号输送到空调ECU。

8)静电式制冷剂流量传感器

静电式制冷剂流量传感器用于检测制冷剂流量,其结构原理如图6-48所示。传感器内部有多个电极,当通过传感器的制冷剂流量发生变化时,则电极间的静电电容量发生变化,由此可检测出制冷剂流量。

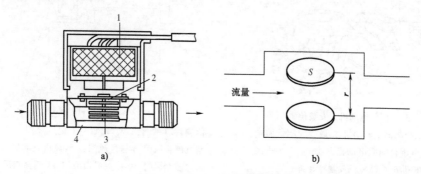

图6-48 静电式制冷剂流量传感器
a)结构;b)工作原理
1-电路;2-玻璃环氧板;3-电极;4-外壳

如图6-49所示,制冷剂流量传感器连接在储液干燥器和膨胀阀之间。通过传感器的电极检测出制冷剂流量的变化,并以频率信号输入到空调ECU。ECU根据此信号判断制冷剂量是否正常。当出现异常时,利用监控显示系统进行报警。

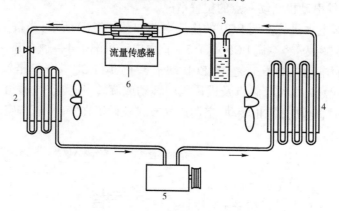

图6-49 制冷剂流量传感器的安装位置
1-膨胀阀;2-蒸发器;3-储液罐;4-冷凝器;5-空气压缩机;6-ECU

2. 空调ECU

空调ECU根据各种传感器输入的信号和设定温度,通过空气混合风门改变冷热风的比例,进而控制空气流的温度;当车内温度达到设定值时,空调ECU停止驱动伺服电动机,并把此位置存入记忆;空调ECU还通过风门控制气流流向;通过进气风门控制进气来自车内还是来自车外。另外,空调ECU还有故障自诊断功能。

3. 执行元件

执行元件主要包括控制伺服电动机、鼓风机电动机及压缩机电磁离合器等。伺服电动机的安装位置如图6-50所示,各种风门的位置如图6-51所示。

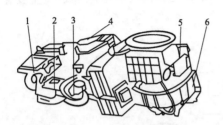

图 6-50　伺服电动机的安装位置
1-送风方式控制伺服电动机;2-最冷控制伺服电动机;3-空气混合伺服电动机;4-加热器;5-进风控制伺服电动机;6-鼓风机及制冷装置

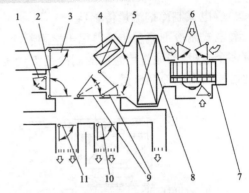

图 6-51　风门位置
1-除霜封口风门;2-风口风门;3-暖风风门;4-加热器芯;5-空气混合风门;6-进风风门;7-鼓风机电动机;8-蒸发器;9-最冷控制风门;10-中央风口风门;11-后风口风门

1)进风控制伺服电动机

进风控制伺服电动机控制进风方式,其结构如图 6-52a)所示。电动机的转子经连杆与进风风门相连,当驾驶员使用进风方式控制键选择"车外新鲜空气导入"或"车内空气循环"模式时,空调 ECU 控制进风控制伺服电动机带动连杆顺时针或逆时针旋转,带动进风风门打开或关闭,从而改变进风方式。该伺服电动机内装有一个电位计,电位计随电动机转动,并向空调 ECU 反馈电动机活动触点的位置情况。

进风控制伺服电动机与空调 ECU 的连接电路如图 6-52b)所示,当按下"车外新鲜空气导入"键时,电流路径为:经空调 ECU 端子 5→伺服电动机端子 4→触点 B→活动触点→触点 A→电动机→伺服电动机端子 5→空调 ECU 端子 6→空调 ECU 端子 9 搭铁。此时伺服电动机转动,带动活动触点、电位计触点及进风风门移动或旋转,新鲜空气通道打开。当活动触点与触点 A 脱开时,电动机停止转动,空调进气方式被设定在"车外新鲜空气导入"状态,车外空气被吸入车内。

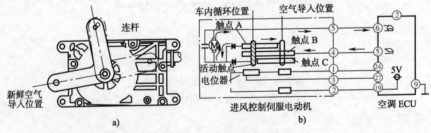

图 6-52　进风控制伺服电动机
a)结构;b)工作电路

当按下"车内空气循环"键时,电流路径为:空调 ECU 端子 6→伺服电动机端子 5→电动机→触点 C→活动触点→触点 B→伺服电动机端子 4→空调 ECU 端子 5→空调 ECU 端子 9 搭铁。于是电动机带动活动触点、电位计触点及进风风门向反方向移动或旋转,关闭新鲜空气入口,同时打开车内空气循环通道,使车内空气循环流动。

当按下"自动控制"键时,空调 ECU 首先计算出所需的出风温度,并根据计算结果自动改变进风控制伺服电动机的转动方向,从而实现进风方式的自动调节。

2)空气混合伺服电动机

空气混合伺服电动机连杆转动位置及电动机内部电路如图 6-53 所示,进行温度控制时,空调 ECU 首先根据驾驶员设置的温度及各传感器送入的信号,计算出所需要的出风温度并控制空气混合伺服电动机连杆顺时针或逆时针转动,改变空气混合风门的开启角度,从而改变冷、暖空气混合比例,调节出风温度与计算值相符。电动机内电位计的作用是向空调 ECU 输送空气混合风门的位置信号。

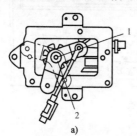 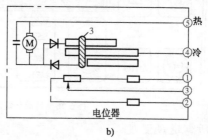

图 6-53 空气混合伺服电动机
a)连杆转动位置;b)工作电路
1-冷位置;2-热位置;3-活动触点

3)送风方式控制伺服电动机

送风方式控制伺服电动机连杆的位置及电动机内部电路如图 6-54 所示,当按下操纵面板上某个送风方式键时,空调 ECU 将电动机上的相应端子搭铁,而电动机内的驱动电路由此将电动机连杆转动,将送风控制风门转到相应的位置上,打开某个送风通道。

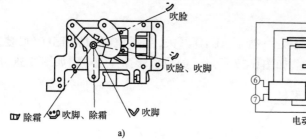

图 6-54 送风方式控制伺服电动机
a)连杆位置;b)工作电路

当按下"自动控制"键时,空调 ECU 根据计算结果,自动改变送风方式。

4)最冷控制伺服电动机

最冷控制伺服电动机的风门位置及内部电路如图 6-55 所示,该电动机的风门具有全开、半开和全闭三个位置。当空调 ECU 使某个位置的端子搭铁时,电动机驱动电路使电动机旋转,带动最冷控制风门位于相应位置。

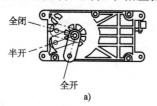 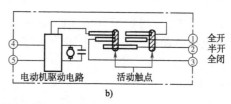

图 6-55 最冷控制伺服电动机
a)连杆位置;b)工作电路

三、自动空调控制功能

自动空调系统控制功能包括温度控制、鼓风机转速控制、进气控制、气流方式控制和压缩机控制。自动空调系统操纵面板如图 6-56 所示。

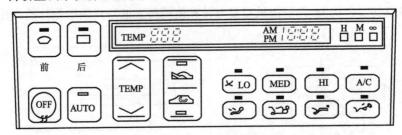

图 6-56　自动空调系统操纵面板

1. 计算所需送风温度

空调 ECU 根据设定的温度及各种传感器输入的信号,向伺服电动机等执行元件发出控制信号,实现各种控制功能。当驾驶员将温度设置在最冷或最热时,空调 ECU 将用固定值取代上述计算值进行控制,以加快响应速度。

2. 驾驶室内温度控制

空调 ECU 根据计算出的送风温度及蒸发器温度信号,确定是否向空气混合伺服电动机通电,控制空气混合风门的位置,实现驾驶室内温度控制。

3. 鼓风机转速控制

AUTO 开关位于暖风装置控制板上,按下 AUTO 开关,空调 ECU 根据 TAO(必要的出气温度)的电流强度控制鼓风机转速,如图 6-57 所示。鼓风机转速控制电路如图 6-58 所示。

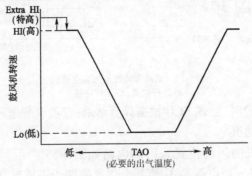

图 6-57　鼓风机转速控制曲线

1)低速控制

按下 AUTO 开关,空调 ECU 接通 VT_1,起动暖风装置继电器,电流路经:蓄电池→暖风装置继电器→鼓风机电动机→鼓风机电阻器→搭铁,鼓风机低速运转,同时 AUTO 和 LO(低速)指示灯亮。

2)中速控制

按下 AUTO 开关,空调 ECU 接通 VT_1,起动暖风装置继电器。空调 ECU 将鼓风机驱动信号(从 TAO 值计算得出)经 BLW 端子输出到功率晶体管,电流路经:蓄电池→暖风装置继电器→鼓风机电动机→功率晶体管和鼓风机电阻器→搭铁,鼓风机转速以对应于鼓风机驱动信号的转速运转,同时 AUTO 指示灯亮, LO（低速）、M_1（中$_1$）、M_2（中$_2$）和 HI（高）指示灯根据情况点亮。

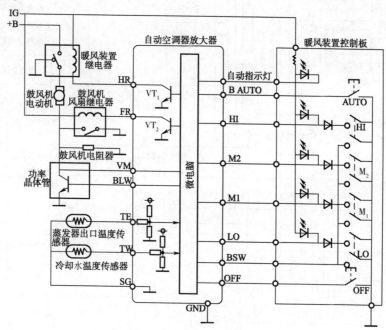

图 6-58　鼓风机转速控制电路

3）特高速控制

按下 AUTO 开关,空调 ECU 接通 VT_1 和 VT_2,起动暖风装置继电器和鼓风机继电器,电流路经:蓄电池→暖风装置继电器→鼓风机电动机→鼓风机风扇继电器→搭铁,鼓风机以特高速运转,同时 AUTO 和 HI（高速）指示灯亮。

若水温传感器检测到水温低于40℃时,空调 ECU 控制鼓风机停止运转。

4. 进风方式控制

当按下某个进风方式键时,空调 ECU 控制进风控制伺服电动机转动,将进风风门固定在"驾驶室外新鲜空气导入"或"驾驶室内空气循环"位置上。当按下"自动控制"键时,空调 ECU 根据计算值,在上述两种方式之间交替自动改变进风方式。

5. 送风方式控制

接通 AUTO 开关,空调 ECU 根据 TAO 值（图6-59）自动控制送风方式,如图6-60 所示。

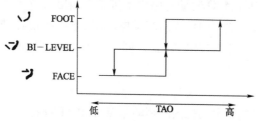

图 6-59　送风位置与温度关系曲线

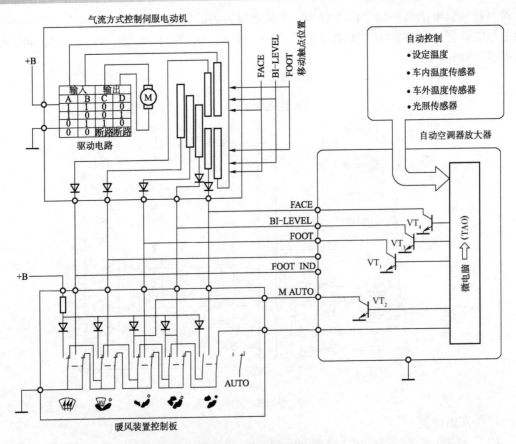

图 6-60　送风方式控制电路

1)TAO 由低变高

位于送风方式控制的伺服电动机内的移动触点在 FACE 位置,空调 ECU 接通 VT_1,内置在送风方式控制伺服电动机中的驱动电路的输入 B 因为搭铁电路的形成变为 0,而输入 A 因为电路断路而变为 1,因此允许驱动电路中 1 传送至输出 D,0 传送至输出 C,电流路经:输出 D→驱动电路→电动机→输出 C,从而起动电动机,电动机使移动触点离开 FOOT 触点,然后电动机停转,进入 FOOT 方式。同时空调 ECU 接通 VT_2,使暖风控制板上的 FOOT 指示灯亮。

2)TAO 由高变中

位于送风方式控制的伺服电动机内的移动触点在 FOOT 位置,空调 ECU 接通 VT_3,内置在送风方式控制伺服电动机中的驱动电路的输入 A 因为搭铁电路的形成变为 0,而输入 B 因为电路断路而变为 1,因此允许驱动电路中 1 传送至输出 C,0 传送至输出 D,电流路经:输出 C→驱动电路→电动机→输出 D,从而起动电动机,电动机使移动触点离开 BI-LEVEL 触点,然后电动机停转,进入 BI-LEVEL 方式。同时空调 ECU 接通 VT_3,使暖风控制板上的 BI-LEVEL指示灯亮。

3)TAO 由中变低

位于送风方式控制的伺服电动机内的移动触点在 BI-LEVEL 位置, 空调 ECU 接通 VT_4,内置在送风方式控制伺服电动机中的驱动电路的输入 A 因为搭铁电路的形成变为 0,而输入 B

因为电路断路而变为1,因此允许驱动电路中1传送至输出C,0传送至输出D,电流路经:输出C→驱动电路→电动机→输出D,从而起动电动机,电动机使移动触点离开FACE触点,然后电动机停转,进入FACE方式。同时空调ECU接通VT_4,使暖风控制板上的FACE指示灯亮。

当按下某个送风方式控制键时,空调ECU控制送风方式伺服电动机动作,将送风方式固定在相应状态上。

6. 压缩机工作控制

同时按下空调"A/C"键和"鼓风机"键,或按下"自动控制"键,空调ECU使电磁离合器接合,压缩机开始工作。压缩机控制电路如图6-61所示,空调ECU的MGC端首先向发动机ECU发出压缩机工作信号,发动机ECU的A/C MGC端随即搭铁,使磁吸继电器吸合,电流流入磁吸,使压缩机运转。与此同时,电流也加到空调ECU的A/C一端,向空调ECU反馈磁吸工作信号。

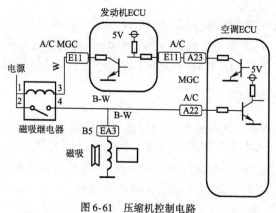

图6-61 压缩机控制电路

进行自动控制时,若环境温度或蒸发器温度降到一定值以下,空调ECU将控制压缩机间歇工作,即磁吸交替导通与断开,以节省能源。

空调装置工作时,空调ECU同时从发动机点火器及压缩机锁止传感器采集发动机转速与压缩机转速信号,并进行比较。若两种转速信号的偏差率连续3s超过80%,ECU则判定压缩机锁死,同时与电磁离合器脱开,防止空调装置进一步损坏;并使操纵面板上的A/C指示灯闪烁,以提示驾驶员。

7. 故障自诊断功能

当空调ECU检测到某些传感器或执行元件控制电路故障时,其故障自诊断系统将故障以代码的形式存储起来,检修时只要按下操纵面板上的指定键,即可读取故障代码。

第六节 空调系统正确使用与维护

一、空调系统的正确使用

为了保证空调系统具有良好的技术状况和工作可靠性,节约能源,发挥空调的最大效率,延长使用寿命,使用时应注意以下几点。

（1）在使用前先了解空调操作板上各推杆和按钮的作用。

（2）使用空调时，应先起动发动机，待发动机稳定运转后，打开鼓风机至某一挡位，然后再按下空调开关 A/C 以起动空调压缩机。调整送风温度和选择送风口，空调即可以正常工作。在空调工作时，如果温度推杆处于最大冷却位置，应尽量使鼓风机工作在高速挡，以免蒸发器过冷而结冰。

（3）车辆不工作时，不要长时间使用空调制冷装置，以免耗尽蓄电池的电能并防止废气被吸入车内，造成发动机起动困难和人员中毒；同时避免冷凝器和发动机因散热不良而过热，影响空调的制冷性能和发动机的寿命。

（4）车辆低速行驶时，应采用低速挡以使发动机有一定的转速，防止发电量不足和冷气不足。

（5）夏日停车应尽量避免在阳光下曝晒，以免加重空调负担。

（6）在太阳照射的情况下作业，如果车内温度很高，应打开所有车窗，车内热空气排出后，立即关上车窗，再开空调。

（7）在只需换气而不需冷气时，如春、秋两季，只需打开鼓风机开关而不要起动压缩机。

（8）空调使用结束后，为保持空调良好的工作状态，应每周开动一次，每次开动数分钟。

（9）原来没有安装空调器的车辆，不宜自行加装，以免发动机超载过热。

二、空调系统的日常维护

（1）保持冷凝器的清洁。冷凝器的清洁程度与其换热状况相关，因此应经常检查冷凝器表面有无污物、泥土，散热片是否弯曲或阻塞。如发现冷凝器表面脏污，应及时用压缩空气或清水清洗干净，以保持冷凝器有良好的散热条件，防止冷凝器因散热不良而造成冷凝压力和温度过高而导致制冷能力下降。在清洗冷凝器的过程中，应注意不要把冷凝器的散热片碰倒，更不能损伤制冷管道。

（2）保持送风通道空气进口过滤器清洁。送入车厢的空气要经过空气进口过滤器的过滤，因此应经常检查过滤器是否被灰尘、杂物堵塞并进行清洁，以保证进风量充足，防止蒸发器芯子空气通道阻塞，影响送风量。

（3）定期检查制冷压缩机驱动传动带的使用情况和松紧程度。如传动带松弛应及时张紧，如发现传动带裂口或损坏应采用车用空调专用传动带进行更换。需注意的是，新装冷气传动带在使用 36 ~ 48h 后会有所伸长，应重新张紧。

（4）在春秋或冬季不使用冷气的季节里，定期起动空调压缩机，每次 5 ~ 10min。还应注意，此项工作需在环境温度高于 4℃时进行。

（5）定期通过装在储液干燥器顶或冷凝器后高压管路上的目镜观察是否缺少制冷剂。

（6）检查连接导线、插头是否有松动和损坏现象。经常检查制冷系统各管路接头和连接部位、螺栓、螺钉是否有松动现象，是否有与周围机件相磨碰的现象，胶管是否老化，隔振胶垫是否脱落或损坏。

（7）注意空调运行中有无不正常的噪声、异响、振动和异常气味，如有，应立即停止使用，并送专业修理部门检查、修理。

三、空调系统的常规检查

在对空调系统进行常规检查时，要将车辆停放在通风良好的场地上，使发动机转速维持在 2000r/min 左右,鼓风机转速调至最高挡,使车内空气处于循环状态,进行下列检查。

1. 用手触摸制冷管路感受表面温度

当用手触摸制冷管路时,低压管路温度较低,高压管路温度较高。

2. 用眼观察制冷系统渗漏部位

制冷系统中的所有连接部位或冷凝器表面一旦发现油渍,说明此处有制冷剂泄漏。也可用较浓的肥皂水抹在冷凝器表面或连接部位,观察是否有气泡出现。

3. 从安装在储液器顶部的目镜观察工况

清晰、无气泡,如出风口是冷的,说明制冷系统工作正常;如出风口不冷,说明制冷剂已严重泄漏;如出风口冷气不足,关掉压缩机 1min 后仍有气泡慢慢流动,或在停止压缩机后的一瞬间就清晰无气泡,说明制冷剂太多。偶尔出现气泡,如膨胀阀结霜,说明有水分;如膨胀阀没有结霜,则有可能是制冷剂缺少或有空气。观察窗口玻璃上有油纹,出口风不冷,说明制冷系统中完全没有制冷剂。出现泡沫浑浊,可能是制冷系统中的冷冻油太多。

四、对制冷剂泄漏的检查

对制冷剂泄漏的检查,常用的方法有以下三种。

1. 肥皂液检漏法

制冷装置工作时,用毛刷将肥皂液涂于待检查部位,如果有气泡出现则说明该处有泄漏。这种方法简单易行,没有危害。

2. 卤素灯检漏法

该方法主要用于检查制冷剂为 R12 的制冷装置。卤素灯是一种丙烷火焰校漏仪,其吸气管吸入泄漏的制冷剂使火焰的颜色发生变化:泄漏量少时火焰呈绿色、泄漏量较多时呈浅蓝色、泄漏量很多时火焰呈紫色。该检查必须在制冷装置内有压力的情况下进行,而且检查场所应通风良好。

3. 电子检漏仪检漏法

电子检漏法的原理是当给阳(白金)、阴两极板施加电压并对阳极板加热时,阳极的阳离子便通过两极之间的介质射向阴极而形成电流。当两极板之间的介质是空气时,阳离子流较弱,电流值较小;当两极之间的介质是制冷剂蒸气时阳离子流增强、电流值增大。电子检漏仪包括探头、电源和电流表,其中电流表串联在电源电路中。探头探测到的制冷剂泄漏量越大,电流表的读数也越大。

第七节 空调系统故障诊断与排除

一、空调故障诊断的常用方法

空调故障诊断是通过看(查看系统各设备的表面现象)、听(听机器运转声音)、摸(用手触摸设备各部位的温度)、测 (利用压力表、温度计、万用表、检测仪检测有关参数)等手段来进行的。同时,还应仔细向驾驶员询问故障情况,判断是操作不当,还是设备本身造成的故障。若属前者,则应向驾驶员详细介绍正确的操作方法;若属后者,就应按上述四个方面进行综合分析,找出故障所在。查出故障原因,然后再进行修理。看、听、摸、测的具体应用如下:

1. 看现象

用眼睛来观察整个空调系统,如图 6-62 所示。首先,查看干燥过滤器目镜中制冷剂流动状况,若流动的制冷剂中央有气泡,则说明系统内制冷剂不足,应补充至适量。若制冷剂呈透明,则表示制冷剂加注过量,应缓慢放出部分制冷剂。若流动的制冷剂呈雾状,且水分指示器呈淡红色,则说明制冷剂中含水率偏高。其次,查看系统中各部件与管路连接是否可靠密封,是否有微量的泄漏。若有泄漏,在制冷剂泄漏的过程中常夹有冷冻油一起泄出,故在泄漏处有潮湿痕迹,并依稀可见黏附上的一些灰尘。此时应将该处连接螺母拧紧,或重做管路喇叭口并加装密封橡胶圈,以杜绝慢性泄漏,防止系统内制冷剂的减少。最后,查看冷凝器是否被杂物封住,散热翅片是否倾倒变形。

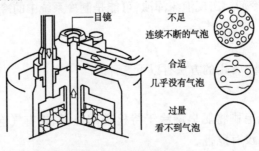

图 6-62　制冷剂的目测

2. 听响声

用耳朵聆听运转中的空调系统有无异常声音。首先,听压缩机电磁离合器有无发出刺耳噪声。若有噪声,则多为电磁离合器磁力线圈老化,通电后所产生的电磁力不足或离合器片磨损引起其间隙过大,造成离合器打滑而发出尖叫声。其次,听压缩机在运转中是否有液击声。若有此声,则多为系统内制冷剂过多或膨胀阀开度过大,导致制冷剂在未被完全汽化的情况下吸入压缩机。此现象对压缩机的危害很大。有可能损坏压缩机内部零件,应缓慢释放制冷剂至适量或调整膨胀阀开度,及时加以排除。

3. 摸温度

在无温度计的情况下,可用手触摸空调系统各部件及连接管路的表面。触摸高压回路(压缩机出口→冷凝器→储液器→膨胀阀进口),应呈较热状态,若在某一部位特别热或进出口之间有明显温差,则说明此处有堵塞。触摸低压回路(膨胀阀出口→蒸发器→压缩机进口)应较冷。若压缩机高、低压侧无明显温差,则说明系统存在泄漏或制冷剂不足的问题。

4. 测数据

通过看、听、摸这些过程,只能发现不正常的现象,但要做最后的结论,还要借助于有关仪表来进行测试,在掌握第一手资料的基础上,对各种现象做认真分析,才能找出故障所在,然后予以排除。

(1)用检漏仪检漏。用检漏仪检查整个系统各接头处是否泄漏。

（2）用万用表检查。用万用表可以检查出空调电路故障,判断出电路是断路还是短路。

（3）用温度计检查。用温度计可以判断出蒸发器、冷凝器、储液器的故障。正常工作时,蒸发器表面温度在不结霜的前提下越低越好;冷凝器入口管温度为 70～90℃,出口管温度为 50～65℃;储液器温度应为 50℃左右,若储液筒上下温度不一致,说明储液器有堵塞。

（4）用压力表检查。将歧管压力计的高、低压表分别接在压缩机的排气、吸气口的维修阀上,在空气温度为 30～35℃、发动机转速为 2000r/min 时检查。将鼓风机风速调至高挡,温度调至最低挡,其正常状况是:高压端压力应为 1.421～1.470MPa,低压端压力应为 0.147～0.196MPa,若不在此范围,则说明系统有故障。

二、空调系统常见故障的诊断与排除

空调系统常见故障一般为电气故障、机械故障、制冷剂和冷冻机油引起的故障。表现主要为系统不制冷、制冷不足或产生异响等。发现异常后,应先安装好各种计量表,根据各计量表的情况再结合外部的检查,诊断故障原因。可以根据表 6-1 所列的各种故障现象、产生原因及诊断排除方法予以排除或修理。

空调系统的故障诊断与排除　　　　　　　　表 6-1

故障现象	产 生 原 因	排 除 方 法
系统不制冷	1. 驱动传动带松弛或传动带断裂; 2. 压缩机不工作,传动带在带轮上打滑,或者离合器结合后带轮不转; 3. 压缩机阀门不工作,在发动机不同转速下,高、低压表读数仅有轻微变动; 4. 膨胀阀不能关闭,低压表读数太高,蒸发器流液; 5. 熔断丝熔断,接线脱开或断线,开关或鼓风机电动机不工作; 6. 制冷剂管道破裂或泄漏,高、低压表读数为零; 7. 储液干燥器或膨胀阀中的细网堵死,软管或管道堵死,通常在限制点起霜	1. 拉紧传动带或更换传动带; 2. 拆下压缩机,修理或更换; 3. 修理或更换压缩机阀门; 4. 更换膨胀阀; 5. 更换熔断丝导线,修理开关或鼓风机电动机; 6. 换管道,进行系统探漏,修理或更换储液干燥器; 7. 修理或更换储液干燥器
冷气量不足	1. 压缩机离合器打滑; 2. 出风通道通气不足; 3. 鼓风机电动机运转不顺畅; 4. 外面空气管道开着; 5. 冷凝器周围的空气流通不够,高压表读数过高; 6. 蒸发器被灰尘等异物堵住; 7. 蒸发器控制阀损坏或调节不当,低压表读数太高; 8. 制冷剂不足,观察玻璃处有气泡,高压表读数太低; 9. 膨胀阀工作不正常,高低压表读数过高或过低; 10. 储液干燥器细网堵住,高低压表读数过高或过低;	1. 拆下离合器总成,修理或更换; 2. 清洗或更换空气滤清器,清除通道中的阻碍物,排顺绕住的空气管; 3. 更换电动机; 4. 关闭通道; 5. 清洁发动机散热器和冷凝器,安装强力风扇、风扇挡板,或重新摆好散热器和冷凝器的位置; 6. 清洁蒸发器管道和散热片; 7. 按需要更换或调节阀门; 8. 向系统充液,直至气泡消失、压力表读数稳定为止; 9. 清洗细网或更换膨胀阀; 10. 清除系统,更换储液干燥器;

续上表

故障现象	产 生 原 因	排 除 方 法
冷气量不足	11.系统有水汽,高压侧压力过高; 12.系统有空气,高压值过高,观察玻璃处有气泡或呈云雾状; 13.辅助阀定位不对	11.清除系统,更换储液干燥器; 12.清除,抽气和加液; 13.转动阀至逆时针方向的最大位置
系统极端制冷	1.压缩机离合器打滑; 2.电路开关损坏,鼓风机的电动机开关损坏; 3.压缩机离合器线圈松脱或接触不良; 4.系统中有水汽,引起部件间断结冰; 5.热控制失灵,低压表读数偏低或过高; 6.蒸发器控制阀粘住	1.拆下压缩机,修理或更换; 2.更换损坏部件; 3.拆下修理或更换; 4.更换膨胀阀或储液干燥器; 5.更换热控制; 6.清洗系统并抽气,更换储液干燥器,使全控制阀复位,向系统加液
系统太冷	1.热控制不当; 2.空气分配不好	1.更换热控制; 2.调节控制表板的拉杆
空调系统噪声大	1.传动带松动或过度磨损; 2.压缩机零件磨损或安装托架松动; 3.压缩机液面太低; 4.离合器打滑或发出噪声; 5.鼓风机电动机松动或磨损; 6.系统中制冷剂过量,工作发出噪声,高、低压表读数过高,观察玻璃处有气泡; 7.系统中制冷剂不足,使膨胀阀发出噪声,观察玻璃有气泡及雾状,低压表读数过低; 8.系统中有水汽,引起膨胀阀发出噪声; 9.高压辅助阀关闭,引起压缩机颤动,高压表读数过高	1.拉紧传动带,或更换传动带; 2.拆卸压缩机,修理或更换,拧紧托架; 3.补充油液; 4.拆下离合器更换或维修; 5.拧紧电动机的安装连接件,拆下电动机修理或更换; 6.排放过剩的制冷剂,直到压力表读数降到标准值,且气泡消失; 7.找出系统漏气点,清除系统并修理,抽空系统并更换储液干燥器,向系统加液; 8.清除系统,抽气,更换储液干燥器,加液; 9.立即打开阀门
不供暖或暖气不足	1.加热器芯内部堵塞; 2.加热器芯表面气流受阻; 3.加热器芯管内部有空气; 4.温度门位置不正确; 5.温度门真空驱动器损坏; 6.鼓风机损坏; 7.鼓风机继电器、调温电阻损坏; 8.热水开关损坏; 9.发动机的节温器损坏	1.冲洗或根据需要更换芯子; 2.用空气吹通加热管芯表面; 3.排出管内空气; 4.调整拉线; 5.修理或更换; 6.修理或更换; 7.修理或更换; 8.修理或更换; 9.修理或更换
鼓风机不转	1.熔断丝熔断或开关接触不良; 2.鼓风机电动机损坏; 3.风扇调速电阻损坏	1.检查熔断丝和开关,用细砂纸轻擦开关触点; 2.修理或更换; 3.更换

续上表

故障现象	产生原因	排除方法
漏水	1.软管老化、接头不牢; 2.热水开关关不死	1.更换水管、接牢接头; 2.修复热水开关
过热	1.调温风门调节不当; 2.发动机节温器损坏; 3.风扇调速电阻损坏	1.重调; 2.修理或更换; 3.更换
操纵吃力或不灵	1.操纵机构卡死,风门粘紧; 2.所用真空驱动器失灵	1.调整或修理; 2.更换
加热器芯有异味	1.加热器进水接头漏水; 2.加热器漏水	1.拧紧; 2.更换

实训 空调系统的故障诊断与排除

一、实训目的和要求

(1)识别常用维修工具,学会设备的使用方法。
(2)学会基本的检测诊断方法。
(3)进一步理解空调系统的工作原理。

二、实训设备、仪表及工具

1.设备
空调实验台或一台带空调的车辆,制冷剂回收机。

2.仪表
压力表组、万用表、温度计、制冷剂泄漏检测仪。

3.工具
制冷剂添加阀、真空泵、充填软管、扭矩扳手、通用手动工具。

4.材料
制冷剂、冷冻机油、黏结剂等。

三、实训项目及步骤

1.维修仪表、工具的认识和使用

1)制冷剂添加阀
由制冷剂罐向冷却循环系统填充制冷剂时要用到制冷剂添加阀(图6-63),以控制制冷剂的供给量。
操作程序如下:

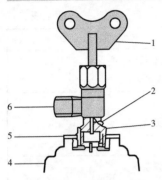

图 6-63 制冷剂添加阀

1-手柄;2-针阀;3-密封件;4-容器;
5-凸缘盘;6-连接压力表组

(1)尽量拧松阀门手柄,同时松开凸缘盘。

(2)将阀门拧入容器,通过凸缘盘固紧阀门。

(3)拧动手柄,用针阀在容器上冲出小孔。

(4)当手柄不再吃力时,制冷剂由罐上小孔中流出,并通过填充软管进入制冷系统。

注意:切勿使制冷剂罐倒置,因为制冷剂会以液态形式进入制冷系统。

2)压力表组

压力表组(图 6-64)用于在空调器安装好之后将制冷系统抽成真空,填充制冷剂,测量制冷系统的压力以实施故障检修。

通过压力表组高压阀与低压阀不同的开闭组合,可以构成四种不同回路。

(1)高压阀与低压阀关闭。

(2)低压阀开启,高压阀关闭。

(3)低压阀关闭,高压阀开启。

(4)低压阀与高压阀开启。

3)充填软管

准备红、绿、蓝三种颜色的软管,分别用于高压侧、中间段与低压端。每种软管的一头有个用于开启内阀的销针,另一端没有销针,按不同的目的进行不同方式的连接。带有销针的一端用于连接压缩机或维修阀(填充阀),如图 6-65 所示。

图 6-64 压力表组

1-低压表;2-高压表

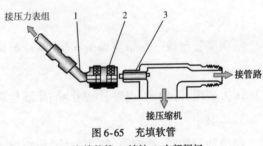

图 6-65 充填软管

1-充填软管;2-销针;3-内部阀门

4)真空泵

真空泵与测量仪表配合使用。其作用为清洁制冷系统,去除循环中的湿气,以及进行制冷剂补给。抽真空时间必须足够长,以使制冷系统做到完全真空。

5)干湿球温度计

干湿球温度计常用于测量空气的温度和湿度。

温度是物质冷热程度的度量,用温标来表示。常用温标有:摄氏温标,用℃表示;开氏温标,用 K 表示;华氏温标,用℉表示。

湿度用来表示空气中水蒸气的含量。湿度较高时,人就会感到不舒适。湿度大小的表示方法有两种,一种叫相对湿度,另一种叫绝对湿度。

相对湿度:在某一温度下,空气中实际含水蒸气量(以质量计)与空气在该温度下所能含水蒸气量(质量)之比。通常随着温度的升高,空气中所能含的水蒸气量会增加,如果空气的实际含水蒸气量不变,温度升高,则空气的相对湿度下降,如图 6-66 所示。

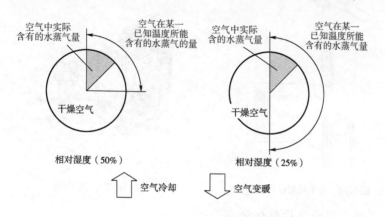

图 6-66 空气的相对湿度

绝对湿度:空气中所含水蒸气的量(质量)与干燥空气量之比。

干球温度就是普通的温度计,湿球温度计是在干球温度计的玻璃球处包上纱布,再将纱布浸在水中,如图 6-67 所示,水便在毛细管的作用下浸润温度计,由于在湿球处的水分蒸发带走一部分热量,使湿球处的温度降低,这样就形成了湿球温度,通过计算干球温度和湿球温度的差值,就可以算出空气的湿度。

6)制冷剂泄漏检测仪

目前空调检漏通常采用电子检漏仪,如图 6-68 所示。该仪器用于检测制冷系统中制冷剂的泄漏部位和泄漏程度。仪器上有闪光灯和蜂鸣器,越靠近泄漏区域,闪光和蜂鸣的间隔越短,提高灵敏度将能检测到轻微的泄漏。

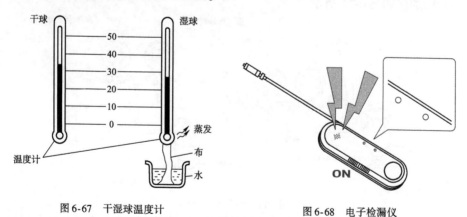

图 6-67 干湿球温度计　　　　　　图 6-68 电子检漏仪

检查时要在发动机停机状态。由于制冷剂较空气略重,因此检漏仪的探头应在管路连接部位的下方检测,并轻微振动管路,如图 6-69 所示。

7)制冷剂回收机

用于回收制冷剂,以便再次使用,如图 6-70 所示。

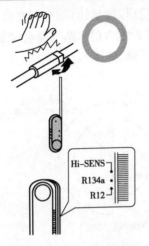

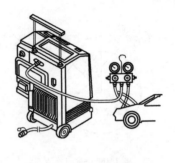

图6-69　电子检漏仪的使用　　　　　图6-70　制冷剂回收机

2. 空调系统制冷剂的排放与加注

1)制冷剂的排放(无回收设备的排放方法)

(1)放出空调制冷剂前,检查快速接头和检测表连接阀门是否关闭。

(2)然后将空调高、低压检测表与空调系统的高、低压快速接头连接并打开阀门。

(3)慢慢打开低压侧释放阀门,让制冷剂从中央管流出。

(4)直到高、低压力表显示为0kPa,至此制冷剂排放完毕,在操作中注意制冷剂不可排放太快,否则会导致压缩机油从中流出。

(5)注意,如果是刚关闭空调压缩机时放制冷剂,应慢慢打开高压侧释放阀门,当高压表压力降到980kPa以下后,再打开低压阀。

2)制冷剂的加注

制冷剂的加注如图6-71所示。

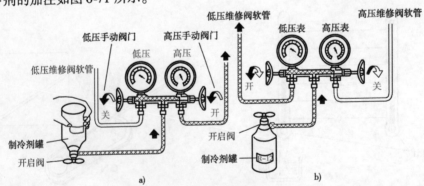

图6-71　制冷剂的加注

(1)先将空调高、低压检测表接头与空调系统的高、低压快速接头连接并打开阀门。

(2)将压力表中央管与真空泵连接,然后起动真空泵;打开低压侧阀门,抽真空15min后关闭阀门,在5min内其真空度应保持在700mmHg不变。

(3)接着在高压管加注空调压缩机机油,注意不能过量加注,加注量度与放出量一致;然后再抽真空10min。

（4）加注一定量制冷剂后,起动发动机打开空调 A/C 开关,鼓风机开关调制最高挡,温度调至最冷位置。

（5）注意在加注中应把中央管道中的空气排出,然后打开低压表阀门,从低压管加入。

（6）开始加注制冷剂,在发动机怠速运转下当高、低压压力检测表分别显示 1.5 ~ 2.0MPa和0.15 ~ 0.2MPa 时结束加注。

（7）加注完毕后,将高、低压快速阀门关闭,然后取出接头并将快速接头盖盖紧。

复习思考题

一、填空题

1.汽车空调主要由(　　)、(　　)、(　　)和(　　)等组成。

2.空调的基本功能是改善(　　),提高(　　),从而提高(　　)和机械的(　　)。

3.暖风系统的作用是(　　)和(　　)。

4.空调控制系统主要是通过控制压缩机电磁离合器的(　　)实现(　　)与(　　),通过对鼓风机的转速控制调节(　　)。

5.自动空调系统控制功能包括(　　)控制、(　　)控制、(　　)控制、(　　)控制和(　　)控制。

二、判断题(对的打"√",错的打"×")

(　　)1.非独立式空调的制冷压缩机由发动机驱动,空调的制冷性能稳定。

(　　)2.物质在状态发生变化时所吸收或放出的热量称为显热。

(　　)3.提高压强,可使液体更容易蒸发。

(　　)4.冷凝器的作用是将制冷剂从气体转变为液体,同时放出热量。

(　　)5.热力膨胀阀在制冷负荷增大时,可自动增加制冷剂的喷出量。

(　　)6.低压开关的作用是在系统低压管路中压力过低时,切断压缩机电磁离合器的电路。

(　　)7.冷凝器冷却不良时,可能会造成高压管路中压力过高。

(　　)8.空调系统中的除霜装置的作用是防止汽车的前风窗玻璃结霜。

(　　)9.空调系统正常工作时,低压侧的压强应在 0.15MPa 左右。

(　　)10.在制冷系统抽真空时,只要系统内的真空度达到规定值时,即可停止抽真空。

三、选择题

1.外平衡式膨胀阀膜片下方的压力来自于(　　)。
　A.蒸发器入口　　　　　B.蒸发器出口　　　　　C.压缩机出口

2.蒸发器出口处的制冷剂应(　　)。
　A.全部汽化　　　　　　B.部分汽化　　　　　　C.全部液化

3.膨胀管式制冷系统中的集液器应安装在(　　)。
　A.冷凝器与膨胀管之间　B.膨胀管与蒸发器之间　C.蒸发器与压缩机之间

4. 在加注制冷剂时,如果以液体的方式加入,(　　　)。

　　A. 只能从低压侧加入

　　B. 只能从高压侧加入

　　C. 既可以从低压侧加入,也可以从高压侧加入

5. 空调在运行中,如果低压表指示过高,高压表指示过低,说明(　　　)。

　　A. 蒸发器有故障　　　　B. 膨胀阀有故障　　　　C. 压缩机有故障

6. 如果低压开关断开,导致压缩机电磁离合器断电,原因可能是(　　　)。

　　A. 制冷剂过量　　　　B. 制冷剂严重不足　　　　C. 鼓风机不转

7. 目前推广使用的制冷剂是(　　　)。

　　A. R22　　　　　　　　B. R12　　　　　　　　　　C. R134a

8. 蒸发压力调节器的作用是(　　　)。

　　A. 防止膨胀阀结冰　　B. 防止制冷剂流量过大　　C. 防止蒸发器结霜

9. 如果压缩机电磁离合器不工作,可能的原因是(　　　)

　　A. 环境温度过高　　　B. 膨胀阀结冰　　　　　　　C. 制冷剂严重缺乏

10. 如果制冷剂循环系统的制冷剂不足,接上压力表后会显示(　　　)

　　A. 高低压表均显示压力过高

　　B. 高低压表均显示压力过低

　　C. 高压表显示压力低,低压表显示压力高

四、简答题

1. 简述空调制冷系统的组成和制冷原理。

2. 如果要使某一物质液化,应提高压力还是减小压力?如果要使其汽化呢?

3. 如果水的状态从固态变为液态,吸热还是放热?如果用一种物质的状态变化来吸收或放出热量,你认为单位质量的物质放出或吸收的热量越多越好还是越少越好?

4. 简述电磁离合器的工作原理。

5. 简述自动空调控制系统的组成。

6. 如何区分压缩机的进排气口?

7. 绘制制冷循环示意图。

8. 如何区分冷凝器的进口和出口?

9. 请将制冷循环划分为高压区域和低压区域,制冷剂在什么地方是液态?什么地方是气态?

10. 请总结出膨胀阀和膨胀管制冷循环的异同点。

11. 简述储液干燥器的作用。

12. 膨胀管不能调节制冷剂的流量,蒸发器出口有液态制冷剂如何处理?

13. 在蒸发器入口的制冷剂压力大还是出口处大?在蒸发器出口处压力相同时,内平衡式膨胀阀的制冷剂流量大还是外平衡式膨胀阀的制冷剂流量大?

14. 简述制冷剂泄漏的三种常用检查方法。

15. 简述空调故障诊断的常用方法。

第七章　全　车　电　路

知识目标

1. 能认识电路中电器元件。
2. 能描述识读电路图的要点。

能力目标

1. 能读懂不同工程机械的电路组合图。
2. 能根据工程机械出现的电器故障现象,正确分析判断故障原因。

第一节　电路中的导线、线束、插接器和熔断丝

一、导线

导线有高压线和低压线两种,均采用铜质多芯软线外包绝缘层。

导线截面面积主要根据其工作电流选择,但为了保证一些电流很小的电器的导线具有一定的机械强度,其截面面积不得小于 $0.5mm^2$。

由于起动电动机是短时间工作,连接蓄电池与起动机的导线不以工作电流大小来决定,而是受工作时的电压降限制。为了保证起动机正常工作,要求在线路上每 100A 的电流所产生的电压降不超过 $0.1\sim0.5V$。因此,该导线截面面积特别大。蓄电池的搭铁线一般采用铜丝编织的扁形软导线并不带绝缘层。

12V 电系主要线路导线截面面积推荐值,见表 7-1。

12V 电系主要线路导线截面面积　　　　表 7-1

标称截面(mm^2)	用　　途
0.5	尾灯、顶灯、指示灯、仪表灯、牌照灯、燃油表、刮水器电动机、电钟、水温表、油压表
0.8	转向灯、制动灯、停车灯、分电器
1.0	前照灯、喇叭(3A 以下)
1.5	电喇叭(3A 以上)
1.5~4.0	其他的连接导线
4~6	电热塞电线
6~25	电源线
16~95	起动机电线

高压导线在点火系中承担高压电(一般在15kV以上)输送任务,但其工作电流很小,故截面面积较小,约1.5mm²,多采用橡胶绝缘并加有浸漆棉质编包。按线芯不同,国产高压导线分为铜芯线和阻尼线两种。高压阻尼线能抑制点火系对无线电设备的干扰。

为了便于区分,导线绝缘层采用不同颜色,有的则在主色基础上加两条轴向辅色,如图7-1所示。

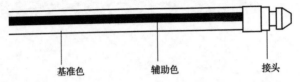

基准色　　　　　　辅助色　　　　　　　接头

图7-1　导线的主色与辅色

在电路图中,导线的颜色多用英文字母表示(国产的也有用汉字表示):若导线为单色时,用一个字母;若另有辅色,则用两个字母表示,其中的前一个字母表示主色,后一个字母表示辅色。

单色导线颜色的代号,如表7-2所示。

表7-2

导 线 用 颜 色

电线颜色	黑	白	红	绿	黄	棕	蓝	灰	紫	橙
代号	B	W	R	G	Y	Br	BL	Gr	V	O

双色导线的颜色如表7-3所示,其主色所占比例大些,与辅色比例一般为3:1~5:1。

表7-3

导线颜色的选用程序

选用程序	1	2	3	4	5	6
电线颜色	B	BW	BY	BR		
	W	WR	WB	WBL	WY	WG
	R	RW	RB	RY	RG	RBL
	G	GW	GT	GY	GB	GBL
	Y	YR	YB	YG	YB	YW
	Br	BrW	BrR	BrY	BrB	
	BL	BLW	BLR	BLY	BLB	BLO
	Gr	GrR	GrY	GrBL	GrB	GrB

电路各系统主色见表7-4。

表7-4

各电系导线的主色

序号	系 统 名 称	电线主色	代 号
1	电源系	红	R
2	点火和起动系	白	W
3	前照灯、雾灯及外部灯光照明系统	蓝	BL
4	灯光信号系统,转向指示灯	绿	G
5	车身内部照明系统	黄	Y
6	仪表及警报指示和喇叭系统	棕	Br
7	收音机、电钟、点烟器等辅助装置	紫	V
8	各种辅助电动机及电气操纵系	灰	Gr
9	电气装置搭铁线	黑	B

二、线束

为了使整机繁多的导线不零乱、方便安装和保护导线的绝缘层,除高压导线外,都应用棉纱编织或用聚氯乙烯塑料薄带包裹成束,称为线束。近年来,为了检修导线方便,采用用塑料制成开口的软管,将线束裹在其中,检修时将塑料软管的开口撬开即可。

在安装线束时应注意:

(1)线束应用卡簧或绊钉固定,以免松动而磨损。

(2)线束不可拉得过紧,尤其在拐弯处绕过锐边或穿过洞口时应用橡皮、毛毡等垫子或护套保护,以防线束磨损。

(3)各接头必须切实紧固、接头间接触良好。

三、插接器

插接器又称连接器。为了便于接线,线束中各导线端头焊有接线卡,并在导线与接线卡连接处套以绝缘管,经常拆卸的接线卡一般取开口式,而拆卸次数少的接线则采取闭口式。使用插接器的优点是便于维修。

插接器由插头与插座两部分组成。按使用场合的不同,其脚数多少不等,插接脚有平端和针状两种形状。图7-2为两种不同形状的四脚插接器结构与符号。

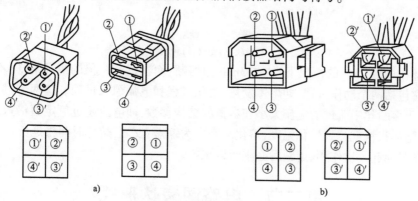

图7-2 插接器的结构和符号

a)平端四脚插接器;b)针状四脚插接器

插接器接合时应先将插头和插座的导向槽对准,然后稍用力插入。为了防止插接器自行松脱,插接器上设有闭锁装置(图7-3),拆下插接器时应先压下闭锁,然后再将其拉开。

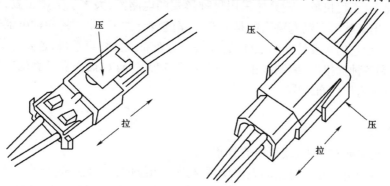

图7-3 插接器的闭锁装置

四、电路保护装置

电路保护装置(俗称熔断器)连接在电源与用电设备之间,用电设备或线路发生短路或过载时切断电源电路,以免电源、用电设备和线路损坏。工程机械上使用的电路保护装置有易熔丝和熔断丝等,其安装方式有分散式和集中式两种。

1. 易熔线

易熔线是一种截面面积一定、可长时间通过额定电流的合金导线,用来保护电气设备总线路或较重要电路,如充电电路、预热加热器电路、灯光电路及辅助电器设备电路等。

2. 熔断丝

熔断丝用来保护局部电路,按其形状可分为丝状、管状和片状等,如图7-4所示。

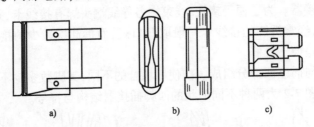

图7-4 熔断丝
a)丝状;b)管状;c)片状

熔断丝在过载25%的情况下,约在3min内熔断,而在过载一倍的情况下,则不到1s就会熔断。它包括两个动作过程,即熔体发热、熔化过程和电弧熄灭过程。这两个过程进行的快慢,取决于熔断丝中流过的电流大小和本身的结构参数,即电流超过额定值倍数较大时发热量增加,熔体很快就达到熔化温度,熔化时间大为缩短;反之,熔化时间将延长。

熔断丝只能起一次作用,熔断后必须予以更换。

第二节 电路图表达形式

对于同一辆工程机械,其整车电路可以有多种表达形式,比如:布线图(又称电气线路图)、电路原理图、线束图等。

一般情况下,工程机械车辆具体采用哪种形式的电路图,大多从实用出发,也因习惯而异。最先绘制出某款型车辆电路图的是生产厂家的设计师们,除了将各种电器安置在车辆的适当部位,标定它的主要性能参数外,还要设计全车布线及线束总成,选定电线的长度、截面面积、颜色和各种插接器,编制线束的制造工艺流程。所以,最详实可靠的电路图常常是以表现电线分布为主的布线图。

一、布线图

布线图就是电线在车上、线束中的分布图。

布线图是按照电器在车身上的大体位置来进行布线的,其特点是:全车的电器(即电器设备)数量明显且准确,电线的走向清楚,有始有终,便于循线跟踪,查找起来比较方便。它按线束编制将电线分配到各条线束中去与各个插接件的位置严格对号。在各开关附近用表格法表示了开关的接线柱与挡位控制关系,表示了熔断器与电线的连接关系,标明了电线的颜色与截面面积。

布线图的缺点:图上电线纵横交错,印制版面小则不易分辨,版面过大则印刷装订受限制;读图、画图费时费力,不易抓住电路重点、难点;不易表达电路内部结构与工作原理。

二、原理图

电路原理图有整车电路原理图和局部电路原理图之分,可以根据实际需要来进行绘制或展示。

1. 整车电路原理图

为了生产与教学的需要,常常需要尽快找到某条电路的始末,以便确定故障路线。在分析故障原因时,不能孤立地仅局限于某一部分,而要将这一部分电路在整车电路中的位置及与相关电路的联系都表达出来。

整车电路原理图的优点:

(1)对全车电路有完整的概念,它既是一幅完整的全车电路图,又是一幅互相联系的局部电路图。重点难点突出、繁简适当。

(2)在此图上建立起电位高、低的概念:其负极" − "搭铁,电位最低,可用图中的最下面一条线表示;正极" + "电位最高,用最上面的那条线表示。电流的方向基本都是由上而下,路径是:电源正极" + "→开关→用电器→搭铁→电源负极" − "。

(3)尽最大可能减少电线的曲折与交叉,布局合理,图面简洁、清晰,图形符号考虑到元器件的外形与内部结构,便于读者联想、分析,易读、易画。

(4)各局部电路(或称子系统)相互并联且关系清楚,发电机与蓄电池间、各个子系统之间的连接点尽量保持原位,熔断器、开关及仪表等的接法基本上与原图吻合。

2. 局部电路原理图

为了弄懂某个局部电路的工作原理,常从整车电路图中抽出某个需要研究的局部电路,参照其他详实的资料,必要时根据实地测绘、检查和试验记录,将重点部位进行放大、绘制并加以说明。这种电路图的用电器少、幅面小,看起来简单明了,易读易绘;其缺点是只能了解电路的局部。

3. 线束图

整车电路线束图常用于生产厂的总装线和修理厂的连接、检修与配线。线束图主要表明线束与各用电器的连接部位、接线柱的标记、线头、插接器(连接器)的形状及位置等,它是人们在工程机械上能够实际接触到的电路图。这种图一般不去详细描绘线束内部的导线走向,只将露在线束外面的线头与插接器详细编号或用字母标记。它是一种突出装配记号的电路表现形式,非常便于安装、配线、检测与维修。如果再将此图各线端都用序号、颜色准确无误地标注出来,并与电路原理图和布线图结合起来使用,则会起到更大的作用且能收到更好的效果。

第三节　识读电路图的要点

识读电路图不仅要了解电路的基本知识,认识电路图中的图形符号及有关标志,而且需要掌握适当的读图方法。

一、纵观"全车",眼盯"局部",由"集中"到"分散"

全车电路一般都是由各个局部电路所构成,它表达了各个局部电路之间的连接和控制关系。要把局部电路从全车总图中分割出来,就必须掌握各局部电路的基本情况和接线规律。通常根据各局部电路的作用将全车电路分为:电源系统、起动系统、点火系统、照明系统、信号系统、仪表系统等几个部分。

工程机械电路的基本特点是:单线制、负极搭铁、各用电器互相并联。为了清楚起见,可以用彩色铅笔按所标导线颜色逐条加以区分,对照图注找出每一个电器的电流通路。为了防止遗漏,应当找出一条就记录一条,直到最后一条线,其步骤如下:

(1)找到电源系统,如图7-5所示。

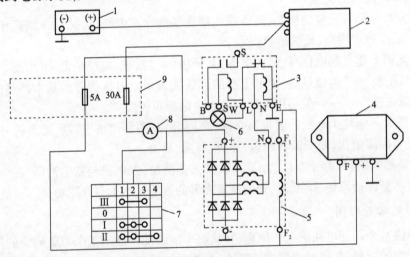

图7-5　电源系统电路图

1-蓄电池;2-起动机;3-组合继电器;4-晶体管调节器;5-硅整流发电机;6-充电指示灯;7-点火开关;8-电流表;9-熔断丝盒

①首先找(电源)蓄电池与起动机之间的连接(包括蓄电池总开关)。

②找到发电机、调节器、蓄电池这条充电主回路:发电机"＋"→电流表→熔断丝→蓄电池"＋"→搭铁→发电机"－"。充电电路是全车电路的主干,它确立了两个直流电源之间的关系。如在另一张纸上记录改画,可将火线与搭铁分为上下两条线,以便接出其他并联支路。

找出励磁电路。交流发电机的励磁电路常由点火开关或磁场继电器控制通断。电流回路为:蓄电池"＋"→熔断丝(30A)→电流表→点火开关→熔断丝(5A)→励磁线圈→电压调节器→搭铁→蓄电池"－"。

(2)找出起动机电磁开关的控制线路。

（3）找出点火系统（图7-6）。蓄电池点火系统的低压电路由电源、点火开关、点火线圈、断电器等串联而成（仅适用于汽油发动机系统）。

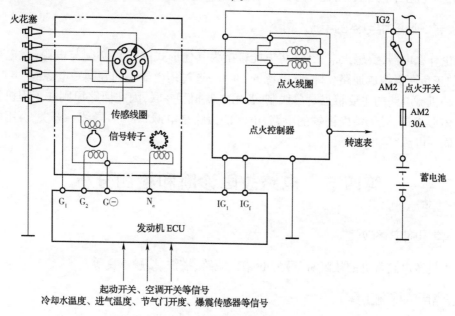

火花塞

点火线圈

IG2

AM2 点火开关

AM2
30A

点火控制器

转速表

蓄电池

传感线圈

信号转子

G_1 G_2 $G\ominus$ N_e IG_1 IG_f

发动机 ECU

起动开关、空调开关等信号
冷却水温度、进气温度、节气门开度、爆震传感器等信号

图7-6 点火系统电路图

（4）找出照明系统（图4-1）。先找到车灯总开关，按接线符号分别找到电源正极连线、前照灯远近光、变光器、示廓灯、仪表灯与尾灯、顶灯及其他灯。一般接线规律是示廓灯与前照灯不同时亮，远光与近光不同时亮，仪表灯、示廓灯、牌照灯等在夜间工作时常亮。

（5）找出信号系统。一般工程机械都具有转向信号灯、制动信号灯、倒车灯和喇叭等。

（6）找出仪表系统。仪表系统都受点火开关（或电源总开关）控制。电热或电磁式仪表，表头与传感器串联。

（7）找出辅助电器。

二、抓住"开关"所控制的"对象"

有些工程机械为了减少总开关的电流，添置了继电器。继电器的控制线圈由一个开关控制，而继电器的触点作为一个开关控制另一电路的通断。在查线和改画原理图时，要加以注意。

开关是控制电路通断的关键。一个主开关往往汇集许多导线，分析电路时，应注意以下几个问题：

（1）蓄电池（或发电机）的电流是通过什么路径到达这个开关的，中间是否经过别的开关和熔断器，这个开关是手动控制还是电子控制。

（2）这个开关控制哪些用电器，每个被控电器的作用是什么。

（3）开关的许多接线柱中，哪些是接电源的；哪些是接用电器的。接线柱旁是否有接线符号，这些符号是否常见。

（4）开关共有几个挡位，每一挡中哪些接线柱接通，哪些断开。

(5)在被控的用电器中,哪些电器应经常接通,哪些应短暂接通,哪些应先接通,哪些应后接通,哪些应当单独工作,哪些应同时工作,哪些电器不允许同时接通。

三、寻找通过用电器的电流"回路"

无论什么电器,要想正常工作(将电能转换为其他形式的能),必须与电源(发电机或蓄电池)的正负两极构成通路。即:从电源的"+"→通过用电器→回到同一电源的"−"。

工程机械电路的主要特点是单线制、各用电器相互并联,因此回路原则在工程机械电路上的具体形式是:对于负极搭铁的电路,电流的回路是电源"+"→导线→开关→用电器→搭铁→同一电源"−"。

第四节　电路故障诊断和检测分析

一、常见的电路故障

工程机械电路常见的故障有开路(断路)、短路、搭铁、接触不良等。

二、常用的检测工具

常用的检测工具:跨接线、试灯、试电笔、万用表、示波器、故障诊断仪等。

三、常用的诊断方法

1. 工程机械电器与电子系统故障诊断的一般程序

1)验证用户反映的故障

验证用户反映的情况,可以将有问题的或有故障的电路中各个装置都通电试一试,查看用户反映的情况是否属实,同时注意观察通电后的种种现象。在动手拆卸或测试之前,应尽量缩小故障产生的范围。

2)分析电路原理图

弄清故障电路的工作原理,对故障电路相关的电路也应加以检查。每个电路图上都给出了共用一个熔断丝、一个搭铁点和一个开关的相关电路的名称。对于在第一步程序中漏检的相关电路要试一下,如果相关电路工作正常,说明共用部分没问题,故障原因仅限于有故障的这一电路中。如果几条电路同时出故障,原因多半出在熔断丝或搭铁线。

3)重点检查问题集中的电路或部件

对重点电路或部件进行认真测试,验证第二步所作出的推断。一般是按先易后难的次序来对有问题的电路或部件进行测试,并逐个排查。

4)进一步进行诊断与检修

常用的方法有:直观检查熔断丝法、刮火法、试灯法、短路法、替代法、模拟法等。

5)验证电路是否恢复正常

在对电路进行一次系统检查后,查看问题是否已经解决。如果故障出在电源上,对各熔断器、电路断路器,甚至易熔线都要进行全面检查。

2.一般电路故障诊断与检修注意事项

维修工程机械电气系统的原则之一是不要随意更换电线或电器,这种操作有可能损坏工程机械或因短路、过载而引起火灾。同时还应注意以下各项:

(1)拆卸蓄电池时,总是最先拆下负极电缆;装上蓄电池时,总是最后连接负极电缆。

拆下或装上蓄电池电缆时,应确保点火开关或其他开关都已断开,否则会导致半导体元器件的损坏。

(2)不允许使用欧姆表或万用表的 R×100 以下低阻欧姆挡测小功率晶体三极管,以免电流过大损坏三极管。

更换三极管时,应首先接入基极,拆卸时,则应最后拆卸基极。对于金属氧化物半导体管(MOS),则应防止静电击穿,焊接时,应从电源上拔下烙铁插头。

(3)拆卸和安装元件时,应切断电源。

(4)更换烧坏的熔断丝时,应使用相同规格的熔断丝。使用比规定容量大的熔断丝会导致电器损坏或产生火灾。

(5)靠近振动部件(如发动机)的线束部分应用卡子固定,将松弛部分拉紧,以免由于振动造成线束与其他部件接触。

(6)不要粗暴地对待电器,也不能随意乱扔。无论好坏器件,都应轻拿轻放。

(7)与尖锐边缘摩擦的线束部分应用胶带缠起来,以免损坏。安装固定零件时,应确保线束不要被夹住或被破坏。安装时,应确保接插头接插牢固。

(8)进行维护时,若温度超过80℃(如进行焊接时)应先拆下对温度敏感的零件(如ECU)。

第五节　压路机全车电路分析

电器系统是振动压路机的一个重要组成部分,在保证压路机作业速度、压实质量以及监控报警等方面起着至关重要的作用。

一、电气系统工作原理

如图 7-7 所示为三一公司的 YZC12 型振动压路机的电气系统图。该系统由基本车辆电系电路、行驶驱动控制电路、振动控制电路、辅助电器设备控制电路等组成。

1.基本车辆电系

基本车辆电系包括发动机起动与充电系统、发动机工作监控系统、照明系统、制动和紧急停车等。

起动系统与充电系统由蓄电池 G1(系统电源为24V)、起动开关 S2、起动机 M1、起动预热控制装置 P1、预热指示灯 E、预热电阻 R1、预热熔断器 F3(50A)、整体式硅整流发电机 G2 等组成。

发动机工作监控系统由工作累时计 P2、指示灯 E1、继电器线圈 K1、燃油量指示表 P4、转速表 P5、机油压力表 P6、机油压力开关 RT3、机油压力指示灯 E2、报警喇叭 B2(通过 D1 实现机油压力报警,通过 D2 实现冷却水报警,通过 D3 实现水温报警)、冷却水指示灯 E3、水温表 P7 及指示灯 E4、油路阻塞压力开关 LX3 及指示灯 E6、零位自动闭锁系统(继电器常开触点 K1,继电器线圈 K2,延时继电器线圈 KT 及常闭触点 KT,零位起动指示灯 E5)等组成。

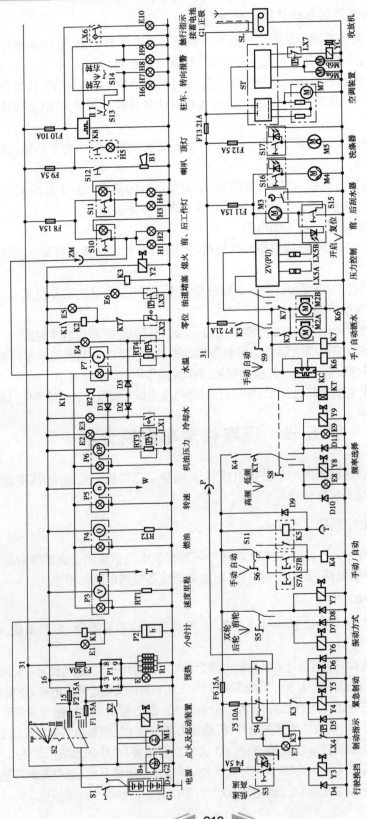

图 7-7 YZC12 型振动压路机电气系统图

照明系统由驾驶室工作顶灯 H5,前后工作灯 H1 和 H2、H3 和 H4 及指示灯开关 S10、S11。停车和转向示警灯 H6、H7、H8、H9,左右选择开关 S14,频率控制器 K8 组成。

一般制动系统由制动指示灯 E7 和继电器 K3 组成。在一般制动进行时,指示灯 E7 亮,同时继电器线圈 K3 断电,其常开触点 K3 打开,Y4 断电,在一般制动情况下,行驶泵斜盘角控制电磁阀 Y4 使变量泵斜盘角为零,实施液压系统闭锁制动。紧急制动系统由电磁阀 Y4、Y5,紧急停车开关 S4,指示灯 E7,延时继电器 KT,延时继电器常开触点开关 KT 组成。紧急制动发生时,电磁阀 Y4、Y5 均断电,此时液压系统闭锁,同时前、后轮制动油缸释放压力油,制动系统在弹簧作用下产生制动,指示灯亮,延时几秒后,振动系统电磁阀 Y8 或 Y9 自动断电,停止工作。

2. 行驶驱动控制电路

行驶高低速控制由继电器常开触点 K3,电磁阀 Y3 组成。电磁阀 Y3 是两个双位置变量马达的位置控制开关,Y3 断电时,行驶驱动变量马达在低速(大排量)大转矩工况下工作,此时手控变量泵调节压路机的行驶速度为 0～7km/h;Y3 通电时,行驶马达在高速(小排量)小转矩工况下工作,此时手控变量泵调节压路机的行驶速度为 0～13.5km/h。保证了压路机在不同工况下以最佳的速度进行压实作业,以较快的速度行驶。

3. 振动时的控制电路

振动方式可以选择前轮振动、后轮振动和前后轮同时振动的方式。由选择开关 S5 实现,Y6、Y7 为对应的前后振动轮驱动马达控制电磁阀。振动频率的选择可以是自动的,也可以是手动的。高频、低频的控制由选择开关 S8,电磁阀 Y8、Y9,指示灯 E8、E9 组成。Y8 电磁阀控制振动泵在大排量位置,即高频小振幅工况下工作;Y9 电磁阀控制振动泵在小排量位置,即低频大振幅工况下工作。这样可以有效地压实不同种类及厚度的铺料层。

4. 辅助设备控制电路

1)手动/自动洒水控制

手动/自动洒水控制器由选择开关 S9,继电器 K6、K7,常开触点 K6、K7,常闭触点 K7,驱动水泵电动机 M2A、M2B,以及洒水智能控制器 ZV 等组成。洒水系统还包括水泵,三级过滤器,前后水箱、水管、接头等。前后车架各有一个水箱。

驾驶员在驾驶室内能方便地进行洒水操作。洒水系统有压力喷水和重力洒水两套装置,保证在任何情况下都能够为钢轮洒水。智能控制器是一个由微处理器(CPU)控制,并编有专用控制程序的高科技电子产品,能够实现自动压力喷水。

2)刮水器与洗涤器、收放机

前后刮水器由微型直流驱动电动机 M3、M4,开关 S15、S16 组成。洗涤器由喷水电动机 M5、控制开关 S17 组成。收放机电源由蓄电池直接供给,电压为 24V。

3)蟹行指示、空调装置

蟹行指示 E10 用作手动控制压路机进行蟹行作业时的指示。

空调系统包括制冷和采暖两部分。其中制冷系统里,M6a、M6b 为蒸发器风机,采用的是轴流式双轮直流(24V)风机,其作用是强制驾驶室里的空气进行循环。M7 为冷凝器风机,其作用是增强冷凝器的散热能力,保证冷凝器的工作质量。YC 为压缩机,它是空调系统的"心脏"部分,保证制冷剂正常的工作循环。LX7 为压力开关,当系统出现冰堵或杂物堵塞,使压缩机高压出口的压力高于3.1MPa或当系统出现泄漏导致系统压力低于0.23MPa时,切断压缩机电路,使压缩机无法工作,从而起到保护作用。

二、振动压路机主要电系的故障诊断和排除

振动压路机基本电系常出现的故障和排除方法,可参见前面几节;振动压路机其他主要电系常见故障的诊断和排除方法,见表7-5。

振动压路机其他主要电系常见故障的诊断和排除方法　　　表7-5

行驶电气系统	行驶系统只有低速挡	先检查熔断器F4是否烧断,再检查开关53是否能闭合;如正常进一步检查电磁阀Y3是否有电,有电时,进一步检查电磁阀是否短路、断路、搭铁等故障,如果一切正常,应检查相关的液压系统
振动电气系统	前后轮均无振动	先检查熔断器F16是否烧断,再在手动方式下检查继电器K4、KT是否能闭合,如果正常,继续检查Y8、Y9是否有电或出现断路、短路、搭铁故障,如果一切正常,应检查相关的液压系统
	只有高频或低频振动	先检查高、低频选择开关是否正常,再检查Y8、Y9电磁阀是否短路、断路或搭铁。如正常应检查相关的液压系统
	只有前轮或后轮振动	检查开关S5及相应的电磁阀Y6、Y7是否有电,或出现短路、断路、搭铁故障。如正常,应检查相关的液压系统
空调系统	制冷系统异响	应检查传动带是否过松;风机风扇是否加有杂物,电动机是否过分磨损;电磁离合器是否打滑;压缩机内部是否润滑不良等
	系统不制冷	先检查熔断器F13是否烧断,再检查风机是否运转,电磁离合器是否工作正常,制冷剂的量是否过多或过少,最后检查控制开关、压力开关、急速控制器是否故障
	系统制冷不足	如果风量不足,应检查风机及其控制电路;如果风量正常,应先检查制冷剂的量,再检查离合器是否打滑,传动带是否过松,压缩机内部是否窜气,使压缩机效率低下等

第六节　装载机全车电路分析

一、ZL50C装载机电气系统介绍

ZL50C装载机电气设备总线路包括充电系统、起动系统、照明及信号系统、仪表系统和辅助电器装置。全车电器线路(图7-8)为并联单线制、负极搭铁,电气系统工作电压均为24V。

1. 充电系统

(1)用两个6-Q-195型12V蓄电池串联而成24V,由电源总开关37(蓄电池继电器)控制蓄电池的充、放电路的通断,而电源总开关又受电源控制开关43的控制,停车时可防止蓄电池的漏电。

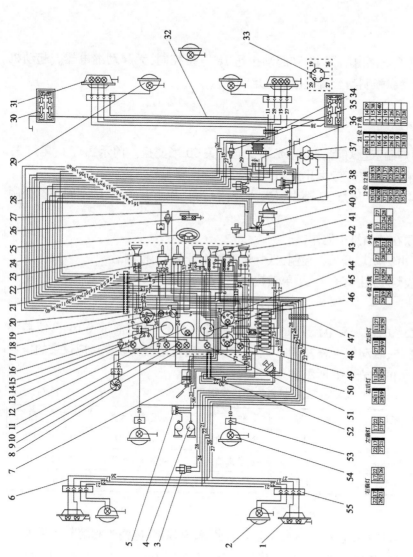

图7-8 ZL50C装载机电气线路图

1-前示廓灯;2-前照灯;3-制动照灯;4-双音电喇叭;5-喇叭继电器;6-前灯线束电路总成;7-电动刮水器总成;8-电风扇;9-制动指示灯;10-低压警报指示灯;11-双线插接器;12-前后制动气压表;13-仪表灯;14-小时计;15-低压警报开关;16-变速器油温表;17-电锁;18-起动按钮;19-变矩器油温表;20-二十一线插接器;21-刮水器开关;22-顶灯、仪表灯开关;23-转向开关;24-电风扇开关;25-喇叭按钮;26-项灯;27-变矩器油温传感器;28-主线束电路总成;29-尾灯;30-蓄电池;31-尾灯;32-后灯线束电路总成;33-挂车插座总成;34-六线插接器;35-发动机水温传感器;36-发电机;37-电机;38-调节器;39-起动机;40-机油压力感应塞;41-前示廓灯、前照灯、工作灯、尾灯开关;42-仪表灯开关;43-电源插接器;44-电流表;45-发动机油压表;46-八档熔断丝盒;47-九线插接器;48-闪光器;49-发动机水温表;50-变光开关;51-转向指示灯(左、右);52-十二线插接器;53-单线插接器;54-工作灯;55-四线插接器

221

(2)发电机 36 采用带中性点的六管硅整流发电机,调节器 38 为带磁场继电器的 FT221 型组合调节器。停车后,若电源电路忘记切断,调节器也能及时切断蓄电池与发电机励磁绕组间的电路,以免蓄电池过量放电,烧坏励磁绕组。

(3)仪表盘上的小时计 14 是由发电机内的转速传感器控制,用来记录发动机的工作时间。

(4)电流表 44 与蓄电池串联,显示蓄电池充、放电电流的大小;电源电路中的 30A 熔断器为快速熔断片。

2.起动系统

ZL50C 装载机起动系电路由电锁 17 和起动按钮 18 直接控制,无起动继电器。起动机 39 采用 QD274 型电磁操纵强制啮合直流串励式电动机。

3.照明及信号系

(1)各灯具并联连接。

(2)前照灯 2 为两灯制双丝灯泡,远、近光靠变光开关 50 来变换。前示廓灯 1、尾灯 31 以及前照灯都由前示廓灯、前照灯专用开关 41 的不同挡位控制工作。

(3)两个工作灯 54 和两个尾灯 29 都由仪表开关、工作灯、尾灯开关 42 的不同挡位控制工作。

(4)闪光器 48 串联在转向灯电路中。

(5)制动指示灯 9 由制动灯开关 3 控制,低气压报警由开关 15 控制。

(6)顶灯 26 和仪表灯 13 由其开关 22 单独控制。

4.仪表系统

ZL50C 装载机仪表系的仪表有电流表 44、发动机水温表 49、变速器油压表 16、变矩器油温表 19、发动机油压表 45、制动气压表 12 和小时计 14 等。其传感器串联在对应仪表的搭铁电路中,各表的正常指示值如表 7-6 所示。

ZL50C 装载机各仪表正常指示　　　　　　　　表 7-6

仪　　表	正常指示值	量　　程	仪　　表	正常指示值	量　　程
电流表		±50A	变矩器油压表	1.4 ~1.6MPa	0 ~3.2MPa
发动机水温表	67 ~90℃	50 ~135℃	发动机油压表	0.2 ~0.4MPa	0 ~0.6MPa
变矩器油温表	50 ~120℃	50 ~135℃	双针式气压表	0.6 ~0.8MPa	0 ~1.0MPa

5.辅助电器

ZL50C 装载机辅助电器主要包括单刮水片电动刮水器、电风扇、电喇叭和熔断装置等。

(1)电动刮水器 7 由电动刮水器开关 21 控制,有慢、快两个挡位,具有自动复位功能。

(2)电风扇 8 由电风扇开关 24 单独控制。

(3)双音电喇叭 4 由喇叭继电器 5 和喇叭按钮 25 控制。

(4)总线路的熔断器集中布置在熔断丝盒 46 内,便于检修和更换。

二、ZL50C 装载机主要电系常见故障的诊断和排除

ZL50C 装载机主要电系常见故障的诊断和排除方法,见表 7-7。

ZL50C 装载机主要电系常见故障的诊断和排除方法　　　　　表 7-7

系统	故障现象	原因及排除方法
充电系统	不充电	先检查熔断器是否烧断,充电电路连接是否良好;在检查电源开关 37 和电源控制开关 43 是否工作良好;最后检查发电机 36 和组合调节器 38 工作是否正常
	充电电流过大	充电电流过大主要是由于调节器调压值过高或失效造成,应检修调节器
	充电电流过小	先检查调节器的调压值是否过低,触点烧蚀是否严重;再检查各连接导线是否接触良好、电源总开关触点是否严重烧蚀;最后检查发电机内部是否出现接触不良、局部短路、断路、个别二极管断路故障
	充电电流不稳	先检查各连接导线是否松动;再检查调节器工作是否稳定;最后检查发电机内部是否出现局部断路故障
起动系统	起动机不转	先检查蓄电池是否严重亏电,电缆连接是否牢靠;再检查直流电动机是否能转,电磁开关是否正常工作;最后检查电锁和起动按钮是否工作正常
	起动机运转无力	先检查蓄电池是否亏电,电缆接头是否接触不良;再检查直流电动机内部是否存在局部断路、短路、换向器脏污、烧蚀等故障;最后检查电磁开关接触盘是否过度烧蚀
	起动机空转	先检查单向离合器是否打滑,拨叉是否脱出;再检查驱动齿轮与飞轮齿圈是否过度磨损;最后检查主电路接通是否过早
照明系统	所有灯都不亮	先检查相关熔断丝是否烧断;再检查相应开关工作是否正常
	个别灯不亮	先检查灯泡是否烧坏;再检查相应连接导线是否断开
仪表系统	整个仪表均不正常	先检查熔断丝是否烧断;再检查公共火线是否断开
	个别仪表不正常	先检查该仪表与传感器的连接导线是否接触良好;再检查该仪表配套的传感器是否失效;最后检查该仪表表头内部是否出现故障

复习思考题

一、填空题

1. 工程机械电路采用并联连接,电源设备中的（　　）与（　　）并联,可独立或（　　）向工程机械电器设备供电。

2. 工程机械电路图通常采用（　　）、（　　）和（　　）三种表达方式。

3. 工程机械电路常见的故障有（　　）、（　　）、（　　）、（　　）等。

4. 更换烧坏的熔断丝时,应使用相同规格的熔断丝。使用比规定容量大的熔断丝会导致电器（　　）或产生（　　）。

5. 检测工程机械电路的常见工具:（　　）、（　　）、（　　）、（　　）、（　　）、（　　）等。

6. YZC12 型振动压路机的电气系统由（　　）、（　　）、（　　）、（　　）等组成。

二、判断题(对的打"√",错的打"×")

(　　)1.任何一条电路的电流回路是:电源正极经导线流入用电设备后,电流由搭铁通过车架金属回到该电源的负极构成回路。

(　　)2.高压线用于高压电路,一般工作电压在1.5V以上,但电流很小,因此高压线的绝缘包层不厚,耐压性能好,线芯截面较大。

(　　)3.工程机械导线截面积选择时,首先要考虑导线的导电性能,即导线的电流损失。然后再考虑导线的机械强度。

三、选择题(单项选择)

1.电源与电源、用电设备与用电设备除个别子系统电路外均采用(　　)连接。

　　A.并联　　　　　B.串联　　　　　　　C.混联

2.安装工程机械线束时,线束不可拉得太紧,在通过锐角或穿过金属孔时,应用橡皮套或套管保护,防止磨破绝缘皮造成(　　),酿成火灾。

　　A.断路　　　　　B.短路　　　　　　　C.开路

3.在检修工程机械电路时,可根据电路图中导线号码,确定导线的插接(　　)。

　　A.方向　　　　　B.位置　　　　　　　C.标记

四、简答题

1.简述工程机械电路遵循的基本原则。

2.简述整车电路原理图的优点。

第八章　施工现场供电

知识目标

1. 能描述电网组成及供电方式。
2. 能描述配电变压器的作用、结构及工作原理。
3. 能描述柴油发电机组的用途、特点、组成及型号。
4. 能描述柴油发电机组的正确使用。

能力目标

1. 能正确使用发电机机组。
2. 能为施工现场搭建基本的供电系统。

第一节　电网供电

一、配电基本过程

发电厂发电机产生的 6.3kV 或 10.5kV 或 13.8kV 的电压,必须通过传输、配电后方能被工程建设施工现场的用电设备所用。电能的传输、配电的基本过程,如图 8-1 所示。

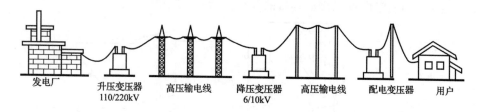

图 8-1　电网供电的输电、配电过程

为了减少电能在传输过程中的损耗,需要经过升压变压器升压后再向远处输电,随后又必须经过配电变压器再将电压降低至 220/380V,以便供负载使用。道路、桥梁工程建设施工现场用电需要考虑的是,从 6kV 或 10kV 电源引入高压电,再用配电变压器将电压降低到 220/380V,然后向施工现场内的工程建设机械及照明设备供电。其中比较重要的是配电变压器的型号选择和安装位置的确定。

二、配电变压器

1.作用及工作原理

配电变压器的作用:将较高的电网电压降到220/380V,引入配电室后再分配到各用电设备(图8-2),其接线原理如图8-3所示。

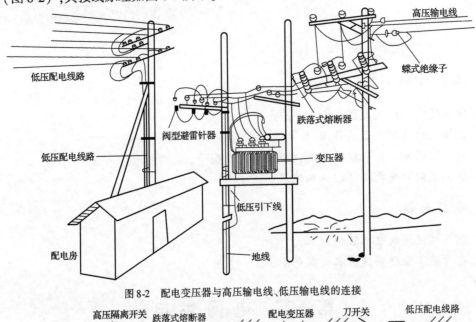

图8-2　配电变压器与高压输电线、低压输电线的连接

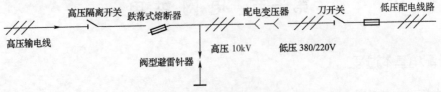

图8-3　配电变压器接线原理

配电变压器是由铁芯和绕组两个基本部分组成,如图8-4所示。与电源连接的绕组称为初级绕组 W_1,与用电设备(负载)连接的绕组称为次级绕组 W_2。

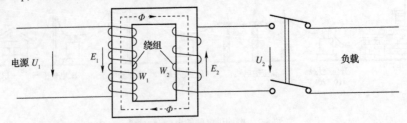

图8-4　配电变压器工作原理

从电源输入的交流电流 I_1 流过初级绕组 W_1 时产生了磁通 Φ,通过次级绕组 W_2 时便在次级绕组内产生了感应电动势 E_2,其值为:

$$E_2 = 4.44 f W_2 \Phi_m$$

式中:f——电源频率;

Φ_m——最大磁通量。

此时次级线组 W_2 成为一个"电源",初、次级绕组虽然没有电的联系,但电能通过磁通从初级绕组 W_1 输送到次级绕组 W_2。初、次级绕组各量之间的基本关系是:

(1)电压关系为:

$$\frac{U_1}{U_2} = \frac{W_1}{W_2} = K_U$$

式中: U_1、U_2——初级、次级电压;

W_1、W_2——初级、次级线圈匝数;

K_U——变压比,$K_U > 1$ 时变压器降压。

(2)电流关系为:

$$\frac{I_1}{I_2} = \frac{W_2}{W_1} = K_I$$

式中: K_I——变流比。

当负载电流 I_2 变化时初级绕组电流 I_1 随之变化,I_1 的大小由 I_2 决定。

(3)若忽略配电变压器损耗,初级绕组输送的功率 P_1 等于负载消耗的功率 P_2。配电变压器是一种效率较高的电器——次级绕组输出额定功率时效率可达到90%以上。

三相电路用的三相配电变压器和上述单相变压器的原理相同,只是结构复杂一些,即有 3 个初级绕组和 3 个次级绕组。

工程建设施工现场常用的三相配电变压器的初、次级绕组的接线方式是 Y,yn0;而在负载严重不平衡的三相电路中,三相配电变压器的初、次级绕组宜采用 Y,d11 连接方式,如图8-5所示。

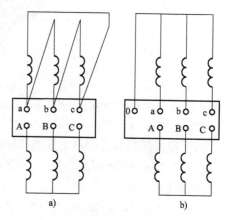

图8-5 三相配电变压器连接方式
a)Y,yn0;b)Y,d11

2. 结构与性能

配电变压器结构如图8-6所示,由铁芯、绕组、高低压接线套管、散热装置和温度计等组成。

散热是配电变压器设计、制造和使用的一个重要问题,配电变压器的常用散热方式分自冷和油冷两种。自冷式配电变压器依靠空气的自然对流和本身的辐射来散热,这种方式的散热效果较差,只适用于小型配电变压器。大容量的配电变压器均采用油冷式散热方式,即把配电变压器的铁芯和绕组全部浸没在变压器油内,使热量通过箱壁散发到空气中,为了增大散热效果,在箱壁上安装散热管来扩大冷却面积。

大容量的配电变压器还装有储油柜和防爆管。储油柜是用来给冷却油的热胀冷缩留有空间,减少冷却油与空气的接触,以防止冷却油氧化变质、绝缘性能降低。与油箱连通的防爆管是在配电变压器内部发生故障、油压升高到 50 ~ 100kPa 时安全膜爆破、冷却油喷出,从而可避免油箱破裂,减轻事故危害。

配电变压器的型号由两部分组成。前部分为字母,表示变压器的类型、结构特点、运行方式及用途等。后部分为数字,其中分子表示额定容量(V·A),分母表示高压供电的电压等级(kV)。例如,SLI-80/10 表示三相油浸冷却式铝线变压器,额定容量为 80kV·A,高压绕组的电压等级是 10kV。

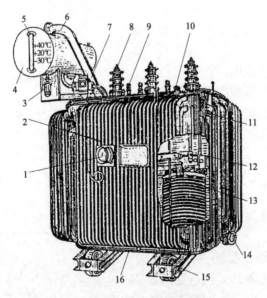

图 8-6　油浸式配电变压器

1-温度计;2-铭牌;3-呼吸器;4-储油柜;5-油标;6-防爆管;7-气体继电器;8-高压套管;9-低压套管;10-分解开关;11-油箱;12-铁芯;13-线圈;14-放油阀;15-小车;16-接地端子

　　配电变压器的主要技术性能指标有:

　　(1)初级绕组的额定电压 U_{1e},指规定加在初级绕组上的最高电压值(在三相配电变压器中指线电压)。

　　(2)次级供给的额定电压 U_{2e},在初级电压等于初级额定电压 U_{1e} 且在配电变压器空载时,次级绕组两端的电压值(在三相配电变压器中指线电压)。

　　(3)初、次级绕组的额定电流 I_{1e}、I_{2e},指允许长期通过初、次级绕组的最大电流值(三相配电变压器指线电流),它们是根据配电变压器长期工作时允许温升规定的。

　　(4)额定容量 S_e,是指配电变压器工作在额定工况时的视在功率。

　　对于单相变压器:

$$S_e = U_{2e}I_{2e}/1000(\text{kV}\cdot\text{A})$$

　　对于三相配电变压器:

$$S_e = \sqrt{3}U_{2e}I_{2e}/1000(\text{kV}\cdot\text{A})$$

　　(5)额定温升 T_e,指配电变压器允许达到的最高工作温度与环境温度之差(绕组额定温升为 650℃),配电变压器温升过高时将会使其绝缘损坏。

　　(6)负载系数 β_0,配电变压器的实际负载与额定负载之比值。$\beta_0 = 0.5$ 时配电变压器的损耗最小,温升最低;$\beta_0 = 0.3$ 时配电变压器的损耗与满载时的相等,β_0 值继续下降时损耗又将急剧增加。

　　使用配电变压器时通常应使负载系数 $\beta_0 = 0.75 \sim 0.90$,此时既能控制配电变压器的温升,又能使配电变压器得到充分利用。

3.安装位置的选择

除了正确选择配电变压器的型号、容量外,还应按照下列原则、综合考虑后选择其最佳安装位置。

(1)尽量使配电变压器处于各用电设备(负载)的中心。

(2)尽量靠近电网的高压电线杆,使高压进线方便。

(3)地势较高而干燥,且道路通畅,便于运输与安装。

(4)远离交通要道和人畜活动场所,并辅以警示标牌,以保证用电安全。

第二节 柴油发电机组

一、用途及特点

在远离电网的情况下,以柴油机为原动力的交流发电机组在工程建设施工现场应用很普遍。通常,柴油发电机组的输出额定电压为400V、额定频率为50Hz。

作为发电装置,柴油发电机组具有机动灵活、使用维护方便和对环境适应性较强等特点。

二、组成及型号

柴油发电机组主要由柴油机、三相同步发电机和控制屏三部分组成,如图8-7所示。其中的控制屏上设有配电装置、电压表、功率因数表、频率表、功率表等仪表和各种指示灯,通过这些仪表和指示灯,能随时监测柴油发电机组的运行情况。

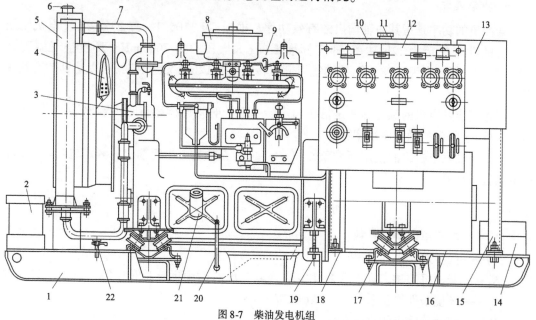

图 8-7 柴油发电机组

1-底座;2-蓄电池;3-水泵;4-风扇;5-水箱;6-加水口;7-连接水管;8-空气滤清器;9-柴油机;10-柴油箱;11-柴油加油口;12-控制屏;13-励磁调压器;14-备件箱;15-支架;16-同步发电机;17-减振器;18-橡胶垫;19-支撑螺钉(安装时用);20-油尺;21-机油加油口;22-放水阀

柴油发电机组按控制系统分普通型和自动化型。自动化型柴油发电机组的控制系统可以采用继电器、集成电路或 PC 可编程控制器(微机)进行自动控制,可以达到应急自起动、无人值守或远程集中监控的要求。

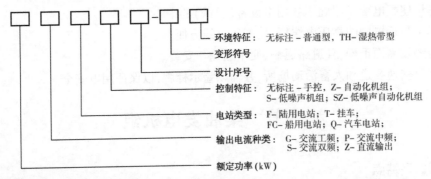

国产柴油发电机组的各项技术性能达到国家标准 GB 2820—90、GB 12786—2006 的技术要求,其型号按照 JB/T 1403—1999 规定编制。

例如:300GF18 表示额定功率300kW、交流工频、陆用、设计序号为 18 的普通型柴油发电机组。

三、机组的匹配

为了保证柴油发电机组各项技术的实现,在柴油发电机组设计、制造和使用时,必须使柴油机和发电机匹配,包括功率匹配和转速匹配等。

1.功率匹配

柴油机的功率是指其曲轴输出的有效功率。根据 GB 1105.1—87 的规定,发电机组用柴油机的功率标定为 12h 功率,即在标准工况(大气压力为 760mmHg、环境空气温度为 20℃、相对空气湿度为 50%)下,柴油机以额定转速连续 12h 正常运转时,可以达到的有效功率 P_e。

三相同步发电机的额定功率是指在额定转速下长时间连续运转时由输出端子(出线盒的接线柱)上得到的额定电功率 P_N。

根据柴油发电机组的使用环境条件和技术要求,柴油发电机组输出的额定电功率 P_N 可按下列公式计算:

$$P_N = \eta K_1 (K_2 K_3 P_e - P_P) \quad (\text{kW})$$

式中: K_1——功率单位换算系数;

η——同步发电机的效率;

K_2——柴油机的功率修正系数,12h 以内取 1.0,长时间运转时取 0.9;

K_3——环境条件修正系数,一般取 0.77 ~ 0.94;

P_e——柴油机输出的机械功率,kW;

P_P——柴油机风扇、联轴器等消耗的功率,kW。

通常把柴油机输出的有效功率与同步发电机的电功率之比,称为匹配比 K,即 $K = P_e / P_N$。

对于平原上使用的柴油发电机组的 K 值为1.6∶1;对于一些要求较高(高原上使用的)柴油发电机组的 K 值为2∶1。

2. 转速匹配

柴油发电机组中的柴油机有效功率和发电机的电功率、频率、电压等都与转速有密切的关系,因此柴油发电机组对其转速的要求十分严格。为了保证柴油发电机主要技术性能的实现,要求与发电机配套的柴油机必须具有性能较好、工作可靠的调速器(调速率 $\delta \leqslant 5\%$,稳定时间 $t \leqslant 3 \sim 5\mathrm{s}$),以便保证发电机在额定转速下稳定运行。使柴油机转速(或经过传动机构传输的转速)等于发电机的额定转速,称为转速匹配。

四、技术使用

柴油发电机组的技术使用包括:使用前的准备、开机与运行监视、停机与存放、技术维护、故障排除等。

1. 使用前的准备

无论是新的,还是经过大、中修理过的,以及使用中的柴油发电机组,在开机之前都有相应的技术和物质准备工作要做,这是保证柴油发电机组正常运行的必要条件。

1)柴油、机油及冷却水的选用

(1)柴油的选用。柴油是柴油机的"粮食",它直接影响着柴油机的动力性和使用经济性。柴油发电机组实际使用中,对轻柴油牌号的选择主要根据使用条件下的环境温度来决定。一般情况下,选用的柴油牌号(柴油凝固点)应比实际使用的环境温度低 $5 \sim 10\,^{\circ}\mathrm{C}$ 较为合适。

(2)机油的选用。柴油机用的机油是由柴油机滑动轴承(俗称轴瓦)的合金材料决定的,一般使用的是铅青铜轴瓦,它的抗腐蚀性能差,所以应当用柴油机机油。柴油机机油的牌号一般有5种(8号、11号、14号、16号和20号),号数越大油越稠。柴油机冬季选用8号柴油机机油,夏季选用11号柴油机机油。

(3)冷却水的选用。水冷式柴油机是利用冷却水的循环流动带走多余的热量,以保持柴油机的正常工作温度。通常,应坚持使用软水(雨、雪水),不要用含有矿物质和盐类的硬水(江、河、湖水,某些地区的自来水,尤其是井水和泉水)。因为硬水受热后会析出硬质的水垢,附着在水套及散热器等处的内壁上,使冷却系统的容积减小、循环水的流动阻力增大,同时水垢的导热性能很差(约为铸铁的1/25),因而会严重影响冷却效果,长此下去还会使水道严重堵塞。如果无软水及时供应,应当对硬水进行清洁和软化处理:加热煮沸、沉淀;添加苛性钠(烧碱)或三磷酸钠,仔细搅拌、沉淀后取其上部的清水使用。

2)开机前的准备工作

柴油发电机组开机前的准备工作,一般有以下内容:

(1)做好柴油发电机组的全面清洁工作。用压缩空气吹净发电机和控制屏各处的尘土,擦净机组各部位的泥污、油垢,尤其是滑环和换向器以及仪表盘面等处,清除各种异物。

(2)柴油机、发电机、控制屏以及它们的各附件的固定和连接是否可靠,尤其要注意各电器接头、油管和水管接头、联轴器、地脚螺栓以及搭铁器。

(3)风扇传动带的张紧度是否合适,一般用手压传动带的中央,以能压下 10~20 mm 为宜。

(4)电刷装置的调整弹簧的弹力是否适当,电刷与滑环或与换向器的接触是否良好,电刷的活动是否正常。

(5)蓄电池的电量是否充足,电解液的液面高度是否符合规定,必要时添加蒸馏水。

(6)根据柴油发电机组使用的环境温度,添加适当的柴油、机油和冷却水。

(7)检查各仪表和开关的技术状况是否良好,将主开关和支路开关都置于断开位置,手动/自动开关置于"手动"位置,励磁电压调节手柄转到"起动"位置。

(8)冬季使用的柴油发电机组,开机前要做好防冻和预热工作。

2.开机和运行监视

1)电起动的开机步骤

(1)打开燃油箱开关。

(2)抽动输油泵手柄,以排除喷油泵低压油路中的空气。

(3)将调速器操纵手柄固定在"起动"位置,以便柴油机起动后怠速暖车运转。

(4)接通电源主开关,按下起动按钮使柴油机起动,待柴油机自行运转后随即松开起动按钮。如果按下起动按钮 10s 柴油机尚不能起动,应立即松开起动按钮,待 1~2min 后再做第二次起动操作,如果连续 3~4 次起动失败,应检查原因、排除故障后再进行起动,以免损坏蓄电池、起动电动机和柴油机。

(5)起动后应注意柴油机的各仪表指示和读数,特别是机油压力表指针仍不变动,应立即停机检查,以免柴油机发生严重事故。

(6)柴油机起动后应低速暖车运转 3~5min,冬季可稍长一些,待水温和油温上升、柴油机各机件运转正常后,便可逐渐增加速度至额定转速,再空载运行几分钟。在此过程中,要注意检查柴油机有无不正常的声音和现象。

(7)柴油机运转正常后接通主开关,逐渐地增加负载运行,转动励磁电压调节手柄(减小励磁电阻),使电压表读数逐渐升高到 400V(三相电压应相同,频率表指示正常,信号灯有指示),随后将手动/自动转换开关转换到"自动"位置。

2)运行监视

柴油发电机组投入负载运行后操作人员应当用看、听、嗅、摸的方法,必要时借助于测试仪表监视柴油发电机组的运转情况,同时进行一些调节和判断、处理所发现的不正常现象,必要时进行停机操作、修理。

(1)看:经常观察各种仪表的指示灯,仪表指示数值应在规定的范围内,且电流表应在"0~+"之间变动;三相电压和电流指示值应当对称,特殊情况下相电流的不对称量应不超过额定值的 25%。

观察滑环或换向器有无不正常,或电刷跳动等接触不良现象。注意机组各处的连接与固定情况,有无松动和剧烈振动。

观察燃油、机油和冷却水等有无异常消耗情况。

查看各种保护、监视装置、柴油机排气颜色等是否正常。

(2)听:随时监听柴油发电机组各处运转声音是否正常。

（3）嗅：注意嗅闻柴油发电机组各处,尤其是电器系统有无烧焦气味。

（4）摸：用手抚摸发电机外壳和轴承盖,了解其温度变化情况,进而掌握它们的技术状况。

3）使用中的注意事项

（1）严格按照使用说明书的要求操作柴油发电机组的起动和带负载运行。

（2）避免柴油发电机组慢速重负荷、超速和长时间低速运转。

（3）不允许柴油发电机组超负荷运行和三相负载严重不对称运行。

（4）尽量避免柴油发电机组负载的突然变化,应当逐渐地增加或减少。

3. 停机与存放

1）正常停机步骤

（1）逐渐减去发电机负载,转动调压手柄,使电压调到最低值,然后断开机组总开关。

（2）逐渐减小柴油机的油门,使其转速降低,再将调速器上的油量控制手柄推到"停车"位置,使柴油机停止运转。

（3）断开电起动系统的开关。

（4）将控制屏上有关开关恢复到起动前的准备位置。

（5）在冬季,如果没有可靠的防冻保暖措施或冷却系统未采用防冻液,柴油机停车后必须将冷却水放尽,以免冻坏柴油机。

（6）整理、清洁机组与现场,并认真、仔细地填写柴油发电机组的运行记录,特别是异常现象,以便更好地对柴油发电机组进行维护。

2）紧急停机

遇有特殊情况,如果不停机会造成重大伤害或设备事故时,必须立即停机。例如:

（1）柴油机的机油压力突然下降到极低值或无压力。

（2）有严重超速运行(飞车)现象。

（3）柴油机声音、转速突然变化——响声变大、转速下降,或某机件卡死、损坏、失灵。

（4）发电机内部突然冒烟,散发焦煳臭味。

（5）柴油机异常排烟和升温。

将油量控制手柄迅速地推到"停车"位置,中断供油,迫使柴油机停车。

柴油机停车后立刻检查原因,进行维护、修理,并将情况详细记录在机组运行记录中。

3）存放

暂时不用的柴油发电机组(时间在三个月以内)可以不进行油封,但必须放掉冷却水和机油,彻底整理和清洁机组后在电刷下面垫上牛皮纸。用塑料布将柴油机的进、排气口和发电机端盖的通风口包扎好,同时应将柴油发电机组的底座垫高、垫稳,并用篷布将整个机组盖严。蓄电池应单独存放。

长期存放不用的柴油发电机组必须进行油封,防止机件锈蚀损坏,并按如下要求妥善保管:

（1）库房要干燥、清洁,通风良好。

（2）库房内严禁存放酸、碱、化学药品等有腐蚀作用的物品。

（3）定期检查油封情况,如发现锈迹,及时清除并补涂润滑脂。

（4）定期检查蓄电池,并添加蒸馏水和补充电。

复习思考题

一、填空题

1. 配电变压器是由( )和( )两个基本部分组成。

2. 与电源连接的绕组称为( )绕组,与用电设备(负载)连接的绕组称为( )绕组。

3. 柴油发电机组主要由( )、( )和( )等三部分组成。

4. 通常,柴油发电机组的输出额定电压为( )V、额定频率为( )Hz。

5. 柴油发电机组按控制系统分( )型和( )型。

二、简答题

1. 简述变压器的工作原理。

2. 简述自动化型柴油发电机组的特点。

3. 指出 300GF18 表示的含义。

4. 简述柴油发电机组的技术使用项目。

参 考 文 献

[1] 梁杰,于明进,路晶.现代工程机械电气与电子控制[M].北京:人民交通出版社,2005.

[2] 冯久东.公路工程机械电器与电子控制装置[M].北京:人民交通出版社,2005.

[3] 张铁,王慧君,朱明才.工程建设机械电器及电控系统[M].东营:石油大学出版社,2003.

[4] 舒华,姚国平.大型运输车辆电器设备与维修[M].北京:北京理工大学出版社,2005.

[5] 梁杰,王慧君.工程机械电器与电子控制装置[M].北京:人民交通出版社,1998.

[6] 付百学.汽车电子控制技术[M].北京:机械工业出版社,2002.

[7] 周建平.汽车电气设备构造与维修[M].北京:人民交通出版社,2005.

[8] 舒华,姚国平.汽车电控系统结构与维修[M].北京:北京理工大学出版社,2005.

[9] 赵仁杰.工程机械电气设备[M].北京:人民交通出版社,2002.

[10] 李彩凤.工程机械电器检测[M].北京:化学工业出版社,2013.

[11] 张明,杨定峰.汽车电气系统检修[M].北京:人民邮电出版社,2016.